적응과 자연선택

현대의 진화적 사고에 대한 비평

나남
nanam

한국연구재단 학술명저번역총서
서양편 357

적응과 자연선택
현대의 진화적 사고에 대한 비평

2013년 10월 10일 발행
2013년 10월 10일   1쇄

지은이_ 조지 C. 윌리엄스
옮긴이_ 전중환
발행자_ 趙相浩
발행처_ (주)나남
주소_ 413-120 경기도 파주시 회동길 193
전화_ (031) 955-4601 (代), FAX : (031) 955-4555
등록_ 제 1-71호(1979.5.12)
홈페이지_ http://www.nanam.net
전자우편_ post@nanam.net
인쇄인_ 유성근(삼화인쇄주식회사)

ISBN 978-89-300-8719-3
ISBN 978-89-300-8215-0 (세트)
책값은 뒤표지에 있습니다.

'한국연구재단 학술명저번역총서'는 우리 시대 기초학문의 부흥을 위해
한국연구재단과 (주)나남이 공동으로 펼치는 서양명저 번역간행사업입니다.

적응과 자연선택

현대의 진화적 사고에 대한 비평

조지 C. 윌리엄스 지음 | 전중환 옮김

나남
nanam

Adaption and Natural Selection:

A Critique of Some Current Evolutionary Thought *by George C. Williams*

◆

옮긴이 머리말

"다윈의 저작 이래 가장 중요한 진화이론서 중의 하나."
— 스티븐 핑커, 《언어 본능》, 1994, p. 294.

"윌리엄스의 《적응과 자연선택》은 이제 광범위하게, 그리고 정당하게 하나의 고전으로 인식되고 있으며, '사회생물학자들'과 사회생물학의 비판자들 모두에게 찬사를 받고 있다."
— 리처드 도킨스, 《이기적 유전자》, 2판, 1989, p. 273.

"《종의 기원》이래로 진화 이론에 관해 쓰인 가장 중요한 책."
— 존 앨콕, 《동물 행동학》, 2005, p. 19.

책에 대한 추천사나 서평에서 다소 과하다 싶은 찬사를 종종 본다. 그러나 세계적인 과학자들이 이처럼 자신의 저서에서 굳이 논점을 이탈하면서까지 남의 책을 격찬하는 경우는 흔치 않다. 조지 윌리엄스의 《적응과 자연선택》이 현대 진화생물학에 끼친 영향이 얼마나 거대한지 알 수 있다.

왜 이 책이 중요한가? 윌리엄스가 대학원생으로서 연구를 하고 있던 1950년대는 진화의 신종합이라 불리는 진화생물학계의 혁명이 일어난 지 얼마 안 된 시점이었다. 찰스 다윈이 제창한 자연선택은 한동안 그것이 과연 진화를 일으키는 중요한 원동력인지조차 의문시되었다. 이러한 교착 상태는 일단의 이론가들이 다윈의 선택론과 멘델의 유전학을 매끄

럽게 종합함으로써 해결되었다. 이제 자연선택은 인간의 효율적인 눈, 나뭇가지를 흉내 낸 자벌레, 수중생활에 편리한 고래의 유선형 몸 같은 복잡정교한 생물학적 적응을 진화시킨 핵심 기제로 널리 받아들여지게 되었다.

그러나 가장 큰 문제는 여전히 미해결 상태였다. 바로 "정확하게 무엇이 자연선택되어 적응을 만드는가?"라는 문제였다. 유전자, 개체, 개체군, 종, 군집, 생태계 등의 여러 조직화 단위들 가운데 자연선택이 일어나는 단위가 무엇인가에 대한 분명한 논의가 당시엔 없었다. 어떤 적응은 개체의 이득을 위해서, 또 다른 적응은 종의 이득을 위해서 만들어진다는 중구난방식 입론이 무성했다. 예를 들어, 동물행동학자 콘라드 로렌츠는 개들이 서로 싸울 때 상대방을 굳이 죽이지 않는 까닭은 종의 보존을 위해서라고 설명했다. 물론 로렌츠는 개의 다른 행동들, 이를테면 배고프면 음식을 허겁지겁 먹는 행동은 개체의 생존을 위해서라고 설명했다. 요컨대, 윌리엄스는 당시의 생물학자들이 어떻게 자연선택이 적응을 만들어내는가에 대해 철저히 사고하지 않았다고 비판했다.

《적응과 자연선택》은 제목 그대로, 자연선택이 적응을 만들어낸 과정을 탐구한다. 유전자의 눈 관점(gene's eye view)에서 진화를 이해하는 신다윈주의(neo-Darwinism)의 토대를 놓음으로써, 이 책은 현대 생물학에 우뚝 솟은 고전이 되었다. 이 책의 중요성을 세 가지로 정리해 보자.

첫째, 저자는 "적응은 꼭 필요한 경우에만 사용되어야 하는 특별하고 번거로운 개념"(본문 27쪽)임을 강조함으로써 적응은 과거의 환경에서 적합도를 높이게끔 자연선택에 의해 설계된 증거를 통해서만 판별된다는 이른바 적응주의 프로그램(adaptationistic approach)을 확립하였다. 예를 들어, 공중을 나는 날치는 얼마 후 바다로 다시 복귀한다. 날치가 결국엔 바다에 떨어진다는 사실 자체는 생물학적으로 설명하려 애쓸 필요 없다. 중력이라는 물리학적 원리만으로 충분하다. 생물학자에게 주어진 진짜 문제는, 날치가 결국 바다로 떨어진다는 것이 아니라 어떻게 날치가 상당한 시간 동안 공중을 날 수 있는가이다. 적지 않은 시간 동안 하늘을 날게 해주는 날치의 활강 기제야말로 오랜 세월에 걸쳐 자연선택에 의해 설계된 생물학적 적응이다(본문 34~35쪽). 이 책은 적응에 대해 엄밀하고 까다로운 과학적 접근이 요구됨을 역설하여 오늘날 행동 생태학, 진화 심리학, 진화 인류학, 다윈 의학, 기능 해부학, 진화 계통학, 생활사의 진화 등 다양한 연구분야의 토대가 되었다(Rose & Lauder, 1996). 생물학이 적응과 자연선택을 연구하는 과학임을 보임으로써, 물리학과 화학으로 온전히 환원되지 않는 독립적인 과학 분야임도 아울러 강조한다.

둘째, 저자는 적응을 꼭 들먹여야 할 때조차 그 적응은 개체군 내에서 서로 경쟁하는 대립유전자들 간의 선택만으로 충분히 설명됨을 역설하였다(본문 27쪽). 당시 유행했던 집단 선택설에 종지부를 찍고, 자연선택의 합당한 단위는 유전자임을 논증한 것이다. 예컨대, 지렁이는 먹이를 섭취하고 배설함으로써 토양의 질을 향상시킨다. 그렇다면 지렁이의 섭식 행동은 생태계의 이득을 위해 설계된 적응일까? 그렇지 않다. 지렁이의 섭식 행동을 잘 살펴보면 이는 어디까지나 각 개체의 영양 섭취를 돕게끔 설계되었음을 알 수 있다. 그 행동이 특별히 토양을 개선하게끔 설계되었다는 증거는 어디에서도 찾을 수 없다(본문 40~42쪽). 즉, 모든 적응은 궁극적으로 그 형질을 만든 유전자가 다음 세대에 잘 전파되게끔 설계되었다. 집단의 생존가능성을 높이게끔 특별히 설계된 '생물상 적응'은 이론적으로나 현실적으로나 존재할 수 없다.

해밀턴(1964)의 포괄 적합도 이론과 더불어, 윌리엄스의 적응론은 나중에 도킨스(1976)에 의해 한층 정교화되어 '이기적인 유전자 이론'으로 발전하였다. 실제로 도킨스는 《이기적 유전자》 초판 서문에서 자신의 책이 윌리엄스와 해밀턴을 포함한 네 과학자들이 제시한 새로운 아이디어에 크게 빚지고 있다고 명시했다.[1] '이기적인 유전자'라는 은유를 둘러싼 숱한 논쟁에도 불구하고(전중환, 2011), 유전자의 눈 관점에서 진화를 해석하는 신다원주의는 오늘날 생물학계의 지배적인 이론 틀로 자리 잡아 수많은 새로운 연구 성과들을 생산하고 있다(West, Griffin, & Gardner, 2007).

셋째, 저자는 번식이 평생 동안의 적합도에 이득이 되지만 한편으로는 언제나 비용을 초래함을 지적하여 현대 생활사(*life history*) 이론의 토대를 놓았다. 방금 한 배의 새끼들을 낳은 어미새를 생각해 보자. 어미새가 평생 동안 얻는 번식 성공도는 현재의 새끼들로부터의 성공과 미래에 낳을 새끼들로부터의 성공으로 이루어진다. 당장 둥지 안에서 재잘대는 새끼들을 잘 키우기 위한 양육 활동에 시간과 에너지를 투자할수록, 어미새의 건강은 점차 약화되어 결국 나중에 낳을 새끼들의 수는 줄어들 것이다. 즉, 진화적인 관점에서 보면 유기체는 생존과 번식 간의 타협, 짝짓기 노력과 양육 노력 간의 타협 등을 적절히 해결하게끔 자연선택될 것이다(본문 ch. 6). 윌리엄스는 이러한 상충 관계에 주목함으로써 수없이 다양한 생활사 형질들의 진화를 일관된 틀로 설명하는 데 이바지했다(Roff, 1992; Stearns, 1992).

요약하자면, 《적응과 자연선택》은 20세기 후반 생물학계에 새로운 패러다임을 제시한 명저이다. 역자는 망설임 없이 국내의 모든 생물학 및 의학 전공자들이 반드시 읽어야 할 책이라고 단언한다. 이 책이 전문적인 학술서이긴 하지만, 인간 행동을 다윈의 틀로써 진지하게 이해하고자 하는 인문학자와 사회과학자들에게도 기꺼이 등정할 가치가 있는 산봉우리가 되리라 믿는다. 생물학 서적들 가운데 아마도 국내 학계에 가장 널

---

1) 《이기적 유전자》가 윌리엄스, 해밀턴 등의 이론을 알기 쉽게 풀이한 과학 대중서에 불과하다는 폄하를 국내에서도 종종 접하는데 이는 잘못된 인식이다. 《이기적 유전자》는 유전자의 눈 관점에서 진화를 이해하는 새로운 패러다임을 개념적으로 완성한 중요한 학술서이기도 하다.

리 알려졌을 《이기적 유전자》를 인용하여 이 책의 중요성을 설명해 보자. 《이기적 유전자》는 《적응과 자연선택》의 스핀오프, 즉 본편에서 대중을 특히 사로잡은 한 요소가 가지를 쳐서 나온 일종의 외전에 해당된다.

이 책의 번역은 한국연구재단의 2007년도 명저번역사업의 지원을 받아 이루어졌다. 원저가 1966년에 나왔으니 한국어로 번역되는 데 45년 이상 걸린 셈이다. 너무 늦게 번역되었지만, 어떤 의미에서는 대단히 시의 적절하다. 이 책이 가장 중요하게 이바지한 논제, 즉 자연선택의 단위와 집단 선택의 효용을 놓고 전 세계적으로 격렬한 논쟁이 다시금 진행 중이기 때문이다. 2010년, 사회생물학을 창시한 에드워드 윌슨과 수리생물학자 마틴 노박은 개미나 꿀벌에서 발견되는 진사회성이 집단 선택에 의해 진화했으며, 유전자의 눈 관점에 입각한 포괄 적합도 이론은 이제 폐기되어야 한다는 논문을 〈네이처〉(Nature)지에 실었다(Nowak, Tarnita, & Wilson, 2010). 이에 대해 전 세계의 저명한 진화생물학자 무려 154명이 반박논문을 공저하여 같은 저널에 냈다(Abbot, P. 외 다수, 2011; Boomsma 외 다수, 2011; Ferriere & Michod, 2011; Herre & Wcislo, 2011; Strassmann, Page Jr., Robinson & Seeley, 2011). 자연선택의 단위에 대한 지금까지의 논쟁은 옮긴이 해제에서 정리했다.

번역을 지원해준 한국연구재단에 감사드린다. 번역작업을 줄곧 격려해 주신 이화여자대학교의 최재천 교수님, 어류 명칭을 번역하는 데 큰 도움을 주신 영남대학교의 석호영 교수님, 번역용어 자문에 응해 주신 서울대학교의 이상임 교수님께도 깊이 감사드린다. 본문의 89쪽에서 원저자의 주가 한 번 나오는 것 외에는 각주는 모두 역자가 달았음을 밝혀 둔다.

2013년 9월
전 중 환

참고문헌

Abbot, P. (2011). Inclusive fitness theory and eusociality, *Nature* 471(7339), E1~4.

Boomsma, J. J., Beekman, M., Cornwallis, C. K., Griffin, A. S., Holman, L., Hughes, W. O. H. et al. (2011). Only full sibling families evolved eusociality, *Nature* 471, E4~5.

Dawkins, R. (1976). *The Selfish Gene*, Oxford, Oxford University Press. 《이기적 유전자》, 홍영남·이상임 역(2010), 을유문화사.

Ferriere, R., & Michod, R. E. (2011). Inclusive fitness in evolution, *Nature* 471, E6~8.

Hamilton, W. D. (1964). The genetical theory of social behavior, I & II, *Journal of Theoretical Biology* 7, 1~52.

Herre, E. A., & Wcislo, W. T. (2011). In defence of inclusive fitness theory, *Nature* 471, E8~9.

Nowak, M. A., Tarnita, C. E., & Wilson, E. O. (2010). The evolution of eusociality, *Nature* 466, 1057~1062.

Roff, D. A. (1992). *The Evolution of Life Histories*, New York, Chapman & Hall.

Rose, M. R., & Lauder, G. V. (Eds.) (1996). *Adaptation*, San Diego, Academic Press.

Stearns, S. C. (1992). *The Evolution of Life Histories*, Oxford, Oxford University Press.

Strassmann, J. E., Page Jr., R. E., Robinson, G. E., & Seeley, T. D. (2011). Kin selection and eusociality, *Nature* 471, E5~6.

West, S. A., Griffin, A. S., & Gardner, A. (2007). Social semantics: altruism, cooperation, mutualism, strong reciprocity and group selection, *Journal of Evolutionary Biology* 20, 415~432.

전중환 (2011). "진화생물학의 은유: '이기적인 유전자'와 '스팬드럴'을 중심으로", 〈대동철학〉 54: 117~136.

◆

머리말(1996)

《적응과 자연선택》을 저술해야겠다고 마음을 먹게 된 시기는 시카고 대학교 대학원에 조교 장학금을 받으며 재학 중이었던 1954~1955년도 였다. 기폭제가 된 사건은 저명한 생태학자이자 흰개미 전문가인 에머슨 (A. E. Emerson)의 강의였던 것 같다. 그 강의에서 에머슨은 그가 유익 한 죽음(*beneficial death*)이라고 지칭한 현상을 다루었다. 노쇠는 늙고 병 약한 개체들을 개체군으로부터 솎아내어 건강한 젊은 개체들이 그 빈자 리를 차지하게끔 진화했다는 어거스트 바이즈만(August Weismann)의 이론으로 설명되었다. 만약 에머슨의 발표가 생물학에서 타당하게 받아 들여지는 것이 현실이라면 나는 차라리 다른 직업을 찾아보는 게 낫겠다 고 생각했다. 강의를 듣고 나서 아내 도리스와 함께 집으로 돌아오는 길 에, 나는 강의에서 느낀 불만을 아내에게 토로하고 난 다음, x세까지 생 존할 확률이 $x + 1$세까지 생존할 확률보다 크기만 하다면 어느 개체군에 서나 개체 간의 선택은 젊은 개체에게 더 유리하게 작용하리라는 자명한 발상을 제안하였다.

자연선택 이론이 일관적이지 않게 사용되는 경우가 매우 빈번함을 알 게 되면서 내 불만은 더 커졌다. 자연선택 이론의 수학적 토대는 한 개체 군 내의 개체 간에 존재하는 유전적 변이를 다룬다. 개체가 살아남아 번 식하려는 노력에 도움을 주는 형질이라면 무엇이든지 선택되어 개체군을 특징지을 것이다. 적응적 변화를 만들 법한 다른 어떤 요인도 진지하게 제안된 적이 없다. 그렇지만 전문적인 생물학자들 — 예컨대, 에머슨 —

이 적응이라고 주장하는 것들은 종종 집단을 위한 적응이며, 흔히 개체 구성원들이 집단의 복지를 위하여 자신의 이득을 포기하기를 요구한다. 개체들이 개체군의 이득을 위해 적응적인 죽음을 맞이한다는 에머슨의 제안은 그 전형적인 예이다.

　교과서에서 자연선택 이론을 서술할 때조차도 단 한 가지 버전의 선택만 나오는 게 아니다. 에머슨 자신은 선택이 한 개체군 내의 개체들 사이뿐만 아니라 상호대안적인 개체군들 사이에도 작동한다고 한 교과서에서 제안하였다(Allee 등, 1948: 664). 다른 학자들도 동일한 제안을 하였지만, 그것은 나는 한 번도 접해 본 적이 없는 드문 사례이다. 종의 이득을 위한 적응이 있다고 주장하는 생물학자들의 상당수는 이러한 교과서들을 염두에 두고 있었으리라 나는 추측한다.

　그 해에 내가 읽은 두 출판물이 나에게는 지극히 중요했고, 아마도 내가 다른 직업을 찾아 나서지 않도록 붙잡아주었던 것 같다. 하나는 쇼와 밀러(Shaw & Mohler)가 성비에 대해 쓴 짤막한 논문(1953)이었다. 다른 하나는 데이비드 랙(David Lack)이 헉슬리, 하디, 그리고 포드(Huxley, Hardy, & Ford, 1954)에 낸 챕터였다. 쇼와 밀러의 위대한 연구는 후에 차노프(Charnov, 1982)가 발견하기까지 거의 시선을 끌지 못했다. 차노프는 성 배분에 대한 그의 주저에서 쇼-밀러 등식을 핵심 개념으로 사용했다. 쇼와 밀러의 논문은 나로 하여금 쇼의 박사 학위논문까지 찾아보게 했으며, 그의 학위논문은 중심 아이디어를 더 상세하게 구체화하고 있었다. 이 책도 물론 그 학위논문을 인용했다. 랙이 쓴 장인 "번식률의 진화"는 첫 문단부터 곧바로, 나에게 크나큰 흥분과 격려가 되었다. 나는 자연선택이 진짜 과학이론이라고 나만큼 단호하게 확신하는 생물학자를 그제야 발견한 것이다. 랙은 유기체가 마땅히 지녀야 할 특정한 유형의 특질들이 있으며, "종의 이득"(Fisher, 1958: 49~50)을 위한 적응 같은 특질은 유기체가 지닐 수 없다고 논리적으로 예측했다.

1960년대 초기에 이 책의 원고를 쓸 때, 나는 내 입장이 타당함을 확신했다. 그렇지 않고서야 왜 이런 수고를 감내하겠는가? 나는 적응이 생물계에서 광범위하게 존재하며 생물학이라는 학문을 본질적으로 특징지음을 확신했다. 나는 자연선택은 적응의 모든 사례를 설명할 수 있다는 것, 그리고 적응은 거의 예외 없이, 각 유기체의 특성일 뿐 집단의 특성이 아님을 확신했다. 나는 내가 제창한 관점이 결국에는 정통으로 받아들여지리라 크게 기대했다. 하지만 그 당시엔 내 관점이 그토록 빨리 퍼지리라곤 미처 예상하지 못했다. 지금에 와서 느끼기에 1966년에 내가 논의했던 주제들을 진지하게 고려했던 대다수 생물학자는 1970년대 초반쯤에는 나의 기본적인 주장들을 다 받아들인 것 같다.

나는 아마도 나만이 유일하게 올바른 시각을 가졌으며 내 시대를 훨씬 앞서 사고한다고 믿는 과대망상증의 일반적인 증상에 한동안 시달렸던 것 같다. 랙(Lack)의 연구나 쇼와 뮐러의 연구를 일찍부터 알았더라면 그런 착각에 빠지지 않았을 터이다. 내가 당시 저술하고 있던 일부 내용을 앞서 제시한 다른 출판물들을 발견하면서, 특히 포괄 적합도에 대한 W. D. 해밀턴(Hamilton)의 1964년 논문을 접하면서, 나는 그러한 착각을 벗어던질 수밖에 없었다. 해밀턴의 논문이 내 책의 편집에 미친 영향을 말하자면, 6장과 7장을 마지막 순간에 대폭 수정하게 되었다. 또한 내게 미친 심리적 영향을 말하자면, 내 동시대인들의 상당수가 내 기대보다 좀 더 내 책에 호의적이리라는 희망을 품게 되었다. 이러한 희망은 《적응과 자연선택》이 출간된 지 십여 년 동안에 해밀턴, 기셸린(Ghiselin), 메이나드 스미스(Maynard Smith), 트리버스(Trivers)의 저작을 통해서 확실히 실현되었다.

이 책에는 불행하게도 사실적, 그리고 논리적 결함들이 몇 가지 있다. 예를 들어, 나는 벌의 침의 기능을 이해하지 못했으며(240쪽), 상호성이 높은 인지 능력을 요구한다고 가정한 것도 어리석은 일이었다(114~115

쪽). 이 책이 출간되고 나서 내가 가장 애석하게 여긴 실수는, 성을 논의하는 부분에서(148~150쪽) 감수분열의 비용에 따르는 심각한 이론적 난제를 알아차리지 못했다는 것이다. 이 문제에 대한 내 기억의 단편들은 다소 순서가 헝클어져 있지만, 존 메이나드 스미스의 "성의 기원과 유지"라는 논문 원고를 읽으면서 우리 두 사람의 관점이 거의 같음을 알게 된 것을 확실히 기억한다. 메이나드 스미스의 1971년 논문은 그 논문이 실린 학술지가 폐간되면서 잊힌 상태였다. 나는 그때 여러 학자의 논문을 수록한 편저를 만들고 있었는데 메이나드 스미스의 논문이 더할 나위 없이 그 책에 적절하리라 생각했다. 그는 내 요청을 승낙했다. 기셀린(Ghiselin, 1989: 16)에 따르면, 나는 기셀린의 1969년 논문 원고를 심사한 의견서에서 이미 감수분열의 비용을 논의했었다. 감수분열의 비용은 내 책 《성과 진화》(Sex and Evolution)의 핵심 논제가 되었다(Williams, 1975).

1966년 이래 나는 적응의 개념은 개체군이나 그 이상의 수준에는 대개 적용되지 않음을 처음으로 입증한 학자로, 그리고 개체들이 자신의 번식을 제한함으로써 집단선택은 개체군 밀도를 조절한다는 윈-에드워즈(Wynne-Edwards)의 주장은 타당하지 않음을 보인 학자로 줄곧 인정받고 있다. 또한 개체 수준을 넘어서는 실질적인 선택은 배제할 수 있음을 입증한 문헌으로 내 저서를 인용하는 일도(때로는, 내 책을 읽지 않은 사람들까지도 그러는 듯하다) 일종의 유행이 되었다. 내 기억에 의하면, 그리고 특히 4장을 비롯한 본문을 지금 해석하노라면, 이는 잘못이다. 나는 집단선택이 내가 생물상 적응(biotic adaptation)이라 명명한 것들, 즉 개체군이나 혹은 더 포괄적인 집단의 성공을 증진하게끔 분명히 설계된 복잡한 기제들을 만들 만큼 강력하지 않다고 결론을 내렸다. 생물상 적응은 각 개체가 더 높은 가치를 위해, 이를테면 흔히 일컬어지는 종의 이득을 위해 자신의 이득을 종속시키는 역할을 담당하는 특징을 갖는다.

생물상 적응을 만들지 않고서라도, 집단선택은 지구 생물상의 진화에 여전히 중요한 역할을 할 수 있다. 가장 믿을 만한 예는 진핵생물 유기체의 모든 중요한 분류군에서 유성 생식이 광범위하게 존재하는 현상이다. 전적으로 무성 생식만 하는 동식물의 계통발생적 분포는 이 점을 강하게 시사한다. 무성생식 종은 많지만, 종보다 더 포괄적인 무성생식 분류군은 거의 없다. 또 무성생식 종은 흔히 진화하지만, 그 종이 연관된 여러 종들의 집단으로 분화할 만큼 오랫동안 지속하는 경우는 드문 것 같다. 오늘날의 무성생식 종의 홍적세 초기의 선조는 주로 유성생식 종이었다. 초기 홍적세의 무성생식 종들이 오늘날까지 후손을 남긴 경우는 거의 없다. 계통발생적 생존은 유성 생식을 하는 종들에게 유리한 방향으로 편중된 듯하다. 이러한 시각은 현대의 대다수 진화생물학자에게 받아들여지고 있으며, 오늘날 생물상의 중요한 한 특성인 유성 생식의 득세를 설명하는 데 집단선택의 개념이 명백히 사용되는 예이다.

진화에서는, 배우자 형성과 수정의 성주기(性週期, *sexual cycle*) 같은 정교한 기제를 잃어버리는 편이 새로 얻기보다 더 쉽다. 신빙성 있는 다른 예로는 동굴에 사는 동물들이 눈과 몸 색깔을 잃어버리는 것, 혈류 기생충이 대사 능력을 상실하는 것, 섬에 사는 조류와 곤충이 비행 능력을 상실하는 것, 해양 무척추동물이 부유생물을 먹고 사는 유충 단계를 상실하는 것 등이 있다. 이러한 진화적 상실은 하비와 파트리지(Harvey & Partridge, 1988)가 진화적 블랙홀(*black hole*)이라 명한 것들의 예다. 이는 진화의 과정에서 종종 취해지는 경로이지만, 일단 그 경로를 밟고 난 다음에는 다시 그 길을 되돌아올 수 없다.

오늘날 대다수 유기체가 블랙홀이 아니라는 사실은 스티언스(Stearns, 1986)가 분기군(分岐群) 선택(*clade selection*)이라 칭했고 나도 상세히 논한 바 있는 일종의 집단선택에서 기인하는 것으로 보아야 한다(Williams, 1992). 진화적 블랙홀은 흔히 멸종을 이끄는, 아니면 적어도 계통발생적 증식을 이룰 기회를 극도로 제한시키는 함정인 듯하다. 몇몇 경우에 우리는 그 이유를 쉽게 이해할 수 있다. 숲과 초원이 동굴에서 유래한 분류군들의 눈 없는 후손들로 가득 채워져 있지 않다는 사실은 결코 미스터리가 아니다. 그러나 왜 숲과 초원이 무성 생식하는 동식물로 가득 차 있지 않은가는 많이 연구된 문제임에도(Michod & Levins, 1988), 그다지 확실하지 않다.

참고문헌

Allee, W. C., Emerson, A. E., Park, O., Park, T. & Schmidt, K. P. (1948). *Principles of Animal Ecology*, Philadelphia and London, W. B. Saunders.

Charnov, E. L. (1982). *The Theory of Sex Allocation*, Princeton, Princeton University Press.

Fisher, R. A. [(1930)1958]. *The Genetical Theory of Natural Selection*, New York, Dover.

Ghiselin, M. T. (1988). The evolution of sex: a history of competing points of view, In R. E. Michod & B. R. Levin (Eds.), *The Evolution of Sex* (7~23). Sunderland, Sinauer.

Hamilton, W. D. (1964). The genetical theory of social behavior I & II, *Journal of Theoretical Biology* 7, 1~52.

Harvey, H., & Partridge, L. (1988). Murderous mandibles and black holes in hymenopterous wasps, *Nature* 326, 128~129.

Huxley, J. S., Hardy, A. C., & Ford, E. B. (Eds.) (1954). *Evolution as a Process*, London, Allen & Unwin.

Maynard Smith, J. (1971). The Origin and Maintenance of Sex. In G. C. Willams (Ed.), *Group Selection* (163~175), New York, Aldine - Atherton.

Michod, R. E., & Levin, B. R. (1988). *The Evolution of Sex*, Sunderland, Sinauer.

Shaw, R. D., & Mohler, J. D. (1953). The selective significance of the sex ratio. *American Naturalist* 87, 337~342.

Stearns, S. C. (1986). Natural selection and fitness, adaptation and constraint, Dahlem Konferenzen, *Life Science Research Report* 36, 23~44.

Willams, G. C. (1975). *Sex and Evolution*, Princeton, Princeton University Press.

_____ (1992). *Natural Selection: Domains, Levels, and Challenges*, New York and Oxford, Oxford University Press.

◆

초판 머리말

 이 책은 적응과 그 저변에 깔린 진화 과정에 대한 연구에서 제기되는 몇몇 쟁점들을 해명하기 위한 시도이다. 특정한 세부 분야를 전공하는 전문가들보다는 고급 수준의 학생들과 일반 생물학자들을 염두에 두고 썼다. 전문가 독자들은 자신이 전공하는 분야에 대한 논의들이 너무 초보적이어서 실익이 없다고 생각할지도 모르지만, 그런 분들은 어떤 부분에서 건너뛰거나 가볍게 훑어보면 되는지 이미 잘 알고 있을 것이다.

 이 책을 저술하기 시작한 시점은 1963년 여름, 내가 캘리포니아의 버클리에 소재한 캘리포니아대학교의 도서관을 이용하던 시기였다. 그 기관에 근무하던 직원들과 공무원들의 도움과 협력에 감사드린다. 버클리 캠퍼스 근처에 나와 내 가족들의 거처를 제공해준, 캘리포니아 오클랜드의 제시 밀러(Jessie E. Miller) 양에게도 감사를 표한다. 스토니 브룩 소재 뉴욕주립대학교의 제임스 파울러(James A. Fowler) 박사와 로버트 스몰커(Robert E. Smolker) 박사는 이 원고에 대해 훌륭한 제안들을 해주었다.

조지 C. 윌리엄스
스토니 브룩, 롱 아일랜드, 뉴욕주

적응과 자연선택

현대의 진화적 사고에 대한 비평

차 례

1. 서 론

진화적 적응은 불필요하게 남용해서는 안 되는 특별하고 번거로운 개념이다. 명백하게 우연이 아닌 설계에 의해서 만들어진 효과에 대해서만 이를 기능이라고 칭해야 한다. 어떤 적응을 인지하게 되었을 때, 그 적응이 증거에 의해서 뒷받침되는 조직화의 수준보다 더 높은 수준으로부터 기인했다고 주장하면 안 된다. 자연선택은 적응의 기원과 유지를 설명하는, 유일하게 받아들여지는 이론이다.

2. 자연선택, 적응, 그리고 진보

자연선택은 표본 추출상의 오류, 선택 계수, 그리고 무작위적인 변화율 사이에 특정한 정량적 관계가 있을 때만 효과적이다. 멘델 개체군에서 상호대안적인 대립유전자 간의 선택은 이러한 요구조건을 충족시킨다. 상상할 수 있는 다른 종류의 선택은 요구조건을 충족시키지 못한다. 상호대안적인 대립유전자 간의 선택은 한 개체군 내의 개체들 사이에 당장 더 이득이 되거나 더 손실이 되는가에 따라 작동할 뿐, 개체군의 생존이라는 문제와는 무관하다. 일정 수준의 복잡성이 진화하고 나면, 선택은 한 적응적 형질을 다른 형질로 이따금 대체하면서 적응을 유지하지만, 이 과정은 지금껏 가정된 어떤 유형의 누적적 진보도 가져오지 않는다.

3. 자연선택, 생태, 그리고 형태형성   79

유전자는 환경과의 복잡한 상호작용을 통해서 선택된다. 이때의 환경은 몇 가지 수준을 포함한다. 유전적, 신체적, 그리고 생태적 환경이 그것이다. 생태적 환경은 여러 측면을 포괄하는데, 그중에서도 "개체군통계적" 환경이 중점적으로 논의된다. 연령 특이적 출생률과 사망률은 발달 속도의 선택뿐만 아니라 생애 주기의 다른 측면들의 선택에서 중요한 요인이다. 창조적인 요인으로서 유전적 동화의 중요성은 그다지 크지 않다.

4. 집단선택   111

유전자 수준의 선택은 개체와 가족 집단의 적응적 조직화를 만들 수 있다. 개체군이 적응적 조직화를 보인다면 이는 마땅히 상호대안적 개체군 간의 선택으로부터 유래한다고 간주된다. 나는 이러한 집단선택이 잘 작동한다고 선험적으로 가정하는 경향에 의문을 품을 만한 근거들을 제시하였다. 개체의 유전적 생존을 최대화하게끔 기능하는 **유기적 적응**(organic adaptation)은 개체군이나 그보다 더 넓은 집단을 영속하게끔 설계되는 **생물상 적응**(biotic adaptation)과 구별해야 한다.

에 대한 자식 돌보기 행동으로 설명된다. 이는 자식돌보기 행동의 개시 시점과 지속을 조절하는 기제가 불완전하게 작동한 결과이다. 집단이 얻는 이득은 종종 개체 활동의 예기치 않은 통계적 총합으로 생겨나며, 이는 해로운 효과가 같은 방식으로 축적되는 것과 유사하다.

8. 집단선택에 의해 만들어진 듯한 다른 적응들 231

독을 함유한 피부, 노쇠, 그리고 유전적으로 이질적인 신체와 같은, 생물상 적응으로 종종 간주되는 여러 예를 검토한 뒤 이러한 추정이 잘못되었거나 근거가 부족함을 입증한다. 개체군 크기의 조절은 집단의 적응적 조직화에서보다는 개체 적응이나 순전히 물리적인 법칙에서 기인함을 밝힌다. 생태적 군집이나 더 포괄적인 실체가 적응적 조직화를 보인다는 관념들도 같은 견지에서 논박한다.

9. 적응의 과학적 연구 259

어떤 생물학적 기제에 대해서 "그 기능은 무엇인가?"라는 질문에 답하는 확립된 원칙이나 절차가 없는 실정이다. 그러한 질문에 대해 객관적인 해답을 규명하는 일은 생물학의 많은 영역에서의 발전을 추동할 것이다. 이를 위해서는 적응을 하나의 일반 원리로서 연구하는 분야에 대한 특별한 개념 정립이 요구된다. 목적학은 이 특정한 연구 영역에 걸맞은 이름이다.

제1장

서 론

지난 세기 동안 진화 사상을 발전시키는 데 이바지한 여러 흐름은 대개 두 가지 대척적인 관점 가운데 어느 하나로 분류할 수 있다. 한편에서는 자연선택이 주요한 혹은 유일한 창조적인 동인이라고 강조한다. 반대편에서는 지금껏 제시된 다른 동인들의 역할을 중시하면서 선택의 역할은 최소한으로 축소시킨다. 피셔(R. A. Fisher, 1930, 1954)는 멘델 유전학을 받아들이고 그것이 선택과 어떻게 관련되는지 논리적으로 탐구한다면 자연선택의 대안으로 제안된 후보들의 상당수는 근거가 희박함을 입증하였다.[1] 멘델 유전학이 없이도, 바이즈만(Weismann, 1904)은 자연선택이 19세기에 제시된 다른 경쟁 이론들을 제압하는 유일하게 합당한 이론

---

1) 1900년대 초반에 혼합 유전(*blending inheritance*)을 주창한 생물측정학자(*biometrician*)들이 작고 연속적인 변이에 작용하는 자연선택을 강조한 데 비하여, 입자 유전(*particulate inheritance*)을 주창한 멘델주의자(Mendelian)들은 선택보다는 돌연변이가 더 중요한 진화의 동인이라고 봄에 따라 격렬한 논쟁이 벌어졌다. 이 논쟁은 1930년에 피셔가 멘델주의는 자연선택 이론과 수학적으로 합치할 뿐만 아니라, 다윈주의에서 빠져 있던 유전의 원리를 제공함을 입증함으로써 일단락되었다.

26

임을 보였다. 그가 저지른 단 한 가지 심각한 잘못은 유전자가 멘델 유전학의 원리를 따른다는 사실을 알지 못했다는 것뿐이다. [2]

내가 보기에, 자연선택의 역할을 둘러싼 이 논쟁은 1932년 즈음에 피셔, 할데인(Haldane), 라이트(Wright)의 명저들이 연이어 출간되면서 결국 자연선택의 압승으로 마무리되었다. 그러나 자연선택 이론이 세상을 지배하고 있긴 하지만, 몇몇 반론들이 여전히 살아남아 있으며 그 영향력은 일반적으로 생각되는 정도보다 더 큰 것 같다. 최근의 많은 담론은 겉보기에는 현대적인 다윈주의의 전통을 따르는 듯하지만, 꼼꼼히 따져보면 상당히 이질적인 뜻을 내포하고 있다. 나는 자연선택을 노골적으로 혹은 은밀하게 부정하는 이러한 현대의 반론들은 19세기에 이미 근거없음으로 판정된 이론들의 원천으로부터 다시 한 번 흘러나온 것이라고 믿는다. 다윈 자신이 지적했듯이, 이러한 반론들은 이성으로부터 도출된 것이 아니라 자연선택 이론이 상상력으로 포용할 수 있는 범위를 넘어서기 때문에 나온다. 한 개인이 진화에서 차지하는 역할을 그가 동태 통계치(*vital statistics*)[3]에 이바지하는 정도만 가지고 오롯이 파악할 수 있음을 상상하기란 어려운 일이다. 우리가 믿고 따를 만한 도덕 원리가 실은 동태 통계치로부터 생겨난다는 것을 상상하기도, 자연 속에 독립적으로 실재하는 도덕 원리에 대한 믿음을 쉽게 포기하기도 어렵다. 마찬가지로 유전자의 맹목적인 놀음이 인간을 만들었다고 상상하기도 어렵다. 어떤 형질이 적응적인지 아닌지 판별하게 해주는 엄밀한 판단기준이 오늘날 부재하다는 사실도 많은 어려움을 일으킨다. 뒤에서 자세히 논증하겠지만 순전히 우발적인 효과를 적응이라 칭하는 경우가 빈번하며, 실제로는

2) 1893년에 바이즈만은 당시 유행했던 신라마르크주의(Neo-Lamarckism)를 비판하고 획득형질은 유전되지 않으며 오직 자연선택만이 유일한 진화의 동인이라고 주장했다. 그러나 바이즈만은 유전에 영향을 끼치는 인자가 멘델이 말했듯이 불연속적으로 입자 유전된다는 사실은 몰랐다.

3) 출생률, 성장률, 번식률, 사망률 등등 생애 주기 동안 개체의 이동을 나타내는 수치들을 포괄하는 용어.

존재하지도 않는 문제를 해결하고자 자연선택이 동원되기도 한다. 자연
선택이 어떤 적응이 어떻게 생겨났는지 설명하는 데 부적합하다고 밝혀
진다면, 그 적응이 과연 실제로 존재하는지를 가려내는 것은 근본적으로
중요한 일이다.

생물학이라는 학문으로부터 진화 이론의 발전을 저해하는 불필요한 잡
음들을 가려내고 생물학이 적응을 연구하는 잘 확립된 과학분야로 거듭
나는 데 이 책이 도움 되길 바란다. 이 책은 유전적 동화(genetic assimi-
lation), 집단선택, 적응적 진화의 누적적 진보 등, 자연선택 이론에 수정
을 가하거나 첨언을 하고자 제안된 최근의 주장들에 대해 반론을 펼친다.
이 책은 장차 일어날지도 모르는 혼란을 예방함과 동시에 자연선택 이론
을 진정으로 합당하게 바로 서게 해줄 기본 원칙을 주창한다. 그 기본 원
칙 — 아마도 교의(doctrine)가 더 적절한 용어가 될 테지만 — 은, 적응은
꼭 필요한 경우에만 사용되어야 하는 특별하고 번거로운 개념이라는 것
이다.4) 적응이라는 개념이 반드시 요청될 때조차, 증거에 의해 뒷받침
되는 수준보다 더 높은 조직화의 수준으로부터 적응이 유래했다고 함부
로 단정해서는 안 된다.5) 적응을 설명할 때 우리는 자연선택의 가장 단
순한 형태, 곧 멘델 개체군 내에서 서로 경쟁하는 대립유전자들 간의 선
택만으로 적응을 막힘없이 설명할 수 있다고 가정해야 한다. 어떤 적응
이 자연선택만으로는 설명 불가능함을 명백히 보여주는 반대 증거가 존
재치 않는다는 전제하에서 말이다.

진화적 적응은 생물학에서 으뜸으로 중요한 현상이다. 적응이 차지하
는 핵심적인 위치는 생명의 기원을 설명하는 작금의 이론에도 잘 반영되
어 있다. 이 이론에 따르면 지구상의 수권(水圈)이 화학적으로 진화하면
서 어느 단계에선가 대단히 높은 화학적 복잡성을 띠지만 아직 생명이라

---

4) 현대의 진화생물학자들이 적응을 논할 때 반드시 인용하는 유명한 문장이다.
5) 예컨대 개체 수준의 선택만으로도 충분히 설명 가능한 현상을 그보다 한 단계
   더 높은 집단 수준의 선택으로 설명해서는 안 된다는 의미이다.

28

고 할 수 없는 "유기 수프"(organic soup) 가 만들어졌다. 화학적으로 매우 복잡한 이 수프 안에서 우연히 자가촉매능력을 지니게 된 분자 또는 분자들의 농축이 형성되었다. 자가촉매능력은 일반적인 화학적 특성이다. 물분자조차도 자신의 합성을 스스로 촉매할 수 있다. '자식들' 사이에 우연한 변이가 존재하고 그러한 변이를 다음 '세대'에 전해주는 분자는 아주 드물게 만들어지겠지만, 일단 이러한 체계가 생겨나기만 하면 자연선택이 작용하여 적응이 출현할 것이고, 결국 지구는 생물상으로 채워졌을 것이다.

생명의 기원에 대한 이러한 설명을 받아들인다는 것은 곧 적응이라는 개념이 차지하는 핵심적인 위상을 받아들이는 한편, 생명을 정의하고 인지하게끔 하는 추상적인 판단기준을 적어도 하나는 받아들임을 내포한다. 생명을 주제로 논의할 때, 어떤 주어진 생명체계를 완전하게 설명하려면 자연선택을 끌어들일 수밖에 없다. 이러한 의미에서 물리학과 화학의 원리들만으로는 생명을 설명하기 충분치 않다. 자연선택, 그리고 그 귀결인 적응을 반드시 추가로 동원해야 한다. 6)

이는 매우 특별하고, 오직 생물학에만 적용되는 원칙이며 다른 일에 결코 불필요하게 끌어들여서는 안 된다. 땅에 떨어지는 사과의 궤적을 설명하라고 누군가 요청한다면, 사과의 역학적 특성과 초기 위치와 속력들을 정확하게 알 수 있다는 전제조건하에 우리는 역학의 원리만으로 더할 나위 없이 만족스러운 설명을 할 수 있다. 이러한 설명은 사과에 대해서나 돌에 대해서나 마찬가지로 적용된다. 즉, 사과의 생체적 상태가 이 문제를 생물학적 문제로 만들어주진 않는다. 하지만, 이 사과가 어떻게

6) 윌리엄스는 1992년에 낸 저서 《자연선택: 영역, 수준, 그리고 도전》(Natural Selection: Domains, Levels, and Challenges) 에서 생명현상을 설명하기 위해서는 물리화학적 원리와 자연선택 외에도 역사성(historicity)도 필요하다며 이 책에서 견지한 태도를 수정했다. 예컨대 척추동물들이 음식을 먹다가 목에 걸리기 쉬운 까닭은 모든 척추동물들이 소화계와 호흡계가 식도에서 교차하는 조상으로부터 유래했다는 역사적 사실로 설명할 수 있다는 것이다.

그 갖가지 특성들을 갖게 되었는지, 왜 다른 특성도 아니고 바로 그러한 특성들인지 설명하라고 누군가 요청한다면, 함축적으로라도 자연선택의 원리가 필요해진다. 선택을 통해서만이 우리는 사과가 왜 다른 곳도 아니고 외부 표면이 방수성 왁스층으로 덮여 있는지, 왜 다른 것도 아니고 휴면상태의 배아가 그 안에 들어 있는지 설명할 수 있다. 우리는 경탄스러운 사과의 구조적 세부 사항들과 진행 단계들 하나하나가 실은 사과를 애초에 만들어낸 사과나무를 후세에 전파시키는 데 각자 일익을 담당하게끔 설계된 요소들임을 깨닫게 될 것이다. 이러한 설계가 어떻게 생겨나서 어떻게 완벽하게 다듬어졌는지에 대한 해답은 그 특정한 역할을 효율적으로 수행하게끔 자연선택이 기나긴 세월동안 작용해왔다는 사실에서 찾을 수 있다.

과거와 현재에 걸쳐 지구의 생물상에 속한 모든 종들의 생애사의 모든 구성부분들, 혹은 생애사의 모든 단계들에 대해서도 마찬가지로 말할 수 있다. 척추동물의 눈이 한때 신학자들의 "설계에 의한 논증"에 효과적으로 활용되었던 것과 똑같은 이유에서, 척추동물 눈의 구조는 생물학적 적응을 생생하게 보여주는 실례이자 효율적인 시계 확보를 위한 자연선택이 척추동물군의 역사를 통해서 계속 작용해왔음을 믿게 해주는 근거로 활용될 수 있다. 원칙적으로 말하면, 그 어떤 생물학적 기관도 적응을 보여주는 예로 활용될 수 있다. 어떤 부분의 적응적 설계는 눈의 광학적 특성에 담긴 설계만큼 명백하게 복잡 정교하지는 않을지 모르지만 말이다.

이 책은 물리화학적 원리에 자연선택의 원리를 더하면 어떤 생물학적 현상도 완전하게 설명할 수 있다는 가정 하에, 그리고 이러한 원리들이 적응의 그 어떠한 실체적인 예들뿐만 아니라 추상적이고 일반적인 의미의 적응도 설명할 수 있다는 가정 하에 쓰였다. 이는 생물학자들 사이에 흔하기는 해도 보편적인 믿음은 아니다. 최근의 문헌들을 보면, 자연선택이 적응이 취할 수 있는 몇몇 피상적인 형태들을 설명할 수 있음을 주장할 뿐만 아니라 하나의 일반적인 특성으로서의 적응이 살아있는 유기체에 내재한 어떤 근본적이고 절대적인 그 무엇임을 은근히 암시하는 문구들이 여럿 발견된다. 러셀(Russell, 1945, p. 3)이 "지향 활동"(*directive activity*)은 "생명체의 환원 불가능한 특성"이라고 이야기한 것도 바로 이러한 의미였다. 그의 입장은 재생을 논의하면서 특히 확연히 드러나는데, 이 책의 104~107쪽에서 상술하고자 한다.

자연선택 이론의 가장 단순한 형태가 적응을 설명하는 데 얼마나 적합한지에 대해 좀더 최근에 행해진 비판으로 와딩턴(Waddington, 1956, 1957, 1959)의 저작들을 들 수 있다. 그는 선택이 적응적 조직화의 모든 수준에서 중요하다는 것을 인정하긴 했지만, 선택만으로는 부적절하며 반드시 "유전적 동화"에 의해 보충되어야 한다고 주장했다. 자연선택의 적합성에 대한 또 다른 근래의 비판은 달링턴(Darlington, 1958)에 의해 행해졌다. 그에 따르면 염색체와 유전자에는 우연한 돌연변이라는 전통적인 개념이 허용하는 범위를 넘어서는 진화적 자발성이 깃들어 있으며, 개체군이 미래에 어떤 특성을 필요로 하게 될지 내다보는 원대한 선견지명 또한 내재해 있다. 와딩턴과 달링턴의 작업은 나중에 논의한다.

선택이 진화의 유일한 창조적 동인이라는 견해를 밝힌 사람 중에서도, 이 개념을 종종 앞뒤가 맞지 않게 쓰는 이들이 있다. 뒤에 언급될 몇몇 제한 조건들을 빠뜨리지 않는다는 전제하에 말하자면, 개론 교과서뿐만 아니라 개체군 유전학자들의 전문적인 논문 대다수가 서술하는 바와 같이, 자연선택은 오직 개체의 유전적 생존을 위한 적응만을 만들어낸다는 결론은 불가피하다. 하지만 많은 생물학자들이 개체라는 조직화 수준보다 더 높은 수준에서의 적응을 보고했다. 몇몇 연구자들은 이러한 불일치에 주목하여, 개체군 내의 대안적인 대립유전자들(*alternative alleles*) 수준에서 일어나는 자연선택의 기존의 상만으로는 불충분하다고 강변했다. 대안적인 개체군들(*alternative populations*)의 수준에서 벌어지는 선택도 적응을 만들어내는 중요한 원천이며, 따라서 이러한 선택도 고려해야 개체 대신 집단의 이득을 위하게끔 기능을 하는 적응을 잘 설명할 수 있다는

것이다. 4~8장에 걸쳐서 나는 집단의 이득을 위해 작용하는 기제라고
주장된 예들이 실은 모두 잘못 해석되었으며, 개체 이상의 선택 수준은
적응을 만들고 유지하는데 무력하며 눈에 잘 띄지 않는 요인이라고 주장
하고자 한다.

　해석상의 어려움, 특히 집단과 관련된 적응이라고 흔히 간주했던 예들
을 해석할 때의 어려움은 우발적인 효과와 적응을 구별해주는 판단기준
이 애매하기 때문에 일어난다. 또한 불완전한 용어들이 이러한 어려움을
더욱 가중시킨다. 어떠한 생물학적 기제도 그 목표라고 타당하게 불릴만
한 효과를 적어도 하나는 유발한다. 예컨대 눈의 목표는 앞을 보는 것이
고 사과의 목표는 번식과 분산7)이다. 그 외에도 사과가 인간의 경제 활
동에 끼치는 공헌과 같은 다른 효과들이 있을 수 있다. 많은 학술논문이
나 연구서를 보면, 저자가 어떤 효과를 그 효과를 낳은 인과 기제의 특정
한 기능으로 인식하는지 아니면 단순히 부수적인 결과로 인식하는지 명
확히 판단하기 어렵다. 몇몇 경우에는 저자가 이러한 구분이 얼마나 중
요한지 잘 모르는 것처럼 보이기도 한다. 이러한 어려움을 덜도록 나는
이 책에서 용어상의 약속을 하나 정해서 따를 참이다. 어떤 효과(effect)
가 어떤 적응의 기능(function)이라고, 즉 바로 이 기능을 수행하게끔 그
적응이 자연선택에 의해 정교하게 만들어진 것이라고 판단될 때마다, 나
는 인간에 의한 고안물과 의식적인 설계를 서술할 때 쓰이는 용어들을 빌
려 쓰고자 한다. 어떤 생물학적 특질이 특정한 **목표**(goal)나 기능(function)
혹은 **목적**(purpose)을 성취하기 위한 수단(means)이나 기제(mechanism)라
고 내가 이야기할 때, 이는 그 특질에 추측된 목표를 이루고자 자연선택
이 그 특질을 만들어냈음을 암시한다. 이러한 관계가 존재하지 않는다고

---

7) 분산(dispersal)은 유기체가 자기가 태어난 곳을 떠나 다른 지역으로 옮겨가는
　현상을 말한다. 식물이 분산하는 방법 가운데 하나는 자신의 씨가 들어 있는
　열매를 동물들에게 제공하는 것이다.

생각될 때에는, 이러한 용어들을 쓰지 않는 대신 우발적으로 생긴 관계를 서술하는 데 적합한 용어들인 원인(*cause*)과 효과(*effect*) 같은 단어들을 사용할 것이다. 이는 이미 일반적으로 — 아마도 무의식적으로 — 널리 쓰이는 관례이며, 멀러(Muller, 1948)나 피텐드리히(Pittendrigh, 1958), 심프슨(Simpson, 1962) 그리고 다른 여러 사람이 그 타당함을 설득력 있게 논의한 바 있다.

그러므로 나는 사과의 기능 또는 목적은 번식과 분산이고 사과는 사과나무가 그러한 목표를 성취하기 위한 수단 또는 기제라고 말하고자 한다. 반면에, 사과가 뉴턴에게 중요한 암시를 준 것이나 캘러머주 카운티(Kalamazoo County)[8]의 경제에 끼치는 공헌 등은 단순히 우발적인 효과일 뿐이며 생물학적으로는 아무 의미가 없다.

실지로 연구할 때, 어떤 특질의 기능적 설계를 직관적으로 바로 인지하는 것은 많은 경우 그리 어렵지 않다. 하지만, 불행하게도 때로는 어떤 효과가 설계에 의해 만들어졌는지 아니면 다른 어떤 기능의 부산물에 불과한 것인지를 놓고 논쟁이 벌어지기도 한다. 실용적인 정의를 세우고 객관적인 판단기준을 확정 짓는 일이 물론 쉽지 않지만, 이 문제는 대단히 중요하므로 회피하지 말고 당당히 맞서서 해결해야 할 것이다. 좀머호프(Sommerhoff, 1950)가 그 토대를 훌륭하게 닦아 놓았지만 어느 누구도 그를 바탕으로 발전적인 논의를 전개한 것 같지는 않다. 이 책에서 나는 어떤 특질이 순전한 우연만으로 만들어졌을 가능성을 타당하게 배제할 수 있으려면 그 특질이 우리가 추정한 기능을 정확하게, 경제적으로, 효율적으로[9] 수행하는지를 보여줘야 한다는 비정식적인 논증을 펼칠 것이다.

---

8) 미시건주 남서부의 한 카운티. 사과의 재배지로 유명하다.
9) 적응의 판별기준으로서 윌리엄스가 여기서 제시한 정확성(*precision*), 경제성(*economy*), 효율성(*efficiency*)의 3대 요건은 적응주의에 대한 이후의 논의에 커다란 영향을 끼쳤다.

자주 도움이 되긴 하지만 반드시 옳다고는 할 수 없는 규칙으로서, 인간이 만들어낸 기구와 뚜렷한 유사성을 보여주는 생물학적 특질을 적응으로 인식하는 방안이 있다. 새의 날개와 비행기의 날개, 현수교의 지지대와 골격의 지지대, 그리고 잎의 관다발 체계와 도시의 용수 공급 체계 사이에는 밀접한 유사성이 존재한다. 이 모든 실례에서 인간의 의식적인 목표는 생존이라는 생물학적 목표와 유사점이 있으며, 비슷한 문제가 대개 비슷한 기제들에 의해 해결된다. 생리학자들은 생체내의 어떤 구조나 과정을 탐구하기 시작하자마자 이러한 유사성을 곧바로 파악하며, 덕분에 알찬 가설들을 지속적으로 생산할 수 있다. 특정한 기제의 목적을 처음부터 바로 알아차리기 어려운 경우도 있으며, 이럴 때는 그 목적을 찾기 위한 노력이 후속 연구를 낳는 원천이 된다. 이러한 경우에도 우리는 일단 어떤 특질을 적응이라고 가정하는데, 이는 그 특질이 우리가 찾아낸 목적을 달성하기 위한 수단으로서 매우 적합함을 당장 입증할 수 있어서가 아니라 그 특질이 지닌 복잡성과 불변성을 적응의 간접적 증거로 추정할 수 있기 때문이다. 상어의 직장샘,[10] 사이프러스 나무의 "무릎",[11] 물고기의 옆줄, 새의 "개미질"(anting),[12] 돌고래의 소리 등을 예로 들 수 있다.

물고기의 옆줄은 좋은 예이다. 이 기관은 절대다수의 어류 종들에서 관찰되는 뚜렷한 형태적 특징이다. 한 분류군에 속한 모든 개체들에서

---

10) 상어의 몸속은 바닷물에 비해 낮은 무기염 농도를 지니기 때문에 무기염이 체내로 삼투현상에 의해 들어오게 된다. 이러한 염기의 일부를 직장샘을 통해 배출한다.

11) 대개 습지에 있는 사이프러스 나무뿌리에서 관찰되는 독특한 구조. 뿌리로부터 거의 수직으로 뻗어 나와 수면 위로 돌출한다. 그 기능이 무엇인지 아직 알려지지 않았지만 구조적인 지지와 안정화 역할을 하는 것으로 추정된다.

12) 몇몇 조류들은 개미를 집어서 깃털에 문지르는 행동을 한다. 이러한 "개미질"의 목적은 완전히 밝혀지지 않았지만 개미에서 나오는 분비물을 이용해 몸속의 기생충이나 곰팡이 등을 제거하려는 것으로 생각된다.

구조적으로 불변하며, 높은 수준의 조직적 복잡성을 띤다. 이러한 모든 특징들로 미루어 볼 때, 옆줄은 분명히 적응적이며 의심할 여지없이 중요한 구조이다. 이 기관을 처음 연구한 학자들이 끝내 찾지 못한 퍼즐 조각은 옆줄이 어떻게 물고기의 생존에 효과적으로 이바지하는지에 대한 신빙성 있는 설명이었다. 마침내 많은 연구자이 끈질긴 형태적, 생리적 연구 결과 옆줄은 소리를 듣는 데 필요한 감각 기관의 하나임을 입증했다 (Dijkgraaf, 1952, 1963). 인간에는 이 감각기관이 없을뿐더러 옆줄과 조금이나마 유사점을 지니는 인공적인 감지기도 발명된 적이 없어서, 옆줄이라는 기관을 이해하기는 대단히 어려웠다. 하지만 옆줄의 불변성과 복잡성을 고려하면 이 기관이 어떤 식으로든지 쓸모 있을 것이라는 확신 덕분에 연구자들은 계속 힘 있게 연구를 추진하였고, 결국 중요한 감각 기제의 작동 양식을 규명하기에 이르렀다.

위에서 나는 생물학적 목표와 수단과 같은 개념들이 얼마나 중요한지 되풀이해서 강조하였다. 이 같은 개념적 틀이 생물학이라는 학문의 정수라는 나의 믿음이 명확하게 이해되길 바라기 때문이다. 그렇지만, 이 책의 대부분은 적응이라는 개념을 내가 보기에 부당하게 사용하는 논의들에 대한 반론으로 채워질 것이다. 적응이라는 생물학적 원리는 최후의 방편으로만 사용되어야 한다. 물리학과 화학의 원리나 우연하고 불특정적인 원인과 효과 등과 같이, 덜 번거로운 원리들만으로 온전한 설명을 할 수 있는 상황에서 불필요하게 적응을 끌어들여서는 안 된다.

논쟁의 여지가 없는 명백한 예로, 공중을 날려고 물을 막 벗어난 날치를 생각해보자. 날치가 물속으로 빨리 되돌아가야 할 생리학적 필요성이 있음은 분명하다. 날치는 공기 중에서 오래 살 수 없기 때문이다. 게다가 공중을 활강하는 비행은 대개 바다로 즉시 복귀함으로써 끝난다는 것은 일상적인 관찰 사항에 해당한다. 그러면 이 현상은 날치가 물에 복귀하게끔 해주는 생물학적 기제가 작용한 결과일까? 물론 아니다. 여기서 적응 원리를 끌어들일 필요는 없다. 중력이라는 순전히 물리학적인 원리만으로 왜 공기 중에 떠오른 날치가 결국 물속으로 떨어지는지 적절하게 설명할 수 있다. 진짜 문제는 어떻게 날치가 결국엔 물에 떨어지는가가 아니라 왜 떨어지는 데 그토록 오랜 시간이 걸리는가이다. 날치가 물속으로 복귀하는 데 상당한 시간이 걸린다는 사실을 설명하기 위해, 우리는 항공역학적으로 우수하게 설계된 날치의 활강 기제를 주목하지 않을 수 없으며 이 기제가 효과적인 활강을 이루기 위한 자연선택의 산물이라는 것 또한 알아차릴 것이다. 이제야 우리는 적응을 다루게 된다.

위의 예만 놓고 보면 역학적으로 당연한 일을 굳이 성취하려 하는 적응을 가정한다는 것 자체가 우스꽝스럽게 들린다. 그러나 나는 유전자 돌연변이가 진화의 가소성(plasticity)을 보장하는 기제라고 제안한 학자들도 기본적으로 같은 잘못을 저질렀다고 믿는다. 어떠한 유전자이건 간에, 일상적인 세계의 일부이므로 자기 복제 능력이나 그 외 다른 능력에서 결코 완전무결할 수는 없다. 유전자가 종종 변형되는 것은 물리학적 필연이다. 이 문제에 대해서는 155~158쪽에서 좀더 이야기하고자 한다.

흔한 관습 하나는 유기체가 활동함에 따라 어떤 뚜렷한 이득이 생길 경우 그 활동을 하나의 적응으로 간주하는 것이다. 이는 적응을 판단하기에는 부족한 논거이며 실제로 몇몇 심각한 오류를 파생시켰다. 이득은 설계가 아니라 우연에 의해 생겨난 결과일 수 있다. 한 기제의 목적을 판정하려면 반드시 그 기제를 면밀히 조사한 다음에 그 기제가 추정된 목적을 성취하기 위한 수단으로 얼마나 적절한가에 대한 평가가 이루어져야 한다. 실질적인 혹은 예상되는 결과에 대한 가치 판단에 기대어서는 안 된다.

이 점은 아마도 이견이 없을 법한 다음의 예를 통해서 쉽게 설명할 수 있다. 폭설이 내린 다음 처음으로 닭장을 향해 나아가는 여우를 생각해 보자. 온 천지에 가득 쌓인 방해물을 뚫고 발걸음을 하나씩 옮기느라 여우는 아마도 심한 어려움을 겪을 것이다. 하지만, 다음번에 닭장으로 갈 때는 십중팔구 같은 경로를 택해서 처음에 냈던 눈 고랑을 되밟아 갈 것이므로 훨씬 힘이 덜 들게 된다. 가득 쌓인 눈 사이로 길을 낸 행동이 결과적으로 여우에게 상당한 시간과 에너지를 절약하게 해줄 것이고, 이러한 절약이 생존 가능성을 크게 높여줄 수도 있다. 그러므로 우리는 여우의 발을 눈 사이에 길을 내기 위한 기제로 간주해야만 할까? 물론 그래선 안 된다. 눈을 뚫고 길을 낸 것 그 자체는, 여우에게 아무리 큰 이득을 가져다줄지언정, 여우의 이동 기작(機作)에 따른 우발적인 효과로 간주하는 편이 더 낫다. 적응과 자연선택이라는 번거로운 생물학적 원리 없이 온전한 설명을 제공하기 때문이다. 여우의 다리와 발을 조사해보면 이 기관들이 걷고 달리기 위한 것이지 눈을 다지거나 파헤쳐내려고 설계된 것이 아니라는 결론을 피할 수 없다. 어쨌든, 여우의 사지가 눈의 제거를 위한 설계라는 제안이 사지가 신체 이동을 위한 설계라는 제안에 비해 문제를 더 잘 설명하는 지점은 어디에도 없다.

한편, 눈 사이로 길을 냈다는 것을 이러한 효과를 낳은 활동의 기능으로 간주하여서는 안 되지만, 여우가 그 후 닭장으로 갈 때마다 똑같은 길을 감으로써 이 우발적인 효과를 적응적으로 활용했음은 틀림없다. 가장 친숙하고 가장 방해물이 적은 길을 지각하게 해주는 감각 기제와 그 길을 최소한의 노력으로 밟아가려는 동기 유발 기제는 명백히 적응이다.

어떤 적응의 한 효과가 인간의 관점에서는 중요한 것일지 몰라도 적응의 기능은 아닐 때도 있다. 생물학적으로, 맥주를 양조하는 것이 효모의 해당(解糖) 효소의 기능은 아니다. 인간의 농업적 이해관계에서 보면, 구아노(*guano*)[13]를 만드는 것은 많은 종의 바닷새의 소화 기제가 낳는 중요한 효과이긴 하지만 이 효과가 소화 기제의 기능은 아니다. 생물학자가 아닌 일반인들의 상당수가 방울뱀의 꼬리에 방울소리를 내는 기관이 달린 까닭은 인간에게 도움이 되기 위해서라고 믿는다.

---

13) 조분석(鳥糞石)이라고도 하며 바닷새의 똥이 굳은 것이다. 질소비료로 쓴다.

위에서 언급한 효과들은 기능이 아니라는 주장에 대해서 현대의 생물학자들은 거의 이의가 없으리라 생각한다. 같은 부류에 속하지만 좀더 논쟁적인 문제들은 뒤에서 다루고자 한다. 여기서 예를 하나 더 들어보자. 말할 필요조차 없이 중요하지만 다소 사변적으로 접근할 수밖에 없는 문제이다. 인간의 대뇌피질이 지나치게 팽창한 목적을 우리는 진정 이해하고 있는가? 이 독특한 형질이 현대 문명을 사는 인류에게 대단히 중요한 까닭은 이 특징 덕분에 거의 모든 사람들이 단순한 일자리나마 적어도 하나는 얻을 수 있고, 많은 사람이 훌륭한 문학작품을 감상하며 정당하게 브리지 게임을 즐길 수 있고, 소수의 사람은 위대한 과학자, 시인, 혹은 장군이 될 수 있기 때문이다. 인간이 문화에 기반을 둔 사회를 건설한 이래로 인간의 마음은 이러한 이득을 우리에게 계속 제공해왔을 것이다. 그러나 다른 이들이 펼친 주장과 달리(예컨대 Dobzhansky & Montague, 1947; Singer, 1962), 나는 자연선택이 고도의 심적 능력을 직접 택했다는 견해를 쉽게 받아들일 수 없다. 지능이 평균보다 다소 떨어지는 사람보다 천재가 자식을 더 많이 낳았으리라고 믿을 이유는 어디에도 없다.[14] 가끔 천재를 낳아서 지도자로 옹립하는 부족은 그런 지적 원천이 없는 부족과의 경쟁에서 승리하여 번성했을 것이라는 의견이 제출된 적이 있다. 매우 총명한 지도자를 지닌 집단이 그렇지 못한 집단보다 정치적 패권을 거머쥐기 더 쉽다는 의미에서 이 말은 맞는 말이다. 그러나 정치적 우세가 반드시 유전적 우세를 낳는 것은 아니며, 이는 자손을 대대로 남기지 못한 지배 계급이 상당히 많다는 사실에서도 확인된다. 집단 간의 선택이 일반적으로 별로 중요하지 않다고 믿을 만한 논거는 4장에서 제시할 참이다. 이 장에서 나는 하나만 언급하고자 한다. 즉 현대의 인종들이 지적 잠재력의 측면에서 거의 차이가 없다는 사실은, 집단

___

14) 여러 가지 적응적 문제들을 해결할 때 높은 지능이 틀림없이 큰 도움이 되었을 것임을 고려하면(예컨대 남들과 협동할 때 누가 사기꾼이고 누가 선한 사람인지 잘 기억해두는 것 등) 윌리엄스의 이러한 관점은 다소 힘을 잃는다.

간의 선택이 인간의 심적 능력을 향상시키거나 혹은 적어도 과거와 비슷한 수준으로 유지하는 효율적인 방편이었다는 견해를 정면으로 반박한다. 진화의 역사를 통해 인간의 지적 능력이 뚜렷하게 급락한 적이 없다는 사실은, 선택이 명석한 사람들의[15] 생존을 어떤 식으로든지 계속 촉진했음을 의미하는 것으로 이해해야 한다.

고도의 지적 능력은 아마도 어린 시절에 말로 된 단순한 지침들을 이해하고 기억하는 능력을 만들어낸 선택의 우발적인 효과로서 출현했으리라는 것이 나의 제안이다. 원시시대 어느 월요일에 한스와 프리츠 파우스트카일 형제가 "물가에 가지 마라"는 말을 듣고서도 둘 다 개울에 들어가서 놀다가 볼기짝을 얻어맞는다고 상상해 보자. 화요일에는 "불가에서 놀지 마라"는 말을 듣고서도 둘 다 그 지침을 다시금 어기고 볼기를 맞는다. 수요일에는 "검치호랑이를 건드리지 마라"라는 말을 듣는다. 그런데 한스는 이번엔 그 말을 이해했고, 그대로 따르지 않으면 볼기짝을 맞게 됨을 마음속에 깊이 새겼다. 한스는 검치호랑이와 마주치지 않도록 애썼고 결국 부모의 손찌검을 모면했다. 가엾은 프리츠도 손찌검을 모면했지만, 그 이유는 전혀 달랐다. 오늘날에도 사고로 말미암은 죽음은 생애 초기 사망의 상당부분을 차지하며, 다른 일에는 매를 아끼는 부모라도 아이가 전기선을 갖고 놀거나 공을 쫓아서 도로 안으로 달려간다면 바로 회초리를 들곤 한다. 오늘날 어린이들이 당하는 사고사의 상당수는 아이들이 부모의 잔소리를 이해하고 기억했다면, 그래서 말로 된 상징체계를 실제의 사건으로 머릿속에서 효율적으로 구현할 수 있었다면 아마 일어나지 않았을 것이다. 똑같은 논리가 진화상 먼 과거의 어린이들에게도 적용된다. 구어를 이해하고 구사하는 능력을 가능한 한 빨리 습득하게끔 하는 선택압(selection pressure)이, 대뇌 발달에 대한 상대생장[16] 효과로

---

15) 명석한 집단이 아니라는 것에 유의.
16) 개체발생 도중에 한 특질이 다른 특질에 대해 비례하지 않게 생장하는 것. 여기서는 구어 능력을 담당하는 두뇌 부위가 성장하는 방향으로 선택되면서 뇌

서, 레오나르도 다빈치가 종종 태어나는 개체군을 파생시켰을 것이다. 이러한 해석은 인간 성인의 심적 능력이 매우 다양하게 분포하며 남녀 간에 지력의 차이가 거의 없다는 사실에 의해 뒷받침된다. 하지만 원시 사회에서의 정치적 통솔력처럼 성인 남성들에만 유리하기 때문에 선택된 형질은 성인 남성들에게서만 고도로 발달할 것이며 이 소집단 내에서 정규분포를 나타낼 것이다. 이러한 논증은 나의 해석을 별로 뒷받침하지 않으며, 누구든지 더 나은 이론이 있다면 세상에 그 이론을 알려주길 바란다. 왜냐하면 이 문제는 말이 필요 없는 중요한 문제이기 때문이다. 인간의 마음이 설계된 목적을 알아냄으로써 마음에 대한 이해가 크게 증진되리라고 기대하는 것이 부당한 일일까?[17]

집단에 대한 이득은 개체의 적응들이 파생하는 효과의 통계적 총합으로 일어날 수 있다. 사슴이 전속력으로 달려서 곰으로부터 탈출에 성공했다면, 사슴의 성공은 선택이 장구한 세월에 걸쳐서 민첩성을 택했기 때문이라고 설명할 수 있다. 사슴은 그 민첩성 덕분에 곰의 공격으로부터 **사망할 확률**(*probability*)이 낮다.[18] 사슴떼에 같은 요인이 계속 작용해 왔다는 이야기는 사슴떼가 민첩한 사슴들이 단순히 모인 무리일 뿐만 아니라 사슴떼의 전체적인 특성이 민첩성이 되었음을 뜻한다. 그러므로 이 집단은 곰의 공격으로 말미암은 **사망률**(*mortality rate*)이 낮다.[19] 사슴떼 안의 모든 개체들이 곰으로부터 잘 도망친다면, 그 결과는 사슴떼가 효율적으로 보호됨을 의미한다.

아주 일반적인 규칙으로서 몇몇 중요한 예외들을 참작하며 말하면, 위

의 다른 부위들은 그보다 더 빠르게 성장했을 것이라는 의미.

17) 윌리엄스가 확립한 적응주의 프로그램에 의해 인간의 마음이 진화한 목적을 탐구하는 현대의 진화심리학자들이 즐겨 인용하는 문장이다.

18) 사슴 한 개체가 곰의 한 번 공격으로부터 사망할 확률이 낮다는 뜻.

19) 사슴 한 집단을 구성하는 각 개체들의 평균적 사망률이 낮다는 뜻.

의 예처럼 한 집단의 구성원들이 모두 잘 설계된 적응을 갖추었을 때는 그 결과로서 집단의 적합도(*fitness*)도 꽤 높을 것이다. 다른 한편으로, 그런 단순한 총합은 집단 전체의 적합도를 집단 그 자체가 적응적으로 조직화한 경우만큼 끌어올릴 수는 없다. 각각의 사슴 개체가 곰을 발견했을 때, 자기 목숨만 구하려 달아나지 말고, 잘 짜인 곰 대피 계획의 틀 안에서 각자 맡은 역할을 한다면 곰의 포식으로 말미암은 사슴떼의 사망률은 훨씬 더 낮아지리라고 생각할 수 있다. 예컨대 어떤 사슴은 감각이 아주 예민해서 보초로 세우기에 적당할 것이다. 다른 사슴은 유난히 민첩해서 곰을 사슴 떼로부터 멀찍이 떨어진 곳으로 유인할 수 있을 것이다. 전체가 잘 기능하게 하는 이러한 개체수준의 전문화가 이루어진다면 사슴떼를 적응적으로 조직화한 하나의 실체라고 부르기에 부족함이 없을 것이다. 각 개체의 민첩성과는 달리 그러한 집단수준의 적응을 설명하려면, 대안적인 대립유전자들 사이의 선택이라는 표준적인 설명을 넘어서는 그 무엇이 있어야 한다.

그 자체로는 어떠한 기능적 함의도 갖지 않는 개체 활동의 부수적인 효과가 중요한 총체적 결과를 유발시킬 수도 있다. 이러한 결과는 이로울 수도 있고 해로울 수도 있다. 사슴이 먹는 새싹이 고갈되는 현상은 사슴 개체군에 속한 각 개체의 섭식 활동에 따른 해로운 결과이다. 만약 먹이 고갈이 사슴에게 유리했다면, 나는 누군가가 사슴의 섭식 행동은 새싹을 고갈시키기 위한 기제라고 곧 제안하지 않았을까 의심한다. 섭식의 총체적인 효과가 이롭다는 증거가 있다고 해서 섭식 행동이 집단 수준의 적응이라는 판단을 내려서는 안 된다. 사슴의 섭식 행동은 각 개체의 영양 섭취를 위한 개체수준의 적응이라는 관점이 현상을 타당하게 설명 못하는 부분이 있는지 확인하려면 반드시 인과 기제를 면밀히 검토해야 한다.

지렁이의 섭식 행동이 더 좋은 예가 될 것이다. 왜냐하면, 이 종에서는 부수적인 총체 효과가 개체군의 관점에서나 전체적인 생태 군집의 관점에서나 정말로 이롭기 때문이다. 지렁이가 먹이를 섭취함에 따라, 지렁이는 토양의 물리화학적 특성을 향상시킨다. 지렁이 각 개체가 이바지하는 정도는 미약하지만, 몇십몇백 년에 걸쳐서 축적된 지렁이들 전체의 노력이 지렁이가 길을 뚫는 매체이자 지렁이가 궁극적으로 먹는 식물성 찌꺼기를 담는 매체인 토양을 점차 개선한다. 따라서 지렁이의 섭식 활동은 토양을 개선하는 기제라고 간주해야 할까? 앨리(Allee, 1940)는 토양 개선이 실제로 지렁이의 활동에 따른 결과라는 점을 고려하여 그러한 추론이 합당하다고 믿은 것 같다. 그러나 누구든지 지렁이의 소화계와 섭식 행동을 꼼꼼히 검토한다면, 이들 특성은 각 개체의 영양 섭취를 위한 설계라는 가정으로 충분히 다 설명됨을 깨닫게 되리라고 나는 생각한다. 지렁이의 섭식 행동이 토양 개선을 위한 설계라는 별도의 가정은 그 행동이 영양 섭취를 위한 적응이라는 가정으로도 잘 설명되는 것들 외에 그 어떤 것도 추가로 설명해주지 못한다. 하나의 설명으로도 충분한데 굳이 두 설명을 채택하는 것은 검약(*parsimony*)의 원리[20]에 어긋난다. 어떤 이득은 설계가 아니라 우연에 의해서도 생길 수 있다는 사실을 완고히 부정하고 난 다음이라야, 모든 이득마다 적응을 가정하는 태도가 용인될 수 있을 것이다.

다른 한편으로, 지렁이의 섭식 활동을 조사했더니 영양 섭취를 위한 적응에서는 있을 수 없지만 토양 개선을 위해 특수하게 설계된 체계에선 당연히 있을 법한 어떤 특질을 발견했다고 하자. 그러면 우리는 이 체계를 하나의 토양 개선 기제로 인정할 수밖에 없을 것이다. 이 결론은 영양 섭취의 기능이 함축하는 적응적 조직화의 수준과는 전혀 다른 조직화의 수준을 내포한다. 소화계의 일부로서 지렁이의 장(腸)은 지렁이의 적응적 조직화에만 일익을 담당할 뿐 다른 그 어떤 것에도 이바지하지 않지만, 토양 개선계의 일부로서 지렁이의 장은 전체 군집의 적응적 조직화

---

[20] 오컴의 면도날(Ockham's razor)이라고도 하며 대상을 설명하는 데 필요치 않은 가설은 제거하라는 원칙이다. 여기서는 개체 선택으로도 모든 적응을 설명할 수 있다면 굳이 집단선택을 가정할 필요가 없다는 뜻으로 쓰였다.

에 일익을 담당할 것이다. 뒷장에서 상세히 논증하겠지만, 이것이 바로 내가 토양 개선을 지렁이의 섭식 활동의 한 목적으로 받아들이기를 거부하는 이유이다. 세포 내부에서 생물권에 이르기까지 적응적 조직화의 갖가지 수준들이 판별될 수 있다. 그러나 검약의 원리는 우리에게 사실이 요청하는 수준에서만 적응을 판별해야 하며 결코 더 높은 수준으로 넘어가지 말 것을 요구한다.

부모 한 쌍과 그에 딸린 자식들의 수준을 넘는 적응을 고려할 필요는 거의 없다는 것이 내 입장이다. 다음의 장들에서 입증하고자 하듯이 이 결론은 검약의 원리에만 전적으로 의존하는 것은 아니며, 대개 구체적인 증거에 의해 잘 뒷받침된다.

이 책의 가장 중요한 기능은, 오래전에 러셀(E. S. Russell, 1945)이 제기한, '생물학자들이 생물학적 적응이라는 일반적 현상을 설명해주는 효율적인 원리 체계를 발전시켜야 한다'는 주장이 다시 울려 퍼지게 하는 것이다. 이 문제는 마지막 장에서 주로 논의한다.

제2장

자연선택, 적응, 그리고 진보

과학적 탐구의 강점 가운데 하나는 실증(*empiricism*), 직관(*intuition*), 그리고 연구자의 필요에 맞는 정식 이론(*formal theory*)이 어떤 식으로든 서로 합쳐지면 과학은 발전할 수 있다는 것이다. 많은 과학 분야가 초창기에는 기술(記述)과 경험적 일반화 작업에서 출발했다. 한참 후에야 그들은 내부의 체계적인 정합성을 성취하였으며 다른 지식 분과들과 합치를 이루게 되었다. 인체 해부학과 행성의 운동에 대한 많은 세부지식은 과학자들 사이에 먼저 알려지고 난 다음에야 과학적인 설명을 획득하게 되었다.

적응에 대한 연구는 이러한 발전 경로와는 정반대 과정을 밟는 것 같다. 이 분야의 뉴턴적 종합(*Newtonian synthesis*)은 이미 성취되었지만, 갈릴레오와 케플러는 아직 나오지 않았다. 여기서 이야기하는 '뉴턴적 종합'은 자연선택의 유전학적 이론, 1) 곧 삼십 년도 더 전에 피셔, 할데인,

---

1) "자연선택의 유전학적 이론"(*The genetical theory of natural selection*)은 피셔가 1930년에 출판하여 진화의 신종합을 이룩한 명저의 제목이기도 하다.

44

라이트에 의해 성취된 멘델주의와 다윈주의의 논리적 통합을 가리킨다. 그 정식적인 우아함에도 불구하고 이 이론은 생물학자들의 연구에 그리 큰 길잡이가 되지 못했다. 대개 이 이론은 적응적 진화에 대한 연구 결론 들에 애매한 정당성의 오라(aura)를 불어넣어 주거나 생물학자들이 목적 론으로 추락하는 일 없이 목표지향적인 활동을 기술하게 해주는 역할 이 상은 하지 못한다. 케플러의 법칙에 상응하는 일반화, 곧 한편으로는 다 량의 관찰 결과들을 요약해주면서 다른 한편으로는 이론의 논리적 귀결 점을 보여주는 일반화가 부재한 탓에 이론의 본질적인 강점이 가려져 있 다. 물론 일반화가 완전히 없는 것은 아니다. 내가 희망하는 일반화는 자 식에게 먹이를 제공하는 동물의 다산력(fecundity)의 선택에 대해 랙 (Lack)이 내린 결론과(176~177쪽에서 논의함) 개체군 성비에 대한 피셔 의 결론에서(163~171쪽 참조) 잘 나타나 있다. 아마도 이러한 통찰들이 백여 개를 넘게 되면 우리는 적응의 통합 과학을 성취할 수 있을 것이다.

지금은 그러한 통합이 되어 있지 않아서 불행한 결과들이 생겨난다. 그중 하나는 생물학자가 자연선택 이론의 형식과 기호들을 동원해서 자 기 논증을 잘 포장하기만 하면 어떠한 진화적 추측도 과학적으로 그럴듯 하게 보이게끔 할 수 있다는 것이다. 이러한 연유로, 자연선택이나 돌연 변이, 격리 등의 미명하에 어떤 적응이 지질학적인 미래의 사건들이 요 구하는 바에 맞추어 설계되었다고 주장하는 생물학자들이 종종 있다. 이 러한 오류는 대개 "진화적 가소성"(evolutionary plasticity)을 예비한다는 포장 하에 행해진다. 다른 생물학자들은 자연선택이 한 개체나 개체군이 생존에 필요한(necessary) 모든 적응들을 다 지니게끔 해준다고 주장한다. 적응은 생존을 보장하기에 모자라지도 넘치지도 않는 딱 알맞은(adequate) 정도로만 형성된다고 이들은 은연중에 암시하는 것이다. 그런 예지 능력 은 전지전능한 신에게는 잘 어울리겠지만, 결코 우리가 일반적으로 이해 하는 과정으로서의 자연선택에 그런 능력을 부여할 수는 없다.

이론적으로 정당화될 수 없음에도 아직껏 살아남은 또 다른 경향은 진

화의 단계가 결정론적으로 연쇄된다는 믿음이다. 심프슨의 1944년 책
은[2] 고생물학 자료를 정향진화설(*orthogenesis*)로 해석하는 시대의 종말
을 알린 책으로 여겨지지만, 진화 안에서 진보(*progress*)의 개념을 논하
는 몇몇 논의들에서 여전히 장기적인 진화 결정론을 찾아볼 수 있다. 예
컨대 헉슬리(Huxley, 1953, 1954)는 진화적 진보는 필연적이며 새로운
수준으로 계속 전진해가는 행군으로 이루어진다고 주장했다. "… 선신
세(鮮新世)[3]가 되자 진보의 경로는 단 하나만 남았다 — 바로 인간에 이
르는 길이었다."(1954, p. 11) 헉슬리는 더 높은 수준으로 진보해가는 과
정의 세부적인 양상은 과거 지질학적 시간의 어느 한 시점에서는 예측 불
가능했으리라고 인정한다. 그러나 그는 "한편, 지나온 사실들을 돌이켜
본다면 그것들이 다른 식으로 일어날 수는 없었음을 깨닫게 된다."(1953,
p. 128) 헉슬리는 진화적 진보를 추동하고 인도하는 힘이 자연선택이라고
말한다. 이는 자연선택 이론의 외관을 유지하면서도 그 참뜻은 거스르는
논증이 어떤 식으로 이루어질 수 있는지를 잘 보여주는 예이다.

  진화를 인간을 향한 결정론적 진보로 해석하는 이러한 관점에 찬동하
는 생물학자는 별로 없다고 나는 생각하지만, 유기적 진화의 불가피한
산물로서 미적으로 우수하기까지 한 진보가 어떤 식으로든 이루어진다는
믿음이 광범위하게 퍼져 있다. 이 장에서 나는 자연선택 과정의 몇 가지
한계를 논의하고 그러한 한계가 진화의 불가피성 같은 일반적인 추측들
과 어떻게 연관되는지 살필 것이다. 한계를 강조한다고 해서 내가 자연
선택의 중요성을 털끝만큼이라도 의심을 한다는 말은 아니다. 자연선택

---

2) 고생물학자 조지 게일로드 심프슨(George Gaylord Simpson)의 저서 《진화
   의 속도와 방식》(*Tempo and Mode in Evolution*)을 말한다. 개체군 내의 유
   전적 변이에 작용하는 다윈적 선택이 화석 기록상에 관찰되는 적응, 특수화,
   멸종 등을 잘 설명해줌을 보였다. 즉, 진화의 패턴을 설명하는 데 다른 어떤
   형이상학적인 요인도 필요하지 않음을 보임으로써 신종합에 이바지했다.
3) 신생대 제3기 마이오세 다음과 제4기 홍적세 이전에 존재했던 기(紀). 거의
   현생형태인 척추동물군이 출현했고 후기에 오스트랄로피테신이 나타났다.

은 그러한 한계 안에서의 활동을 통해 거대한 영향력을 발휘하지만, 대
다수 생물학자들은 자연선택이 얼마나 강력한지 아직도 인식하지 못하고
있다. 이 문제에 대해 멀러(Muller, 1948)가 매우 번뜩이는 통찰을 내놓
은 바 있다.

　자연선택의 유전학적 이론의 핵심은 대안적인 실체들(유전자, 개체,
기타 등등) 사이의 상대적인 생존율의 통계적 편차이다.[4] 그러한 편차가
적응을 만들어내는 데 얼마나 효율적인가는 실제로 작용하는 요인들 간
의 정량적인 관계에 달렸다. 한 가지 필요조건은 선택되는 실체가 높은
영속성을 지닐 뿐만 아니라 편차의 정도[선택 계수(selection coefficient)[5]
의 차이]에 비해 내생적인 변화율[6]이 아주 낮아야 한다는 것이다. 영속
성은 기하급수적으로 번식하는 잠재력이 있음을 함축한다.
　이 이론에 비추어 보면, 어떤 식의 선택은 그리 중요하지 않다고 바로
결론 내릴 수밖에 없다. 표현형 간의 자연선택은 그 자체로서는 누적적
인 변화를 만들어내지 못하는데, 이는 표현형이 지극히 일시적인 발현양
상이기 때문이다. 표현형은 유전자형과 환경의 상호작용 결과이며, 이
상호작용으로부터 우리가 한 개체로 인식하는 대상이 만들어진다. 한 개

---

4) 예컨대 대안적인 실체가 대립유전자인 경우, 개체군 내에서 서로 경쟁하는 두
　대립유전자 A와 a 가운데 어느 것이 시간이 지남에 따라 개체군 내에 더 많이
　퍼질 것인가가 진화의 핵심적인 문제이다. 이는 두 대립유전자가 다음 세대에
　얼마나 후손들을 남기는지[즉 각각의 적합도(fitness)] 조사하면 알 수 있다.
　저자는 이 문장에서 생존율을 적합도와 동일한 의미로 쓰고 있다.
5) 한 좌위에 두 대립유전자만 있을 수 있다고 하자. 적합도가 높은 유전자형의
　적합도를 1이라 할 때, 나머지 유전자형의 적합도를 1 - s로 나타낸다면 이때
　의 s 값을 선택 계수로 정의한다. 선택 계수는 적합도가 낮은 유전자형을 제
　거하는(혹은 적합도가 낮은 유전자형을 지지하는) 선택의 강도를 측정하는
　수치이다. 다시 말해서, 적합도가 상대적으로 낮은 어떤 대립유전자의 개체
　군 내 빈도는 선택 계수가 클수록 다음 세대에 더 감소한다.
6) 돌연변이 발생률을 말한다.

체는 유전자형에 담긴 정보와 처음에 태아가 착상된 이래 기록된 정보로
이루어진다. 소크라테스는 부모가 그에게 준 유전자들, 부모와 그의 주
변 환경으로부터 받은 경험, 그리고 수없이 많은 식사를 통해 매개된 성
장과 발달로 이루어졌다. 내가 아는 한, 소크라테스는 여러 명의 자식을
남긴다는 진화적 의미에서 큰 성공을 거두었다. 그렇지만, 그의 표현형
은 헴록[7]을 마시고 산산이 파괴되었으며 그 후 한 번도 재현된 적 없다.
헴록이 그를 죽이지 않았다면, 다른 그 무엇이 그를 죽였을 것이다. 그러
므로 자연선택이 기원전 4세기에 살았던 어느 그리스인의 표현형에 어떻
게 작용했건 간에, 그 자체로는 어떤 누적적인 효과도 만들지 못했다.

   똑같은 논리가 유전자형에도 적용된다. 소크라테스의 죽음과 함께,
그의 표현형뿐만 아니라 유전자형도 함께 사라졌다. 무한하게 클론 번식
을 유지할 수 있는 종에서만 유전자형 간의 선택이 중요한 진화적 요인으
로 역할을 하는 일이 이론적으로나마 가능하다. 이 가능성은 실제로는
거의 무시해도 좋을 터인데, 왜냐하면 개개의 클론들이 진화에서 중요할
정도의 영겁의 시간 동안 불변하는 일은 극히 드물 것이기 때문이다. 소
크라테스가 번식 면에서 얼마나 대단한 성공을 거두었는지 아무리 되새
겨본들, 소크라테스의 유전자형은 이미 사라졌다는 슬픔이 덜해지는 것
은 아니다. 소크라테스의 유전자는 아직 우리 곁에 있겠지만, 그의 유전
자형은 아니다. 감수분열과 재조합이 유전자형을 철저히 파괴하기 때문
이다.

   유전자형 가운데 감수분열에 의해 분리되는 단편들만 유성 생식에 의
해 다음 세대로 온전히 전달되며, 이들은 그 세대에서 일어나는 감수분
열에 의해 좀더 분리된다. 궁극적으로 분리불가능한 단편이 있다면, 그
것이 바로, 정의상, 개체군 유전학의 추상적 논의에서 다루어지는 "유전
자"이다.

---

7) 미나리과 식물에서 추출한 독.

재조합을 억제하는 여러 과정이 일어난다면, 어떤 가계에서는 한 염색체의 큰 일부분이나 심지어 한 염색체 전체가 온전하게 수많은 세대를 거쳐 전해질 수 있다. 그 경우 한 염색체의 일부 또는 전체가 개체군 유전학에서 이야기하는 단일 유전자와 유사하게 행동하는 셈이다. 이 책에서 나는 유전자(*gene*)라는 용어를 "상당히 높은 빈도로 분리되고 재조합하는 실체"라는 뜻으로 사용한다. 8) 그와 같은 유전자는, 생존하는 데 어떠한 생리적 장벽도 없다는 의미에서, 잠재적으로 불멸한다. 왜냐하면 외부 요인에 의해 파괴되는 속도를 충분히 능가할 만큼 빠른 속도로 번식할 수 있기 때문이다. 이들은 또한 높은 정도의 질적 안정성을 지닌다. 돌연변이율은 대개 세대 당 10^{-4}에서 10^{-10} 정도로 추정된다. 대안적인 대립유전자들이 선택되는 속도는 이보다 훨씬 더 높다. 자연선택은 열성 치사(致死) 형질에 대해 이형접합인 개체가 낳는 자손들에 작용하여 한 세대 만에 그 치사유전자의 절반을 제거한다. 9) 실험실 내의 개체군에서 관찰되는 치사 또는 매우 해로운 유전자들을 논외로 치더라도, 자연 상태 개체군의 선택 계수는 돌연변이율보다 열 배에서 수십 배 더 높다는 증거가 많이 있다(Fisher & Ford, 1947; Ford, 1956; Clarke, Dickson & Sheppard, 1963). 유전자의 선택적 누적이 매우 효율적일 수 있음은 의심할 여지가 없다. 진화 이론에서, 유전자는 자신에게 유리하게 혹은 불리하게 작용하는 선택 편차가 내생적인 변화율보다 몇 배 또는 훨씬 더 높은 유전 정보로 정의할 수 있다. 이처럼 안정적인 실체들이 개체군의 유전에서 광범위한 역할을 한다는 사실은 자연선택이 얼마나 중요한지 잘 나타내준다.

---

8) 도킨스는 《이기적 유전자》 3장 '불멸의 코일'에서 유전자에 대한 윌리엄스의 정의를 그대로 채택하였다.

9) 간단한 예로 열성 치사유전자가 *a*이고 그 우성 대립유전자가 *A*라고 가정하자. 열성 치사유전자가 개체군 내에 매우 드물어서 그 치사유전자를 이형접합으로 가진 개체(*Aa*)가 거의 항상 *AA* 개체와 짝짓기 한다고 하자. 이 경우 *Aa* 개체가 낳는 자손들의 절반은 *AA*로 생존하지만 나머지 절반은 *Aa*로 죽게 된다는 뜻이다.

  자연선택은 그 정의상 적응을 만들거나 유지한다. 선택을 받아 살아남
은 유전자는 그것이 무엇이든지 간에 선택받지 못한 대립유전자보다 더
잘 적응한 유전자이다. 잘 적응한 유전자가 전파되는 것, 이것이 바로 선
택의 보편적인 결과이다. 그런 유전자가 선택되는 과정은 물론 표현형에
의해 중개되는데, 어떤 유전자가 유리하게 선택되려면 표현형상의 번식
성공도, 즉 선택되는 개체군 내에서 그 유전자 활동의 산술적인 평균 효
과를 증대시켜야만 한다. 3장에서 유전자와 그 표현형, 그리고 외부 환
경 사이의 연관에 대해 더 깊이 다룰 것이다. 자연선택의 대상이 유전자
보다 더 포괄적인 체계일 가능성을 4장에서 고려한다.

  적합도에 대한 유전자의 평균 표현형 효과(*mean phenotypic effect*) 라는
개념을 반드시 숙지해야 자연선택을 이해할 수 있다. [10) 유전자 *A*를 지닌
개체들이 유전자 *A′*를 지닌 개체들보다 다음 세대에 자손을 더 많이 남긴
다면, 그리고 개체군이 매우 커서 우연에 의한 효과를 설명에서 제외할
수 있다면, *A*를 지닌 개체들은 한 집단으로서, *A′*를 지닌 개체들보다 더
적합하다. 상이한 유전자를 지닌 두 집단 간의 전체 적합도의 차이는 한
유전자가 다른 유전자에 의해 대체되는 정도에 의해 측정될 것이다. 평

---

10) 두 대립유전자 *A*와 *a*가 놓이는 단일 유전자 좌위를 가정하자. 유전자의 빈도
를 각각 *p*와 (1-*p*)라 하고 집단 내 모든 개체들의 평균 적합도를 $\overline{w}$라 하자.
생식세포간의 하디-바인베르크 법칙을 가정하고 한 개체의 적합도가 다른 개
체의 적합도와 독립적이라고 또한 가정하면, 한 세대 동안 대립유전자의 빈
도 변화는 다음과 같다:

$$\Delta p = \frac{p(1-p)}{2\overline{w}} \frac{d\overline{w}}{dp} = \frac{p(1-p)}{2} \frac{dln(\overline{w})}{dp}$$

위 식에서 *p*(1-*p*)은 항상 0 또는 양수이므로, *Δp*의 부호, 즉 *p*가 증가할
것인가 감소할 것인가는 ln($\overline{w}$)의 *p*에 따른 변화율에 의해 결정된다. 그러므
로 두 대립유전자가 위치하는 단일 유전자 좌위에 작용하는 빈도 독립적 선
택은 평균 개체 적합도($\overline{w}$)를 최대화한다는 결론이 나온다(Wright, S.
1937, The Distribution of Gene Frequencies in Populations, *Proc. Natl.
Acad. Sci. USA* 23: 307~320).

50

균의 정의에 의해, 개체 적합도에 대한 유전자 A의 평균적인 효과는 유리하고 A'의 평균적인 효과는 불리하다. 평균 개체 적합도가 최대화하는 이러한 현상이 유전자 수준의 선택이 내는 표현형 효과로서 가장 보편적이지만, 여기에서조차 곤란한 문제와 예외가 일어난다. 예컨대, 유전자는 그 표현형의 발현이 개체의 번식에 유리하기 때문이 아니라 그 개체와 가까운 친족의 번식에 유리하기 때문에 선택될 수 있다. 이 까다로운 문제는 207~209쪽에서 다룬다. 라이트(1949)와 해밀턴(Hamilton, 1964a)은 선택과 개체 적합도와의 관계에 대해 폭넓게 적용될 수 있는 이론적 논의를 펼쳤다.

자연선택은 흔히 통속적인 의미의 적합도를 만들어낸다. 우리는 자연선택이 건강과 안락감을 증진시키고 생명과 신체에 대한 위해를 감소시켜주는 기제를 택하리라 보통 기대한다. 그러나 이론적으로 중요한 적합도의 유형은 궁극적인 번식 생존율(reproductive survival)[11]을 증대시키는 적합도이다. 번식을 하려면 언제나 자원을 소모하고 생리적 행복을 어느 정도 포기해야 하는데, 이러한 희생은 비록 통속적인 의미의 적합도를 감소시킬지언정 자연선택에 의해 선호될 수 있다.

우리는 대개 선택이 "유리한" 형질만 만들 것으로 생각하지만, 여기에도 예외가 존재한다. 단일한 유전자가 여러 형질에 영향을 끼칠 수 있다. 한 개체 내에서 유전자 치환이 일어나, 꼭 그런 건 아니지만 종종 생활주기 내의 서로 다른 부분에 대해, 한 시점에선 유리하고 다른 시점에선 불

11) 역자가 아는 한 윌리엄스가 여기서 쓴 "번식 생존율"(reproductive survival)이라는 용어는 진화생물학계에서 거의 쓰이지 않는 용어이며 개념도 명확하지 않다. 진화 연구에서 가장 중요한 척도는 어떤 개체가 먼 미래의 개체군에 유전적으로 이바지하는 정도라 할 수 있는데, 이러한 정도를 나타내는 "번식 가치"(reproductive value)를 저자는 염두에 두었던 듯하다〔Fisher, R. A. (1930), *The Genetical Theory of Natural Selection*. Oxford, Claredon Press; Frank, S. A. (1998). *Foundations of Social Evolution*. Princeton, Princeton Univ. Press〕.

리한 효과를 일으킬 수 있다. 동일한 유전자가 환경이나 유전적 배경의 차이 때문에 어떤 개체에서는 유리한 효과를, 다른 개체에서는 불리한 효과를 주로 일으킬 수도 있다. 만약 그런 유전자의 평균 효과가 유리하다면 유전자의 빈도가 증가할 것이며, 따라서 그 유전자의 유리한 효과와 불리한 효과 모두 개체군 내에 널리 퍼질 것이다. 이를 잘 보여주는 실례가 여럿 있다. 배아기의 치사 형질은 몇몇 생쥐의 개체군에서 자연선택된 형질이다. 이러한 형질을 만드는 유전자는 유리하게 선택되어 개체군 내에서 상당한 빈도로 존재하게 되는데, 이는 수컷 생식세포 단계에서 벌어지는 "감수분열 부등"(*meiotic drive*) 12) 때문이다(Lewontin & Dunn, 1960). 노화, "정상적인" 불임성의 몇몇 유형(ch. 7, 8 참조), 그리고 여러 유전병이 자연선택에 의해 널리 전파된 불리한 형질들의 다른 예이다. 이 모든 예에서, 그토록 해로운 효과를 일으키는 유전적 기초가 유리하게 선택된 까닭은 바로 그 유전자가 내는 또 다른 효과 때문이다. 어떤 유전자가 지금 당장 경쟁하는 그 대립유전자들에 비하여 유리한 평균 효과를 낸다면, 그 유전자가 유리하게 선택되는 것은 피할 수 없다.

자연선택의 또 다른 빈번한 결과로 개체군의 장기적인 생존을 들 수 있다. 사슴의 민첩성이 유지되는 예는 첫 장에서 이미 살펴보았으며, 비슷한 예들이 많이 있다. 그러나 여기서도 예외가 존재한다. 개체군 내의 평균 적합도가 꾸준히 최대화함에 따라 생태적 특수화가 심화하기도 하며, 이에 따라 개체수가 감소하고, 서식처가 축소되고, 변화된 환경조건에 잘 대처하지 못할 수 있다. 할데인(1932)은 효과적인 수분을 위해 분류학적으로 협소한 곤충 집단을 이용하는 과정에서 꽃의 구조가 매우 특수

12) 감수분열 시 서로 짝지어진 염색체상의 대립유전자들이 정자나 난자 속으로 들어갈 확률은 정확히 1/2이다. 감수분열 부등은 어떤 유전자가 이렇게 "공평한" 감수분열을 깨뜨리고 자신이 정자나 난자 속으로 들어갈 확률을 1/2 이상으로 만드는 것을 말한다. 생쥐의 치사유전자 *t*는 동형접합상태 *tt*에서 치사를 일으킨다. 감수분열시 *t*의 대립유전자 *T*를 가진 정자는 죽기 때문에 이 좌위에 대해 이형접합 *Tt*인 생쥐 수컷은 95% 이상의 정자가 *t* 유전자를 가진다.

화하는 현상을 자연선택이 어떤 종의 멸종 위험성을 결과적으로 높여주
는 예로 들었다. 또한, 할데인은 정교한 무기나 호화로운 장식물을 만들
어 내거나 과시 행동을 하는 현상이 그 자체로는 배우자를 차지하기 위한
경쟁에서 선호되겠지만, 이러한 성적 갈등 탓에 자원도 낭비되고 포식자
에게 잡아먹히는 손실과 위험성도 증가하여 개체군의 적합도를 떨어뜨리
게 된다고 지적하였다. 아마도 신체 크기가 진화적으로 증가하면 대부분
의 경우 개체수가 감소하며, 이는 멸종을 부추기게 될 것이다. 자연선택
에 의해 개체수가 감소한 좋은 예를 개미의 몇몇 종에서 노예를 만드는
본능이 진화한 경우에서 찾아볼 수 있다(Emerson, 1960).[13]

개체군의 생존에서 적응이 차지하는 역할을 논의할 때, 어떤 형질이
필요했기 때문에 그런 형질이 발달하게끔 선택이 작용했다는 투의 언설
을 종종 접할 수 있다. 의미상의 난점과 개념상의 난점을 구별하기란 웬
만해선 쉽지 않은 일이지만, 나는 다음의 진술에서 잘 드러나는 개념적
오류가 흔히 있다고 본다.

> 북금곰의 하얀 털가죽은 눈으로 덮인 환경에서 사냥감에 몰래 접근하는
> 데 필요한(*necessary*) 형질이었다. 짙은 빛깔의 개체들은 생존할 수 없었
> 기 때문에 하얀색이 선택에 의해 선호되었다.

나는 첫 문장에서 "필요한"(*necessary*) 대신 "유익한"(*advantageous*) 을
집어넣고, 두 번째 문장의 "개체들은" 다음에 "그만큼 잘"(*as well*) 이란 어
구를 새로 첨가하여 위의 진술을 고치고 싶다. 생태적 혹은 생리적 필요
성은 진화의 요인이 아니며, 어떤 적응이 발달했다는 사실은 그 적응이
종의 생존에 필요했다는 증거가 결코 될 수 없다. 여기서 한번 현존하는

---

13) 노예를 만드는 종의 일개미들은 다른 종의 군락을 습격하여 이들을 노예로 삼
   아 자기 군락 내에서 일을 시킨다.

모든 북극곰과 미래의 그 후손들을 밝은 분홍빛으로 칠하는 상상에 빠져보기로 하자. 이제 우리는 이들 북극곰이 예전만큼 잘 생존할 수 없으리라고 확신할 수 있다. 개체수가 급락하고 지리적, 생태적 서식처가 빠르게 축소할 것이다. 하지만, 이러한 감소 추세가 계속 진행되어 멸종에까지 이를지는 확언할 수 없다. 사냥이 전보다 더 어려워졌음을 절감한 북극곰 각 개체는 아마도 사냥에 더 오랫동안 시간을 투자하여 난국에 대처할 것이다. 몇몇은 낮보다 밤에 사냥하는 게 더 효과적이라는 사실을 배우게 될 것이다. 그 외에도 다른 여러 대응책 덕분에 이 북극곰이 극지방에서 계속 살아남을지도 모르며, 이때 분홍빛은 이런저런 이유 덕분에 그리 큰 결점이 아닐 수 있다. 말할 필요도 없이, 명백하게 필요한 적응은 수없이 많다. 만약 북극곰에게 흰 털가죽 대신 허파를 빼앗는다면, 북극곰은 그 즉시 멸종할 것이다. 이러한 예들은, 어떤 적응이 존재한다고 해서 그 적응이 개체 또는 개체군에 필요함이 입증되는 것은 결코 아니라는 결론을 흔들지 못한다. 우리는 위와 같은 예를 통해 어떤 적응이 진화적으로 발달하는 동안 그 발달을 증대시켰던 유전자들이 그렇지 않았던 유전자들에 비하여 더 높은 정도로 생존했다는 사실만을 확인할 뿐이다. 항상 그런 것은 아니지만, 대개 어떤 하나의 적응이 생기면 그 적응이 없을 때에 비해 종의 개체수가 늘어나고 서식처도 넓어진다. 니컬슨 (Nicholson, 1956, 1960)은 자연선택과 개체군 밀도와의 이러한 관계를 연구한 끝에, 적응이 향상되어도 개체 수는 종종 아주 미약한 영향만을 받는다고 결론지었다. 왜냐하면 적응이 조금이라도 향상되면 개체군의 성장을 평상시 제어하는 밀도의존적 작용 또한 크게 심화하기 때문이다. 니컬슨은 자연 상태의 개체군 밀도가 안정적인 평형상태를 나타낸다는 믿음을 대표적으로 주창한 학자이다.

필요한 적응이 선택된다는 견해에 대한 정반대의 논증도 성립한다. 어떤 적응이 종의 생존에 필요하다는 사실은 그 적응이 진화할 가능성과 아무런 상관이 없다. 지금은 멸종한 모든 종들에 대해서, 우리는 그들이 생

54

존하는 데 필요했던 그 어떤 적응들도 실제로는 진화하지 않았다고 말할 수 있다. 이는 멸종한 종들에서 그들에게 필요했던 방향으로의 적응이 전혀 일어나지 않았음을 내포하는 것은 아니다. 단지 그러한 적응들이, 실제로 일어났었다 해도, 그리 충분하지 못했음을 의미할 뿐이다. 하지만, 그러한 적응이 정말로 있었다고 믿을 필요는 전혀 없다. 멸종이 임박했다고 해서 개체군이 긴급 조치를 취하지는 않는다. 나는 음파 탐지 체계가 박쥐가 밤에 나는 데 이득이 되듯이, 올빼미가 밤에 나는 데도 도움이 되리라고 상상한다. 또한 생각하건대, 많은 올빼미 개체군이 이미 멸종하였으며 이 가운데 일부는 약간의 부가적인 이득, 예컨대 초보적인 음파 탐지 체계라도 있었다면 살아남았을 것이다. 이러한 음파 탐지계 혹은 다른 어떤 부류의 적응 기제가 태동하는 장면이 대규모의 팽창하는 개체군보다는 멸종에 가깝게 축소하는 개체군에서 더 자주 나타날까? 어떠한 조류학자도 그런 가능성을 실제로 확인하고자 많은 시간을 기꺼이 투자하지 않을 것이다. 나는 올빼미가 음파 탐지계를 진화시키지 못한 까닭은 개체군의 크기와 상관없이, 어느 개체군에서도 그것을 진화시키는 데 필요한 몇몇 전적응(前適應, *preadaptation*) 14) 이 없었기 때문이라고 추측한다. 음파 탐지계가 없었다는 사실은 음파 탐지계가 생존을 계속 해나가는 데 필요치 않았다는 증거가 되지 않는다. 아마도 먼 훗날 박쥐가 올빼미의 서식 양태 속으로 적응 방산(*adaptive radiation*) 15) 하면, 모든 올빼미가 생존을 위해 효율적인 음파 탐지계를 필요로 하게 되는 날이 올지 모른다. 그렇게 되면, 올빼미는 필요한 적응이 없어서 멸망했던 익

14) 기존에 이미 존재했던 형질을 원래의 목적과 무관한 용도로 사용하는 경우를 말한다. 예컨대 곤충의 날개는 원래 온도 조절이 목적이었으나 후에 비행에 쓰게 되었다.

15) 한 분류학적 계통이 비교적 짧은 시간 동안에 여러 가지 생활양식에 맞춰 다양한 적응을 발달시켜 분기하는 것. 예컨대 호주의 유대류가 다양하게 분기하여 퍼져나간 것을 들 수 있다. 여기서는 박쥐가 올빼미와 동일한 먹이를 먹게 된다든지 해서 올빼미와 직접적으로 경쟁하게 됨을 가리킨다.

룡이나 다른 생물들과 같은 운명에 처할 것이다.

멸종이 곧 들이닥치리라는 위협에 대처하여 개체군이 비상조치를 취할 수 있으리라는 암시가 종종 기초생물학 교과서에서 적응 방산을 논하거나 원래의 종이 계속 존속할지를 다루면서 등장한다. 이런 교과서들에 따르면, 어떤 종들이 멸종을 피할 수 있었던 이유는 그들이 주변부의 불모지로 이동함으로써 더 진보된 종들과의 경쟁을 피할 수 있었기 때문이다. 그들이 멸종을 피할 수 있었던 것은 경쟁이 거의 없는 적소(適所, niche)16)에 맞추어 특수화를 이룬 결과일지 모르지만, 멸종을 피했다는 역사적 사실이 진화적 변화의 원인이었을 수는 없다. 한 개체군 내에서 세대가 계속 이어지는 경우처럼, 오직 끝없이 연속되는 사이클 내에서만 어떠한 유형의 사건이 다른 사건의 원인이자 결과가 될 수 있다. 생쥐는 쥐구멍 안으로 도망쳐서 고양이에게 잡아먹히는 걸 피할 수 있지만, 개체군은 불모 서식처로 도망쳐서 경쟁에 의해 잡아먹히는 걸 피할 수는 없다. 멸종을 피하기 위한 적응이 생겨난 듯이 보이는 사례들은 그저 진화하는 개체군에 속한 개체들의 유전적 생존율이 서로 달라서 나타나는 이차적인 효과에 불과하다.

이러한 가상적인 논의를 지지하는 실험적 증거가 적어도 하나 존재한다. 실험실 내의 밀가루 벌레(*flour beetle*) 개체군에 경쟁종을 집어넣으면 대개 멸종이 일어나는데, 파크(Park)와 로이드(Lloyd, 1955)는 경쟁종이 들어오면 멸종을 피하기 위한 유전적 변화가 개체군에 일어남을 입증하는 데 실패하였다. 하지만 그들은 자신들이 얻은 실험 결과를 일반화하여 생태적 필요성은 결코 진화적 변화에 영향을 끼치지 못한다고 차마 결론을 내리지 못했다.

'생존하기 위해 필요함'(*necessity-for-survival*)이라는 요인이 일반적으로 받아들여지는 의미의 자연선택에 영향을 끼치는 길은 어디에도 없다.

---

16) 생태계 내에서 한 종이 다른 환경요인들과의 관계에서 차지하는 생태적 지위.

생존을 계속해나가려면 무엇이 필요하고 또는 불필요한가, 아니면 무엇이 알맞고 또는 알맞지 않은가 하는 질문은 자연선택과 전혀 무관하다. 선택은 오직 몇 가지 대안적인, 따라서 서로 경쟁하는 실체들 가운데 당장 무엇이 더 낫고 더 못한가만 따질 뿐이다. 선택은 개체군의 장기적인 생존에 끼치는 영향과 상관없이 평균적인 번식 성과를 최대화하게끔 작용하기 마련이다. 자연선택은 미래에 닥칠지 모르는 멸종을 예견하고 그 대피수단을 실행하는 기제가 아니다.

나는 위에서 자연선택이 오직 서로 경쟁하는 실체들 사이에만 작동한다고 지적했다. 그러나 한 종에 속한 개체들이 어떤 한정된 자원을 놓고 반드시 생태적 경쟁을 벌여야 하는 것은 아니다. 이러한 고정관념은 다윈부터 시작해서 많은 현대의 생물학자들에게로 이어지고 있다. 하지만, 곰곰이 생각해보면 자연선택은 경쟁적 상호작용이 약할 때 가장 강력하리라는 것을 알 수 있다. 한 실험 개체군의 전형적인 성장 곡선을 떠올려보자. 이 개체군에 존재하는 유전적 변이에 따라 자신의 생존에 꼭 필요한 양을 제외한 여분의 음식 물질을 자손에게 전달하는 능력이 달라진다고 가정하자. 먹이가 풍부한 개체군 성장의 초기 단계에는 선택이 강력할 것이다. 그리고서 먹이를 둘러싼 경쟁이 심해지면, 유전적 변이는 실제로 발현할 기회를 잃게 되어 선택이 멈출 것이다. 이 문제를 깊이 천착한 문헌으로 할데인(1931), 버치(Birch, 1957), 매써(Mather, 1961), 그리고 밀른(Milne, 1961) 등의 연구가 있다.

그러므로 자연선택은 통상적인 의미의 경쟁이 전혀 없을 때에 활발히 작동할 것이다. 대부분 동물 개체군에서 산소를 둘러싼 경쟁은 전혀 없다. A라는 개가 산소를 가득 섭취했다는 사실은 B라는 개가 산소를 섭취하려는 노력에 어떤 영향도 끼치지 않는다. 먹이 취득 같은 다른 기능이 호흡 능력에 의해 달라지는 경우처럼 아주 간접적인 경로를 통해서만, 호흡은 생태적 경쟁에 영향을 미칠 것이다. 그럼에도 불구하고, 개과 동물의 호흡계가 정교하고 빈틈없이 작동하는 모습을 보면 호흡이 더 효율

적으로 이루어지게끔 하는 선택압이 줄기차게 존재해왔다고 단언할 수
있다. 생태적 경쟁과 달리, 그 어떤 유기체도 내가 번식 경쟁(*reproductive
competition*)이라고 부르는 형태의 경쟁으로부터 벗어날 수 없다. 개 *A*가
올해에 강아지 셋을 길러냈다고 하자. 이것이 얼마만큼 성공한 것인지
어떻게 알 수 있을까? 이는 오직 개 *B*와의 비교를 통해서만 알 수 있다.
만약 개 *B*를 포함해 무리 안의 그 어떤 개도 강아지를 셋 또는 그 이상 낳
지 못했다면, *A*는 번식의 측면에서 대성공을 거두었다고 결론 내릴 수
있다. 그러나 무리 안의 평균 자식 수가 넷이라면, *A*는 형편없는 성적을
거둔 셈이다. 이처럼 서로 경쟁하는 개체들의 수준에서 상황을 파악할
수도 있지만, 서로 경쟁하는 대립유전자들의 수준에서 바라보면 더 쉽게
상황을 이해할 수 있다. 어떤 개체군 내의 대립유전자 *a*가 현재 세대와
바로 이전 세대에서 천 명의 개체들 속에 들어 있고, 나머지 개체들 몸속
에는 대립유전자 *A*만이 들어 있다고 하자. *a*는 지금 유리하게 선택되고
있는 걸까? 물론 그 해답은 "나머지"라는 단어가 일정한 수치로 환산되기
전까지는 알 수 없다. 만약 개체군이 증가하고 있다면, 유전자 *a*는 도태
되고 있다.[17] 그러나 만약 개체군이 감소하고 있다면, 유전자 *a*는 선택
되고 있는 것이다.

그 본질적인 정수에서, 자연선택 이론은 인공두뇌학적 추상 개념인 유
전자와 통계학적 추상 개념인 평균 표현형 적합도(*mean phenotypic fitness*)
를 다룬다. 인공두뇌학과 통계학에 호감이 있고 재능까지 갖춘 사람들은
이 이론에 대단한 흥미를 느낄 것이다. 이 이론을 잘 응용하려면 생물학
에 대한 상세한 지식도 필요하다. 물론 유기체에 대해 생각할 때 수학적
추상능력을 동원하는 습관이 되어 있지 않은 사람들은 자연선택 이론에

17) 개체군 크기가 증가하고 있으므로, 바로 전 세대에 대립유전자 *A*만을 지닌
개체수보다 지금 세대에 *A*만을 지닌 개체수가 더 많다(대립유전자 *a*만 지닌
개체 수는 전세대나 지금 세대나 천 명으로 일정). 따라서 바로 *a*의 상대적
인 유전자 빈도는 전 세대보다 지금 세대에 더 높다.

그다지 흥미를 느끼지 못한다. 이런 사람들은 꿀벌 집단을 설명하려고 평균 번식 성공도라는 개념을 응용하는 것을 별로 내켜 하지 않을 듯하다. 꿀벌 개체군은 수없이 많은 불임성 일꾼 개체들과 엄청난 다산능력을 자랑하는 소수의 개체로 이루어진다. 어떤 벌이 평균적인 번식 성공도를 거둔다면 매우 이례적인 현상이 될 것이다. 그러나 나는 일꾼들의 불임성이 진화한 까닭은 단순한 추상 개념, 즉 평균을[18] 최대화하고자 다윈의 도깨비(Darwin's demon)[19]가 쉼 없이 노력을 기울인 탓으로 전적으로 돌릴 수 있다고 믿는다. 207~212쪽에 서술하겠지만, 나는 사회성 곤충의 사회를 그 밖의 다른 식으로 설명하기란 극히 어렵다고 본다.

위에서 잘 요약한 바와 같은 자연선택 이론이 진보에 대한 믿음을 필수적으로 수반하는가? 많은 생물학자가 그렇게 주장했으며, 그보다 더 많은 생물학자가 이런 입장을 은연중에 가정해왔다. 그러나 나는 자연선택 이론의 근본 구조에는 어떠한 형태의 누적적인 진보를 의미할 만한 요소도 없음을 단언한다. 의심할 여지없이, 어떤 유기체는 현재의 환경에 대한 적응을 보다 정교하게 향상시킬 수 있다. 한 유전자 좌위에 새로운 대립유전자가 생겨나서 그 좌위를 점하던 기존의 대립유전자보다 유기체를 더 적합하게 만드는 일은 흔히 일어날 것이다. 물론 새로운 대립유전자를 만드는 돌연변이가 한 번도 안 일어났을 수 있고, 일어났다 해도 유전적 부동(genetic drift)에 의해 곧 제거되었을 수도 있다. 그러나 언젠가는, 유전적 부동이 유기체를 더 적합하게 만드는 유전자의 빈도를 자연선택의 눈에 띌 만큼 증가시키기 마련이고 그 후에는 계속 자연선택 될 것이

---

18) 여기서는 평균 개체 적합도(mean individual fitness)를 말한다.

19) 맥스웰의 도깨비(Maxwell's demon)가 무작위로 움직이는 분자들 가운데 특정한 분자들을 선택하듯이, 다윈의 도깨비(Darwin's demon)는 무작위로 일어나는 돌연변이 가운데 유전자의 생존에 도움이 되는 것만을 택한다. 이러한 과정이 누적되어 복잡한 생물학적 적응을 만들게 된다. '다윈의 도깨비'는 자연선택의 주체인 '자연'과 동일한 개념으로 이해하면 쉬울 것이다.

다. [20] 이렇게 된다면 그 유전자는 곧 유전자 좌위를 보편적으로 점하는 유일한 대립유전자, 혹은 그런 대립유전자들 가운데 하나가 될 것이다. 이러한 유전자 치환은 하나 또는 여러 적응의 정확성을 약간 더 향상시키 겠지만, 적응이 점차 완벽한 수준에 가까워질수록 향상될 여지는 점점 줄어들게 된다. 이러한 과정에 "진보"라는 단어를 동원하는 것은 결코 적 절하지 않다.

환경이 변화하기 때문에 유전자 치환이 일어날 수도 있다. 어떤 유전 자는 개체군이 처한 당장의 환경에서는 선택을 받지 못하여 아주 낮은 빈 도로 존재하기도 한다. 하지만 환경이 바뀌고 나면 그 유전자가 유리하 게 선택되어 대립 유전자들을 전부 혹은 일부 대체할 수도 있다. 이러한 치환이 표현형에 끼치는 영향은 중요성이 떨어진 다른 적응을 희생하면 서 중요성이 높아진 적응을 더 정교하게 향상시키는 것이다. 여기에 "진 보"라는 단어를 연상할 만한 구석은 없지만, 이처럼 선택적인 유전자 치 환이 자연선택으로부터 예상되는 유일한 귀결이다. 나는 자연선택 이론 그 자체로부터 진보라는 함의를 도출한 학자는 아무도 없다고 생각한다. 진보라는 관념은 생명의 역사를 보여주는 자료들을 인간중심주의적으로 해석하다보니 생겼음에 틀림없다.

진보는 여러 사람에게 각기 다른 의미를 지닌다. 진보에 대한 관점들 이 반드시 서로 배타적이지는 않지만, 편의상 다섯 범주로 나누어 하나 씩 검토하고자 한다. 유전 정보의 축적으로서의 진보, 형태적 복잡성의 증가로서의 진보, 생리적 노동 분업의 증대로서의 진보, 임의적으로 설

---

20) 저자는 여기서 개체군 내 유전자 빈도의 변화에 영향을 끼치는 요인들인 자연 선택과 유전적 부동을 함께 다루고 있다. 그러나 라이트(Wright)의 확산 이 론(Diffusion theory)에 따르면, 선택과 부동을 함께 고려했을 때의 최종결과 가 선택만 따졌을 때의 결과와 유사할지 아니면 부동만 따졌을 때의 결과와 유사할지는 개체군의 실질적인 크기 같은 다른 요인들에 따라 좌우된다. 저자 가 개체군의 크기가 무한하다고 암묵적으로 가정함으로써 부동의 영향을 일 단 고려하지 않고 있다고 생각하는 편이 이해하기 쉬울 듯하다.

정된 어떤 방향으로 나아가는 진화적 경향으로서의 진보, 그리고 적응의 효율성 증대로서의 진보가 그것이다.

정보의 축적으로 진보를 이해하는 관점에 가장 크게 이바지한 학자는 기무라(Kimura, 1961)이다. 기무라의 논의는 진화 이론을 발전시키는 데 중요하게 공헌하긴 했지만, 나는 그가 몇 가지 순진한 선입견을 받아들이는 바람에 그 가치가 다소 떨어졌다고 본다. 그는 어떤 구체적인 증거도 없이 캄브리아기의 접합자(zygote)가 현대의 접합자보다 더 많은 정보를 담고 있다고 가정한다. 그는 인간 접합자가 그 어떤 접합자보다, 혹은 적어도 대다수의 다른 접합자들보다 더 정보량이 많다고 분명하게 암시한다. 이러한 견해를 기각할 직접적인 증거는 어디에도 없지만, 뒷받침하는 증거도 사실 거의 없다. 인간은 여러 가지 면에서 탁월하다. 인간은 독보적인 지능을 지닌 유기체이며, 최근 들어 전례 없는 생태적 우위를 점하게 되었다. 그렇다고 해서 인간이 모든 중요한 측면에서, 예컨대 유전 암호에서 측정되는 부엔트로피(negentropy)도 최고라는 결론이 도출되지는 않는다. 유전 암호는 캄브리아기 이래 엄청나게 변화했으며, 자연선택이 이러한 변화를 이끌었다. 그러나 자연선택이 꼭 정보의 총량을 증가시켜야 하는 건 아니다.

기무라의 분석은 처음엔 무의미했던 DNA가 자연선택에 의해 급격히 조직화하여 적응을 만드는 지침이 될 수 있음을 보여준다. 그는 무작위적인 요인들에 맞서서 작용하는 자연선택이 캄브리아기 이후 지속한 계통 하나에 약 10^8비트의 정보량을 축적시킬 수 있다고 추정했다. 기무라는 세포 하나에 실제로 들어 있는 DNA의 양이 이 정도의 정보를 전달하기 위한 필요량의 수십에서 수백 배에 달한다는 사실에 주목했으며, 이는 다른 증거들과 더불어 DNA 메시지가 대단히 중복됨을 보여주는 증거라고 해석했다. 고등 동물의 유전자형에 들어 있는 정보 대다수는 캄브리아기 이후에 축적되었으며, 그때까지 빈칸으로 남아 있던 DNA에 이러한 정보들이 새로 "쓰였다고" 기무라가 믿었다는 것은 이제 명백하다.

기무라의 논의는 자연선택이 5억 년 만에 어떤 일을 성취할 수 있는지 보여준다는 점에서 각별한 의미가 있다. 나는 정보의 축적에 대한 기무라의 설명을 받아들이지만, 그 논법을 캄브리아기 이후가 아니라 DNA 암호 체계의 통제 하에 단세포 생물이 처음으로 출현했던 시기부터 바로 적용하고 싶다. 그 이래로 유전 정보는 계속 축적되었겠지만, 정보가 무한정 축적되기만 했으리라고 가정하는 것은 이치에 맞지 않다. 자연선택에 의해 일정한 양의 정보가 매 세대 더해진다. 동시에, 일정한 양의 정보가 무작위적인 요인들에 의해 줄어든다. 이미 저장된 정보가 많을수록, 어떤 정해진 시간 동안에 돌연변이나 다른 무작위적인 요인들에 의해 감소하는 정보도 많다. 무작위적인 요인들에 맞서서 작용하는 자연선택이 유지할 수 있는 정보의 양에는 최대한의 한계가 있다고 가정하는 것이 합당하다. 또한, 어느 한 시점에 진행되는 유전자 치환 가운데 상당수는 원상태로 되돌아가기 쉽다는 사실도 간과하기 어려울 듯하다. 기무라는 돌연변이 압력 때문에 선택의 효과 가운데 일부는 중립적으로 작용한다는 점을 고려하였고, 그럼에도 불구하고 선택은 어느 정도 계속 영향력을 발휘함을 증명했다. 그는 이렇게 살아남은 선택의 효과 모두가 정보의 축적으로서의 진보를 만드는 데 쓰이리라 가정했으며, 역방향으로 선택이 진행될 가능성은 고려하지 않았다. 한 세기 동안에 선택이 어떤 유전자의 빈도를 0.2에서 0.8로 변화시키고 나서, 다음 세기에는 다시 0.2로 원위치시켰다면, 진화는 일어났지만 정보의 진정한 축적은 전혀 일어나지 않은 셈이다.

셰퍼드(Sheppard, 1954)는 자연상태의 곤충 개체군에 작용하는 강력한 선택압조차도 사소한 환경 변화에 의해 방향이 역전될 수 있음을 뒷받침하는 증거들을 종합했다. 선택 계수의 차이가 매우 적은 동위대립유전자(isoallele)들 간에 벌어지는 선택은 셰퍼드가 연구했던, 영향이 큰 유전자들 간의 선택보다 더 쉽게 역행과 순행을 오갈 것이다. 어느 한 유전자 좌위에서 벌어지는 역선택이 개체군 전체가 진화 과정에서 역행함을 의미하지는 않는다. 상이한 여러 좌위에서 벌어지는 역행은 적어도 부분적으로는 상호독립적일 것이며, 개체군은 어느 한 시점에서 그 나름의 유전자 빈도의 조합을 유지할 것이다. 그러나 변화하는 환경 하에서 자연선택 대부분은 최근에 확립된 유전자 조성을 제거하는 방향으로 작용하게 될 것이다. 안정적인 환경에서 선택은 대개 이형접합성(*heterozygosity*)(Lewontin, 1958a)을 낮추게 되며, 이 역시 유전적 정보의 총량을 낮추는 데 한 몫을 한다. 이러한 여러 요인을 고려해본다면, 기무라의 계산은 오늘날의 유기체에는 어떤 유전적 정보도 새로 축적되고 있지 않음을 의미한다고 재해석될 수 있다.

이러한 결론은 다른 사실들에 의해서도 뒷받침된다. 정보의 축적은 선택압과 세대수에 따라 좌우된다. 기무라가 제안하듯이 만약 캄브리아기부터 지금까지 인간 조상이 거친 각 세대 기간의 평균치를 1년이라 한다면, 그리고 우리 조상이 캄브리아기 이전 시기의 대부분을 원생생물 상태로 지냈다면, 캄브리아기 전에는 그 이후보다 수천 배나 많은 세대가 있었을 것이다. 이 추론이 맞는다면, 기무라 식으로 계산해서 캄브리아기 전에 10^{11}비트의 정보가 이미 축적되어 있었다는 말이 된다. 인간의 접합자에 있는 DNA에 이토록 많은 양의 정보를 저장할 공간은 없다. 나는 캄브리아기가 도래하기 훨씬 이전에 대다수의 진화적 계통들은 DNA의 최적량을 이미 확보한 상태에서 각기 필요한 정보량을 최적화시켰으리라 믿는다. 나의 이러한 결론은 변하지 않는 환경 하에서 적응이 점차 완벽한 상태로 접근하는 속도에 대한 블룸(Blum, 1963)의 추론에 의해 뒷받침 된다. 블룸의 논의는 기무라의 그것과 매우 다른데, 그는 어떤 일정한 시간이 지난 후 각 유전자 좌위에 아직 치환되지 않은 대립유전자의 비를 추정하고자 했다. 그의 추론은 세대당 돌연변이율의 추정치에 근거한다. 만약 평균 돌연변이율이 10^{-6}이라 할 때 10^7 세대, 즉 원생생물 개체군에서는 어림잡아 천 년만 지나면 더는 진보를 이룰 여지가 거의 없다는 결과가 나온다. 자연선택에 의한 정보량의 증가와 무작위적인 과정에 의한 정보량의 제거가 서로 평형에 도달하는 데는 아주 짧은 시간이 소요될 것이다. 이런 진화 과정은 돌연변이뿐만 아니라 선택압의 역행을 낳는 그 밖의 환경적 변화도 포함하는 것으로 이해해야 한다.

정보의 양을 접합자 내의 DNA 양으로써 측정할 수 있다는 시각은 언뜻 일리가 있어 보인다. 접합자 내의 정보 단위마다 존재하는 정보의 중복도(redundancy)가 일정하다고 우리가 확신할 수 있다면야 이러한 시각이 참이겠지만, 나는 이 문제에 관해 어림짐작이라도 시도할 만한 어떤 논거도 들은 바 없다. DNA 내용에 대해 우리가 아는 지식은 매우 빈약할 따름이며, 미르스키와 리스(Mirsky & Ris, 1951)나 벤드릴리(Vendrely, 1955)의 초기 연구 이후 별로 더 발전하지 못했다. 세균이나 포자충류처럼 간단한 원생생물들은 극미한 세포 크기로부터 미루어 짐작할 수 있듯이 아주 소량의 DNA만 가지고 있다. 무척추동물들을 살펴보면 한 분류군의 DNA 양과 그 분류군이 계통발생학적 척도 상에서 차지하는 위치 사이에 변덕스럽긴 하지만 어느 정도의 상관관계가 발견된다. 이러한 상관관계는 사실 오징어류의 DNA 양이 다른 어떤 척추동물을 능가할 정도로 엄청나게 많아서 부수적으로 성립하는 것이다. 척추동물에서 찾을 수 있는 유일한 경향성은 폐어에서 조류에 이르는 계통에서 DNA 양이 감소한다는 것이다. 포유류는 조류보다 DNA 양이 더 많지만 양서류보다는 적다. DNA 양과 흔히 추정되는 진화적 진보의 수준 사이에 일관된 경향이 부재한다는 사실을 설명하고자 연구자들은 하등 생물에는 유전적 중복도가 매우 높으리라는 가정을 흔히 도입하곤 한다(Mirsky & Ris, 1951; Waddington, 1963, 59~60). 세포 내 DNA 양의 계통발생적 변이에 대한 우리의 지식은 대개 수치 하나를 문(門, *phylum*)이나 강(綱, *class*) 전체를 나타내는 대푯값으로 등치시켜 산출된, 매우 부적절한 증거 자료들에 주로 근거하는 것이다.

인간의 접합자 정보 가운데 어느 정도가 해부학적 및 조직학적 수준의 구조를 만드는 데 관여하며, 어느 정도가 세포 및 생화학적 기제를 만드는 데 관여하는가는 거의 알려진 바가 없다. 다시 말해서, 세포 및 생화학적 형질의 자연선택에 따르는 제한과 비교해볼 때 커다란 구조적 적응에 대한 선택에 따르는 제한이 얼마나 되는지 우린 잘 모른다. 만약 인간의 생식질에 들어 있는 정보량 4분의 3이 형태형성을 위한 지침임을 알게 된다면, 인간은 아메바의 생식질 정보량보다 약 네 배 더 많은 정보를 가졌다고 결론 내릴 수 있을 것이다. 그러나 인간의 정보량 가운데 10분의 1만이 형태에 관여하고 나머지는 생화학적 형질에 관여한다고 가정해보자. 이렇게 되면 인간이 가진 정보량은 아메바의 그것보다 아주 조금 더 많을 뿐이며, 대단히 정교한 효소 합성 체계를 갖춘 조류(藻類)가 가진 정보량이 인간이나 아메바보다 더 많을 것이다.

이러한 문제는 대단히 많은 유추와 추정을 통해 답할 수밖에 없는 문제이긴 하지만, 기무라가 논의한 사항들 가운데 몇몇은 실제로 접합자에 얼마나 많은 정보가 들어있느냐는 구체적인 질문과 관련이 있다. 그는 인간의 해부학적 형질을 지정하는 데 약 10^7비트의 정보량이 소요될 것이며, 접합자에 들어 있는 DNA가 운반할 수 있는 최대 정보량은 약 10^{10}비트라고 추론했다. 만약 DNA 메시지가 매우 중복적이어서 최대 활용 가능한 양의 십분의 일만 실제로 쓰인다고 가정한다 해도, 우리는 기무라의 추정치로부터 기본적인 세포 및 생화학적 기제에 관여하는 생식질의 정보량이 형태형성에 관여하는 생식질의 정보량보다 백 배나 더 많다고 결론 내릴 수 있다. 이 결론을 너무 심각하게 받아들일 필요는 없겠지만, 여러 가능성의 스펙트럼 상에서 한 극단을 보여주는 것으로 해석할 수 있을 것이다. 이 스펙트럼은 너무나 광대해서 포유동물 한 종과 원생생물 한 종의 유전적 정보 총량의 차이에 대한 추정치로부터 어떤 결론을 이끌어내는 것 자체가 시기상조인 것처럼 보인다.

아마도 DNA 양은 자연선택에 의해 항상 최적수준으로 일정하게 조절될 것이다. 신체에 존재하는 DNA 양이 기계적인 혹은 영양학적인 제한 요인에 의해 수동적으로 결정될 리는 거의 없다. 만약 DNA 양을 증가시킴으로써 더 많은 정보를 전달할 수 있고 결과적으로 적응을 더 정확하게 하거나 융통성 있게 할 수 있다면, DNA 양은 응당 증가하리라고 나는 생각한다. 경제성과 효율성은 생물학적 기제의 보편적인 특성이며, 당연히 DNA 암호 체계도 예외가 될 수 없다. DNA 암호 체계의 분명한 목적은 정보 전달이며, 이 기능에 맞춰서 DNA 양도 최적화되리라고 가정하는 것이 온당하다. DNA 마이크로그램 양이 많을수록, 자연선택이 마이크로그램 당 정보량을 통제하는 능력은 그만큼 떨어질 것이다. 통제력이 감소한다는 말은 곧 잡음이 많아진다는 뜻이고 그에 따라 표현형의 적응적 정확도도 낮아진다. 정보의 수량과 정보의 정확성은 유전 메시지에 가해지는 다소 상충된 요구이다. 유기체의 실제 DNA 양은 아마도 상반된 이 두 축 사이의 최적인 타협점을 반영할 것이다. 이런 점을 살펴 볼 때, 유전 정보는 그 양이 한정되어 있으며 가능한 한 가장 경제적으로 활용되리라는 판단이 나온다. 뒷장에서 여러 번 논의되겠지만, 다른 많은 생물학적 현상들을 살펴보아도 이러한 정보의 경제성 원리가 중요한 진화적 요인이라는 결론이 지지가 된다.

내가 여기서 제안하는 관점은 어떤 낮은 조직화 수준 — 아마도 아주 단순한 무척추동물 — 이상에 위치하며 일정한 지질학적 시기 — 아마도 캄브리아기 — 이전에 유래한 모든 유기체들은 핵 속에 거의 동일한 양의 정보를 소유하리라는 것이다. 그런 모든 유기체들은 막대한 양의 정보를 운반할 수 있는 DNA를 지닌다. 그리고 적어도 10^9년 이상 된 조상으로부터 유래한 이후 천문학적인 숫자의 세대들을 거치면서 정보를 발생시키는 선택압의 영향을 모두 거의 비슷하게 받았다. 캄브리아기 이후의 진화는 생식질의 총 내용물의 증가가 아니라 생식질의 정성적(定性的)인 변화와 치환의 역사로 해석할 수 있다. 원생생물로부터 인간까지의 진화는 주로 원생생물 DNA의 세포 및 조직을 만드는 지침의 일부가 형태 형성을 위한 지침으로 치환되는 과정이었을 것이다.

　인공두뇌적 진보를 옹호하는 기무라의 관점은 진화적 진보의 두 번째 범주, 곧 형태적 복잡성의 증가를 그가 받아들이기 때문에 나온다. 현세의 동물들이 고생대의 동물들보다 더 복잡하다고 종종 발언 및 암시되지만, 나는 이러한 명제를 실제로 입증하는 객관적이고 공정한 어떤 연구 문헌도 알지 못한다. 정말로 인간이 데본기(*Devonian period*)의 어류 조상보다 구조적으로 더 복잡할까? 물론 우리는 점점 더 복잡성이 증가한 일련의 진화적 변화들을, 예컨대 데본기의 어류 두개골보다 인간 두개골이 더 복잡해진 사례를 들 수 있지만, 이는 적어도 부분적으로는 데본기 이전의 척삭동물에 대한 우리의 무지 탓으로 돌릴 수 있다. 데본기에서 현세까지의 인간 계통은 주로 두개골이나 다른 부위를 이루는 구성 요소들이 재배열되거나 유실된 역사였다. 진정한 의미의 추가는 그리 눈에 띄지 않는다. 기계공학적으로 볼 때, 인간 두개골의 작동 방식은 대부분의 어류 두개골보다 극히 단순하다. 심지어 데본기에도 정교하게 분절된 수많은 뼈가 결합하여 복잡한 기계적 체계를 이루는 두개골을 지닌 물고기들이 있었으며 리조돕시스(*Rhizodopsis*)는 그 한 예다. 나는 현세의 동물들이 고생대에 존재했던 같은 분류군의 조상보다 구조적으로 더 복잡하다는 일반적인 결론을 객관적으로 입증하기는 어렵다고 믿는다.

　물론 인간은 그가 밟아온 역사 어디에선가, 데본기가 아니라면 그 이전에라도, 형태적으로 단순한 후생동물 조상을 두었음에 틀림없다. 인간과 물고기의 상대적인 복잡성에 대한 물음은 (1) 하등동물에서 고등동물로의 진화적 진보는 구조적 복잡성이 증가하는 과정이며 (2) 어류에서 포유류로의 변화가 이러한 진보의 실례라는 두 가지 대중적인 가정으로부터 촉발된다. 뇌 구조 같은 면에서 보면 분명히 포유류가 그 어느 어류보다 더 복잡하다. 다른 면에서는, 예컨대 외피 조직을 따지면 평균적인 어류가 그 어느 포유류보다 훨씬 더 복잡하다. 완전하고 객관적인 비교가 이루어진 다음에 어떤 판결이 내려질지는 속단하기 어렵다.

　각기 다른 유기체가 지닌 구조적 복잡성을 서로 비교하려 할 때 학자들은 관행적으로 각 유형의 성체에만 논의를 한정하곤 한다. 대개 성체 단계가 생애 주기에서 구조적으로 가장 복잡한 단계라는 사실이 이러한 관행을 부분적으로 정당화해주긴 하지만, 한편으로는 발달을 너무 순진하게 이해하는 관점을 엿볼 수 있는 대목이다. 개체발생(ontogeny)은 성체 단계의 표현형이라는 단 하나의 최종 목표를 지닌다고 종종 직관적으로 받아들여지지만, 발달은 다른 모든 적응들과 똑같은 목표를 지닌다. 즉, 이러한 적응들에 의존하는 생식질이 후세대로 계속 전달되게끔 하는 것이 발달의 진정한 목표이다. 밖으로 보이는 체세포 생애 주기는 이 목표를 이루는 데 필수불가결한 기구이며, 모든 단계 하나하나가 각각 중요한 목표라고 할 수 있다. 각 단계는 이론적으로 분리 가능한 두 가지 임무를 수행한다. 첫째, 각 단계에서 유기체가 당장 살아남아야 하며, 이는 곧 생태적으로 어떻게 순응하느냐 하는 문제이다. 둘째, 각 단계는 바로 다음 단계를 생산해야 한다. 형태형성을 지정하는 지침은 이 두 임무를 모두 담아야 한다. 생태적으로 적응해야 한다는 부담은 복잡하고 종종 적대적인 환경에 있는 단계에서 더 무거울 수밖에 없을 것이다. 그러나 살기 적당하고 일정한 환경에서 지내는 단계에서는 생태적 순응을 담당하는 유전 정보가 거의 필요하지 않다. 따라서 발달상의 절충은 지금 당장의 생태적 순응을 담당하는 기구를 희생하면서 다음 단계의 형태형성을 위한 준비를 크게 강조하는 방향으로 이루어질 수 있다. 예컨대, 인간 태아가 지닌 적응과 아이들과 어른이 지닌 적응의 종류를 비교해보자. 태아는 자신에게 매우 유리한 환경에서 살며 그가 부딪히는 생태적 문제는 거의 없다. 나중 단계들에 대비하여 태아는 형태 형성을 위한 준비를 빠르고 효율적으로 진행하는 데 집중할 수 있다. 아이들과 어른은 복잡하고 종종 적대적인 환경에서 산다. 이 단계들에서는 정확한 감각, 운동, 면역 적응들, 그리고 그 밖의 생태적 적응을 잘 성취하는 데 강조점이 찍히게 된다. 태아에 비해 다음 단계 형태 형성을 위한 준비의 중요성이 훨씬 덜하며 진행속도도 매우 느리다.

그러나 인간 태아가 안전하고 세심하게 챙겨주는 자궁이 아니라 올챙이 같은 환경에서 살았다고 가정해보자. 마치 개구리처럼, 인간의 "유생" 발달이 성체가 속하는 환경과 전혀 다른 환경 하에서 줄곧 이루어지며 양서류의 유생이 마주치는 환경만큼이나 위험하고 복잡하다고 상상해보라. 그렇다면, 인간의 생식질은 올챙이가 부딪히는 연못 바닥만큼이나 험난한 조건들에 대처하기 위한 지침들을 추가로 더 지녀야 할 것임이 분명하다. 생애 초기부터 복잡한 감각, 운동 기제들이 발달할 것이며, 이 중 일부는 성체 단계에도 크나큰 변형을 몰고 올 것이다.

이렇게 추가적인 지침들이 덧붙여짐으로써 인간 접합자의 총 정보량이 얼마나 증대될까? 지금으로선 이에 대한 해답을 구할 수 없지만, 이 질문을 풀이 가능하고 현실성 있는 수식으로 변환시킬 수 있다면 정식적인 분석(formal analysis)을 통해 상당한 이해를 얻을 수 있으리라 본다. 그러한 분석은 A로만 발달하는 접합자와 B로만 발달하는 접합자로 이루어진 접합자 한 쌍이 처음엔 A로 발달한 다음에 B로 발달하는 접합자 하나보다 더 많은 발달 정보를 가질지 탐구하는 형태를 띨 것이다. 먼저 A로 발달하는 후자의 경우, B를 만드는 데 필요한 정보도 처음부터 부가적으로 지녀야 한다. 그리고 B를 만드는 과정에서 A의 일부분을 원상태로 되돌리는 작업도 아마도 필요할 것이다. 이는 더 복잡한 하나의 생애 주기가 단순한 두 개의 생애 주기보다 더 많은 정보를 요구한다는 뜻일까? 설득력 있는 논증이 세워지기 전에는, 우리는 서로 매우 다른 생애 주기를 지닌 유기체 간의 상대적 복잡성에 대해 함부로 판정을 내리지 않도록 주의해야 한다.

개구리의 생애 주기보다 훨씬 더 복잡한 생애 주기도 있다. 하등하고 '단순한' 간흡충(liver fluke)은 접합자 하나에서 다세포성 흡충섬모충(miracidium)으로 발달한다. 흡충섬모충은 수천 개의 섬모가 난 표피를 써서 헤엄치며, 특정한 종의 달팽이를 찾아서 그 안으로 파고들어 가는 데 필요한 신경운동 기구를 가진다. 달팽이 몸속에서 흡충섬모충은 형태적으로 다른 포자포낭(*sporocyst*)으로 변태하며, 이들은 출아법으로 번식한다. 이렇게 포자포낭이 번식한 결과물이 레디아(*redia*)라는 다음 단계 생물이다. 레디아는 달팽이 속에서 이동하여 무성생식으로 다른 레디아를 낳는다. 결국 레디아는 변태해서 세르카리아(*cercaria*)라는 또 다른 형태가 되는데, 이 세르카리아는 처음의 흡충섬모충처럼 숙주 사이를 옮겨 다니기 위한 장치를 갖추고 있지만 그 운동 기제는 매우 다르다. 세르카리아는 섬모를 움직이는 대신 꼬리를 꿈틀거려 나아간다. 달팽이를 뚫고 나온 세르카리아는 풀잎으로 기어간 다음에, 잎에 부착되어 메타세르카리아(*metacercaria*)라는 무정형의 다세포성 휴면체로 변한다. 양에게 잡아먹힌 다음, 메타세르카리아로부터 어린 흡충이 부화해 나오고, 이들은 양의 몸 안에서 어른 흡충으로 발달한다. 어른 흡충은 접합자를 만들고 생애 주기가 다시 반복된다. 형태적으로 다른 여러 단계가 이토록 복잡하게 이어지는 과정을 모두 지시하기 위하여 생식질에 수록되어야 하는 형태형성 지침은 어느 한 시기에 관찰되는 구조적 복잡성으로부터 짐작할 수 있는 형태형성 지침보다 훨씬 더 많을 것이다. 양과 그 간에 들어 있는 흡충처럼 서로 다른 유기체들의 형태적 복잡성을 객관적으로 비교할 수 있는 신뢰할 만한 방법은 현재로선 없다고 생각한다. 또한, 접합자 안에 수록되어야 하는 형태 지침의 양은 어느 쪽이 더 많은지, 혹은 유전 정보의 총량은 어느 쪽이 더 많은지 판단할 방법도 없다고 본다.

흡충류나 다른 기생충들은 생애 주기 속에 형태적으로 다른 단계들을 비교적 쉽게 더하고 뺄 수 있는 것처럼 보이며, 이는 형태형성에 관여하는 유전정보의 비율이라는 문제와 연관이 있다. 예컨대 세르카리아를 만드는 데 필요한 지침은 흡충 접합자가 운반해야 하는 총 정보량 가운데 극히 적은 부분을 차지함을 뜻할지도 모른다.

동물 진화에서 때때로 진보는 조직 분화의 증대를 의미하는 것으로 간주한다. 그러한 진보는 형태적 복잡성의 증대와 마찬가지로, 모든 후생

동물의 발달 과정 어딘가에서 일어났음에 틀림없다. 또한 나는 포유류의 조직이 어류의 조직보다 생리학적으로 좀더 특수화되었다는 견해에 어느 정도 동의하는 편이다. 그러한 조직 특수화는 재생 능력을 포기하는 대가를 치르면서 얻은 것 같다. 이는 새로운 적응이 첨가된 것이 아니라 한 적응이 다른 적응으로 대체되었음을 상당 부분 암시한다. 조직 특수화로서의 진보 개념을 척추동물 이외의 분류군에 적용하기에는 큰 무리가 따른다. 윤충류나 회충류 같은 세포-고정(cell-constant)[21] 유기체는 포유류보다 더 고등한 동물로 간주해야 할 것이다. 이들의 조직은 너무나 특수화되어 있어서 사소한 상처를 낫게 만드는 효율적인 기제마저 없을 정도이다(Needham, 1952).

진화적 진보를 규정하는 많은 개념과 이에 따른 여러 유기체의 발전 정도에 대한 판단은 초창기의 정향진화(orthogenesis) 교의의 변형된 형태와 밀착해 있다. 오늘날 정향진화 교의 자체는 거의 만장일치로 부정되고 있는데도 말이다. 진화가 실은 인간이나 말처럼 특별히 관심을 끄는 유기체를 만들었음을 강조하는 최근의 흐름도 이와 무관하지 않다. 이에 따르면 진보는 인간이나 말로 나아가는 모든 변화를 포괄한다고 임의적으로 일컬어진다. 대다수 생물학자는 플리오히푸스(Pliohuppus)가 메소히푸스(Mesohippus)보다 더 발전했으며 오스트랄로피테쿠스(Australopithecus)가 프로콘술(Proconsul)[22] 보다 더 고등한 형태라는 판단을 통상적으로 받아들일 것이다. 꽃식물이나 어류처럼, 인간중심주의적 중요성이 정점에 달하는 최종 산물이 없는 분류군에서도 학자들은 하등한 형태와 고등한 형태를 관례로 구분하곤 한다. 어류학자들은 동물상적으로 중요한 어류의 많은 갈래가 특정한 형태적 발달을 독립적으로 이루어왔음을 보고했

---

21) '세포-고정(cell-constant) 유기체'는 알에서 깨어난 새끼가 일정한 수의 세포들로 이루어지며 일생 동안 그 세포들이 변하지 않는 유기체를 말한다.

22) 2천 7백만 년에서 천 7백만 년 사이에 살았던 영장류속으로서 인간을 포함한 영장류의 공통조상으로 여겨진다.

다. 가슴지느러미가 위로 이동하고 배지느러미가 앞으로 이동하거나, 척추나 지느러미 살 같은 대칭적인 부위들이 비교적 적은 숫자로 고정되어 확립되거나, 배아 시절엔 이어졌던 부레와 장이 성체가 되어 분리되거나, 몸의 여러 부위에서 방어용 가시가 돋아나는 것 등을 들 수 있다. 이러한 형태적 발달이 많은 분류군은 적거나 아예 없는 분류군보다 고등하다고 간주된다. 어떤 방향이든 관계없이 원시적인 상태로부터 얼마나 일탈했는가도 또 다른 중요한 고려사항이다. 넙치류는 원시적인 좌우대칭에 대폭적인 수정이 가해졌을 뿐만 아니라 그 밖에도 눈에 띄는 변형이 많이 이루어졌기 때문에 어류계통학자들이 언제나 높은 지위를 부여한다.

진화적 진보 같은 개념을 쓰지 않으려 애쓰는 생물학자들은 때때로 '향상된'(advanced) 대신 '특수화된'(specialized)이라는 용어를 쓴다. 하지만 이 용어는 계통발생상의 위치와 관계없이 순수하게 생태학적 맥락에서 이미 사용되고 있다. 그러므로 창꼬치(pike)와 전갱이(bluefish)는 둘 다 작은 물고기만 먹게끔 아마도 거의 동등한 수준으로 특수화되어 있지만, 어류학자의 통상적인 척도에 따르면 전자는 하등하고 후자는 고등하다.

공통적인 계통발생학적 경향에 따르거나 임의적으로 지정된 최종단계에 점차 가까워지는 흐름에 대하여 진보(progress)나 향상(advance) 같은 용어를 쓰는 데는 아무런 이의가 없다. 그러나 이러한 의미로 용어들을 쓴다면 다른 부적절한 의미에서 그런 용어들을 쓰는 사례를 덮어버릴 수가 있다. 포유동물학자들은 광범위하고 객관적인 증거들을 바탕으로 영장류를 아목, 과, 그리고 속 수준으로 분류한 다음에, 이러한 범주들을 써서 나무뒤쥐(tree shrew)가 가장 처음으로 나오고 인간이 마지막에 나오는 목록을 만든다. 이러한 분류체계를 따르다 보면 부지불식간에 인간으로의 진보가 영장류 역사 전체를 통해서 작동해온 당연한 진화적 원리라는 인상을 받기 쉽다. '고등한' 혹은 '향상된' 유기체 같은 정향진화적 용어들이 아직껏 그대로 쓰인다는 것, 그리고 분류학적 범주들의 목록은 시작과 끝이 있어야 한다는 사실에서 진화적 진보와 인간종의 필연성이 과학적 정설처럼 여겨지는 원인을 찾을 수 있다고 생각한다.

또한 진보는 인간이 만든 도구의 기술적 향상처럼 적응의 효율성 향상을 의미하는 것으로 흔히 받아들여진다. 헉슬리(Huxley, 1954)는 이러한 향상이 진화의 흔한 결과물이라고 보았지만, 그가 진정한 진보로 판정한 사례들은 상대적으로 드물었으며 주로 뚜렷한 향상이 일어난 경우에만 국한되었다. 브라운(Brown, 1958)도 특수한 적응(*special adaptation*)과 일반적인 적응(*general adaptation*)을 비슷하게 구분한다. 브라운이 일반적인 적응으로 판정할 때 적용하는 잣대는 헉슬리가 진보를 판정하는 잣대보다 덜 엄격하다. 헉슬리와 달리 브라운은 진화적 진보가 이루어질 여지가 아직도 대단히 많다고 믿었다. 와딩턴(Waddington, 1958)의 진보 개념은 브라운의 그것과 밀접하게 연관된 것처럼 보이는데, 그는 환경 변화의 독립성을 하나의 중요한 구성 요소로 강조한다. 써데이(Thoday, 1953, 1958)에게 진보는 개체군이 멸종할 가능성이 작아지게끔 적응의 장기적인 효율성이 향상됨을 뜻한다. 적응의 향상으로서의 진보에 대한 나의 논의는 대부분 써데이의 진보 개념에 초점을 맞출 것이다. 그러나 개체군이 얼마나 효율적으로 멸종을 피할 수 있는가로 측정되는 개체군의 적합도 문제는 뒷장에서 주로 논의하기로 한다.

데본기의 몇몇 어류들이 주변부의 종종 산소가 결핍된 서식처에 살게끔 특수화된 예에서 볼 수 있듯이, 어떤 진화적 발달은 매우 중요한 적응 방산(*adaptive radiation*)을 촉진한다는 것은 명백한 사실이다. 반면에 다른 진화적 발달은 전혀 그런 결과를 가져오지 못한다는 것도 분명하다. 불행하게도, 그 누구도 진보적인 변화와 제한적인 변화를 선험적으로(*a priori*) 구별하게 해주는 객관적인 판단 기준을 제안한 바 없다. 나는 여기에서 적응의 향상이 진보와 같다고 여기는, 아니면 적어도 진보의 한 일면이라고 여기는 입장을 비판하고자 한다.

인공물과의 비유로 시작하는 게 도움이 될 듯하다. 우리는 대개 제트

엔진이 달린 현대의 비행기가 프로펠러로 추진력을 얻는 비행기보다 더
향상되었다고 여긴다. 이때의 향상이 반드시 복잡성의 증가를 내포하지
는 않는다는 것에 주목할 필요가 있다. 오히려 제트 엔진은 기본 골격만
놓고 보면 훨씬 더 단순하지만, 탁월한 공학적 성취라 할 수 있으며 여러
가지 면에서 더 우수한 엔진이다. 제트 엔진은 군사적 · 상업적 활용에서
그 조상격인 프로펠러 엔진을 신속히 대체했다. 프로펠러로 나는 비행기
가 완전히 폐기처분되진 않겠지만, 한때 프로펠러가 주름잡았던 많은 영
역에서 이미 그 자취를 감추었다.

　유기체의 진화에도 비슷한 사례들이 많이 있다. 유악어류는 무악어류
를 거의 완전히 대체했는데, 아마도 이들이 더 효율적인 물고기였기 때
문일 것이다. 속씨식물은 겉씨식물을 상당부분 대체했는데, 아마도 이들
이 육상에서 더 효율적인 독립영양생물이었기 때문이다. 반면에, 중생대
에는 당시 새로 진화한 해양 파충류인 모사사우르스(*mosasaurs*), 장경룡
(長頸龍, *plesiosaurs*), 어룡(魚龍, *ichthyosaurs*)이 상어의 조상 같은 대형
육식 어류들과 바다를 놓고 치열한 다툼을 벌였다. 상어는 지금껏 여전
히 풍부하게 존재하지만, 그와 경쟁했던 해양 파충류들은 모두 멸종했
다. 선신세(鮮新世, Pliocene)에 고등 포유동물에 속하는 식육류, 유제
류, 영장류의 상당수가 대멸종을 당했지만 더 원시적인 포유동물과 다른
하등한 군들은 거의 영향을 받지 않았다. 오늘날 어업 생물학자들은 보
우핀(*bowfin*),[23] 동갈치(*garpike*),[24] 칠성장어(*lamprey*) 같은 고대어들
로 인해 골치를 앓는데, 이들 오래된 어류들이 검정 민물농어(*black bass*)
나 연어같이 귀중한 경골어류를 너무나 효율적으로 잡아먹거나 쫓아내기
때문이다. 내가 이러한 실례들을 든 이유는 하등한 형태가 흔히 고등하

---

23) 북아메리카의 강에 서식하는 육식성 고대어로 약 1억 8천만 년 전부터 있었
　　다. 암컷은 크기가 75cm에 달한다.
24) 미국 남동부의 강어귀와 완만한 늪지대에 서식하는 난폭한 육식 어류. 북미에
　　서 가장 큰 민물고기로 최고 3미터까지 자란다.

74

다고 하는 형태를 늘 압도한다고 믿어서가 아니라, 그저 어느 형태든지 이길 때도 있고 질 때도 있음을 입증하기 위해서다. 더 오래된 유형을 최근에 진화한 유형이 제압하는 것 같은 과정이 실제 작동함을 보여주는 듯한 사례들만 선택적으로 그러모아 제시한다고 해서 그러한 과정의 존재를 입증할 수 있는 건 아니다. 다양한 사례들을 편견 없이 수집하여 그 통계적 유의성을 입증해야만 비로소 타당한 증거가 될 수 있다. 이론상으로는 그런 증거를 얻을 수 있지만, 실제로 그런 증거를 얻고자 한 시도가 있었는지 난 알지 못한다.

그래도 전통적인 예들 가운데 몇몇은 매우 인상적이라고 인정하지 않을 수 없다. 남미에서 태반동물이 유대류를 물리치고 승자가 된 사실은 태반동물이 전반적으로 더 잘 적응했음을 강력히 시사한다. 태반류가 이처럼 성공한 까닭은 커다란 두뇌와 융모막 태반처럼 태반류를 더 진보한 형태로 여기게 해주는 형질들 덕분이라 슬며시 주장하고 싶어진다. 그러나 이 경우에서조차 다른 설명이 가능하다. 전북구(全北區, Holarctic region)[25] 처럼 풍부한 생물상을 대표하는 동물은, 계통발생학적 척도에서 그것이 차지하는 위치와 관계없이, 신열대구(新熱帶區, Neotropical region) 처럼 빈약한 생물군을 대표하는 동물보다 새로운 지역에 대개 더 쉽게 침입하리라고 타당하게 추정할 수 있다. 순전히 통계적인 요인도 작동할 것이다. 북미에 살았던 태반류의 속수와 종수가 남미에 살았던 유대류의 그것보다 훨씬 더 많았다면, 파나마 지협을 거쳐 북에서 남으로 내려와 성공적으로 정착한 이주자가 남에서 북으로 올라가 정착한 이주자보다 더 많았을 것이다. 태반류가 유대류보다 적응적으로 우월하다고 입증할 수 있다고 해도, 이는 흔히 하등하다고 여겨진 형태보다 고등하다고 여겨진 쪽이 정말로 우위에 있음을 입증한 사례 하나에 불과하다.

훨씬 더 좋은 예는 속씨식물이 다른 모든 육상 독립영양생물들을 제압

---

25) 아시아 열대지역을 제외한 유라시아 전역과 사하라사막 이북의 아프리카 · 북아메리카를 포함하는 지역.

하고 신속하게 전 세계적으로 전파된 사례이다. 그러나 진보에 대해 이루어지는 더 철학적인 논의들 가운데 상당수는 식물에 대해 별로 말할 수 있는 것이 없다. 식물학자들은 계통발생학적 척도상에서 향상의 개념을 실제로 사용하지만, 이때는 육상 서식처로의 특수화 증가가 주된 판단기준이 된다. 수정 과정에서 정세포를 이동시킬 때 물이라는 매개체에 더는 의존하지 않게 된 사실 등이 특히 중요하게 강조된다. 공통적인 계통발생학적 경향에 따르는 것, 특히 꽃 구조상의 특정한 경향에 따르는지도 또 다른 중요한 고려사항이다. 속씨식물이 승리할 수 있었던 요인은 그 관다발계와 번식 체계에서 알 수 있듯이 그들이 육상 생활에 훨씬 더 특수화되었다는 사실에서 찾는 게 극히 온당할 것이다.

만약 증거들을 모두 저울질한 결과 우리가 고등하다고 직관적으로 인정하는 유기체들이 더 원시적인 형태들보다 적응적으로 우월하다는 결론이 내려진다고 해도, 이는 틀림없이 미미한 통계적 편향에 불과할 것이며 많은 큼직한 예외들이 발견될 것이다. 흔히 양서류의 적응은 열등하다고 인식되는 경향이 있지만 — 그리고 어떤 일반 동물학 교과서도 양서류의 단점을 나열하는 긴 목록을 제시할 수 있지만 — 현대의 무미류(無尾類)와 유미류(有尾類)는 그 수효 면에서 매우 성공적인 것처럼 보인다. 흔히 학자들이 상정하듯이 개체 수나 종수가 하나의 유의미한 판단기준이 될 수 있다면, 우리는 포유류의 시대라 할 수 있는 만큼 양서류의 시대에 사는 셈이기도 하다. 양서류는 먹이나 다른 필수 요소들을 놓고 파충류, 조류, 포유류와 직접적으로 경쟁하며, 그리 크게 불리한 국면에 처한 것 같지 않다. 원시적인 발달단계라고 일컬어지는 고대의 계통이 더 발전하였다고 여겨지는 다른 분류군과 가까이 경쟁하면서도 종수나 개체 수, 생물량을 풍부히 유지하는 예는 많이 있다. 해면동물과 히드라충류는 연안 해수에서 태형동물과 해초류보다 더 많이 발견된다. 이 문제에 관한 한, 열등하게 여겨지는 고대의 생물 유형들이 지금껏 성공적으로 서식하고 있다는 여러 분명한 사실들보다 더 중요한 증거를 난 상상할 수 없다.

 가장 명백한 설명은 이렇다. 생명의 분류학적 다양화는, 계통수의 어디에 속해 있는지와 무관하게 주로 하나의 적응이 또 다른 적응으로 대체되는 과정이었을 뿐, "진보"라는 단어가 암시하듯이 적응이 지속적으로 축적되었다고 보긴 어렵다는 것이다. 최초의 사족동물은 물속에서 헤엄치는 능력을 희생하면서 땅 위를 걸어 다니는 능력을 향상시켰다. 최초의 항온동물은 신진대사가 외부의 환경적 온도에 따라 좌우되는 폭은 줄였지만, 대신 음식이나 다른 요소들에 대한 의존도는 더 늘어났다. 의심할 여지없이 생명의 초기 진화에서는 어떤 중요한, 장기적이며 누적적인 경향이 있었다. 그런 경향 가운데 일부는 진화가 염색체 유전과 유성 생식으로 정립된 이후에도 계속 존재했을 것이다. 심지어 어떤 경향은 지금도 뚜렷하며, "진보"라는 단어를 자연스레 연상할 만한 특성이 있을 것이다. 그러한 경향을 입증하고 자세히 기술하는 것은 과학적 탐구 과제의 하나이며 진화 생물학자들로부터 응당 관심을 받을 만하다. 한편으로, 캄브리아기 이후 어디에서든지 백만 년이라는 기간만 따로 떼어 살펴본다면 그러한 경향은 극히 사소한 영향만 끼쳤음이 분명해 보인다. 각 기간에서 이루어진 중요한 작업은 바로 모든 개체군에서 적응이 유지되는 것이었다. 이를 위해서는 돌연변이에 따른 손상을 지속적으로 수리하고, 환경 변화에 맞추어 때때로 유전자 치환을 수행해야 한다. 진화는 그에 따라 일어나는 일반적인 경향이 무엇이건 간에, 적응을 유지하는 과정의 부산물이다. 백만 년이 지난 다음엔 거의 모든 생명체가 처음 모습과 상당히 다른 외형을 지니게 되겠지만, 어떤 중요한 측면에서 그 생명체는 여전히 똑같을 것이다. 즉, 그 생명체는 여전히 그만의 고유한 생물학적 적응의 특성을 보일 것이며, 여전히 그가 처한 주위의 환경에 정교하게 맞추어져 있을 것이다. 나는 자연선택 이론이 처음 제시되었을 때 진화적 변화를 설명하는 이론으로 인식된 사실을 유감스럽게 여긴다. 자연선택 이론은 적응의 유지를 설명하는 이론으로서 훨씬 더 중요하다.

적응을 만들어내는 기제의 변화나 진보 같은 의제에 대한 나의 관점은
실제로 실험실과 현장, 그리고 이론생물학 문헌에서 이미 널리 받아들여
지고 있는 것 같다. 생물학자들이 갑자기 진화적 진보 같은 개념들을 강
조하려 드는 경우는 비전문가 청중을 대상으로 강연할 때처럼, 주로 그들
이 자못 철학적인 태도를 취하려 할 때이다. 이러한 상황은 유감스럽다.
생물학이 대중에게 정확하게 전달되지 않고 있음을 뜻하기 때문이다.

제3장

자연선택, 생태, 그리고 형태형성

이 장에서 나는 상호대안적인 대립유전자의 자연선택을 생태 및 형태형성과 연관 짓는 작업을 뒷받침해줄 몇 가지 시각을 제시하고자 한다. 선택적인 유전자 치환에 따른 예측 가능한 결과가 아닌 여타 창조적인 진화 요인들을 굳이 상정하지 않고서도 생태나 형태형성 등의 영역에서 적응이 생겨나고 유지되는 과정을 얼마든지 적절히 설명할 수 있다는 것이 나의 주장이다. 1) 나는 또한 생태나 형태형성의 몇몇 문제들을 해결하는 데 자연선택 이론이 부적당하다고 흔히들 언급하는 몇 가지 사례들을 검토하고자 한다.

유전자형과 표현형의 관계는 이렇다. 곧, 상이한 유전자형들이 상이한 표현형들을 같은 환경 하에서 만들 수 있다는 것이다. 유전자형은 신체(身體, *soma*)에 의해 일정한 방식으로 해석되는 암호화된 메시지이다. 유전자는 감수분열에 의해 분리될 수 있는 무수한 단위를 말하며 유전자

---

1) 예컨대 생명에 내재한 어떤 신비로운 힘이 생물학적 진화를 특정한 방향으로 이끈다고 주장하는 정향진화(*orthogenesis*) 이론 등에 기대지 않고, 순전히 한 좌위를 놓고 경쟁하는 대립유전자들 사이의 자연선택 이론만으로도 생태적, 형태적 적응을 충분히 설명할 수 있다는 뜻.

형의 메시지를 이룬다. 그 어떤 일정한 표현형 효과도 특정한 유전자 하나에 의해 생겨나진 않는다. 한 대립유전자가 다른 대립유전자로 치환됨으로 인해 어느 유전자형에서는 어떤 효과 하나가, 다른 유전자형에서는 완전히 다른 효과가 야기될 수도 있으며, 오직 전체 메시지만이 온전한 의미를 지닌다고 말할 수 있다.

물론 각각의 유전자가 정말로 추상적인 선택 계수와 돌연변이율 외에는 신경 쓸 일이 없는 자신만의 세상에 존재한다고 믿는 것은 비현실적이다. 유전자형이 단일성을 지닌다는 사실, 그리고 개개의 유전자가 다른 유전자들과 그 주위 환경에 기능적으로 복속한다는 사실은 언뜻 보면 자연선택의 단좌위 모형(one-locus model)[2]을 무너뜨리는 것처럼 보인다. 실은, 이러한 고려 사항들이 이론의 기본 원리를 흔들지는 않는다. 유전자가 다른 요인들에 얼마나 기능적으로 의존하며 다른 유전자들이나 환경 요인들과의 상호작용이 얼마나 복잡하든지 간에, 어떤 한 유전자 치환이 어느 개체군에서나 적합도에 산술평균적 효과를 끼치리라는 명제는 항상 참일 것이다. 어느 한 시점에서 한 대립유전자는 그 좌위에 놓일 수 있는 다른 대립유전자에 견주어 일정한 선택 계수를 지닌다. 그러한 계수는 대수적으로 표현될 수 있는 숫자이며 한 좌위에 대해 추론된 결론은 모든 좌위에 대해 되풀이될 수 있다. 그러므로 적응은 각각의 좌위에 독립적으로 작용하는 선택의 효과에 기인한다.[3] 비록 이 이론이 개념적으

---

2) 단좌위(單坐位) 모형: 한 유전자 좌위에 어떤 대립유전자들이 놓임에 따라 표현형이 결정된다는 모형. 예를 들어 어떤 좌위에 대립유전자 A와 a가 들어갈 수 있다고 하자. 이배체 상염색체의 경우, 가능한 유전자형은 AA, Aa, aa가 있으며 이들에 따라 특정한 표현형이 생긴다는 모형이다. 실제로는 한 표현형 형질을 만드는 데 여러 좌위의 유전자들이 함께 개입하게 때문에 자연선택의 단좌위 모형은 어디까지나 개념적인 단순화로 이해된다.

3) 저자의 주장과 달리, 자연선택의 다좌위 모델(multilocus model)에 대한 근래의 연구들은 여러 좌위에서 이루어지는 자연선택은 각 좌위의 대립유전자 빈도뿐만 아니라 한 유전자의 작용이 다른 좌위에 놓인 유전자에 의해 달라지는 상위(epistasis) 현상에 의해서도 상당히 달라짐을 보이고 있다. Rice, S. H.

로 단순하고 논리적으로 완전하긴 하지만, 실제로 활용하기엔 그리 단순하지 않으며 생물학적 문제들에 완전한 해답을 제공하는 일도 거의 없다. 유전자 간의 상호작용, 그리고 체내에서 표현형적 효과를 만드는 과정이 생리 유전학자들에게 수없이 많은 문제를 던져줄 뿐만 아니라 외부환경 그 자체도 하나의 복잡하고 변화무쌍한 체계이다. 선택 계수는 최고로 안정적인 환경을 제외한 거의 모든 환경 하에서 끊임없이 변하며, 그것도 각 좌위에서 서로 독립적으로 변할 것으로 기대된다.

상호대안적인 대립유전자 간의 자연선택이 지닌 복잡한 측면들을 다루려면, 환경을 생태학자들이 흔히 범주화하는 정도보다 더 포괄적으로 인식하는 편이 도움이 될 것이다. 나는 환경의 세 가지 주요한 수준들, 즉 유전적(*genetic*), 신체적(*somatic*), 생태적(*ecological*) 환경을 구별하는 편이 좋다고 본다.

한 유전자가 선택될 때 가장 친밀한 환경은 같은 좌위에 있는 다른 유전자들이다. 유전자 a는 a-좌위에 놓이는 통상적인 대립유전자가 A인 개체군에선 유리하게 선택되지만, 주로 놓이는 대립유전자가 A'인 개체군에서는 도태될 수도 있다. 유전자 a가 매우 드물어서 Aa의 조합만 고려하면 되는 상황에서 a가 처음엔 유리하게 선택될지도 모른다. 그러나 동형접합자가 이형접합자보다 적합도가 낮다면, a의 빈도가 증가함에 따라 a의 선택 계수가 A의 선택 계수까지 떨어질 것이다. 다수의 대립유전자가 존재할 가능성에 따라 생기는 문제는 이대립유전자 모형(二對立遺傳子模型, *diallelic model*)을 간단히 논리적으로 확장함으로써 해결할 수 있다(Wright, 1931). 복잡한 수학적 문제들이 있긴 하지만, 어떤 주어진 유전자가 다른 대립유전자들과 비교해서 일정한 선택 계수를 지니며 이 수치가 세대를 거치면서 그 유전자의 빈도가 증가할지 감소할지를 결정해

2004. *Evolutionary Theory*, Sinauer Assoc. MA, USA 참조.

82

준다는(통계적인 실수를 논외로 친다면) 일반 원리가 이러한 전문적인 고려 사항들에 의해 논박되지는 않는다.

유전자의 선택 계수는 다른 좌위에 놓인 유전자에 의해서도 영향을 받을 수 있다. 유전자 a는 유전자형 BB와 Bb에선 유리하게 선택될지 모르지만 유전자형 bb에선 도태될 수도 있다. 유전자 a의 선택 계수는 이러한 차이의 크기와 b-좌위에 놓이는 두 대립유전자의 상대적 숫자에 따라 대수적으로 정해질 것이다. 유전적 환경은 같은 좌위나 다른 좌위에 위치할 수 있는, 개체군 내의 다른 모든 유전자들로 생각할 수 있다. 실제 활용할 때는 상대적으로 더 중요한 좌위 몇 개만 고려하고 나머지는 잡음이나 착오로 취급해도 무방하다. 유전적 환경의 함수로서 선택 계수를 정식으로 정의하면 다음과 같다.

$$\bar{W} = \sum (P_i W_i)$$

여기서 W_i는 i번째 유전적 환경에서의 선택 계수고 P_i는 그 환경의 상대적 빈도이다. 유전자 a의 선택 계수를 자기 좌위에서의 환경과 다른 좌위에서의 환경이 결합한 함수로서 나타내면 다음과 같다. 각 좌위에는 두 개의 대립유전자만 놓인다고 가정하였다. 4)

$$\bar{W}_a = P_{ABB}W_{ABB} + P_{ABb}W_{ABb} + \dots + P_{abb}W_{abb}$$

유전적 환경에 일어나는 어떠한 변화도 그에 따라 적어도 둘 이상의 P 값의 변화로 표현되며, 이는 선택 계수 $\overline{W_a}$의 값에 영향을 준다. 실제로 학자들이 선택 계수를 알아내려 할 때는 대개 개체군 내 유전자 빈도의 변화를 관찰하고 이 측정값이 하디-바인베르크(Hardy-Weinberg) 평형

---

4) 이해를 돕기 위해 등식에서 생략된 부분을 모두 표시하면 다음과 같다.

$$\bar{W}_a = P_{ABB}W_{ABB} + P_{ABb}W_{ABb} + P_{Abb}W_{Abb} + P_{aBB}W_{aBB} + P_{aBb}W_{aBb} + P_{abb}W_{abb}$$

값으로부터 얼마나 이탈하는지 계산할 뿐, 위의 등식으로부터 선택 계수를 이끌어내지는 않는다.

유전적 환경(*genetic environment*)이라는 용어는 마이어(Mayr, 1954)가 처음 도입했으며, 개체군의 유전적 구성도 유전자의 선택이 일어나는 환경의 한 단면으로서 보아야 한다고 강조하기 때문에 가치가 있다. 마이어 이후 다른 사람들도 이 용어를 썼는지 나는 알지 못하지만, 그 개념 자체는 확실히 폭넓게 수긍이 되었고 잘 받아들여졌다. 이 개념은 종종 유전적 배경(*genetic background*)으로도 일컬어지며, 유전자 풀(*gene pool*)의 통합(*integration*)이나 유전자들 간의 공적응(*coadaptation*)에 대한 논의에서도 그 흔적을 찾아볼 수 있다. 레빈, 파블로프스키와 도브잔스키(Levene, Pavlovsky & Dobzhansky, 1958)는 변이가 유전적 환경에 미치는 영향을 잘 보여주었다. 그들이 두 핵형(*karyotype*)을 가지고 행한 경쟁 실험은 염색체 유형을 운반하는 데 쓰인 모주(母株, *stock*)가 무엇이었는가, 즉 염색체가 처한 유전적 환경이 어떠했는가에 따라 그 결과가 달라짐을 입증했다. 이좌위(二座位, *two-locus*) 환경에서의 자연선택에 대한 이론적 연구로는 르원틴과 고지마(Lewontin & Kojuma, 1960)의 것이 있다.

유전자형의 빈도는 개체군의 크기가 크다면 어느 정도 엄격하게 유전자 빈도에 의해 결정될 것이다. 평형 다형성(*balanced polymorphism*)[5]이나 다른 요인들이 유전자형의 빈도를 하디-바인베르크 분포로부터 크게 일탈시키는 경우라 해도, 일탈 그 자체는 유전자 빈도에 의해서, 그리고 상이한 유전적 환경들이 선택 계수에 미치는 영향에 의해서 결정된다.

---

5) 자연선택에 의해서 개체군 내에 여러 표현형들이 각자 안정된 빈도로 유지되는 것을 말한다. 다음에 나오는 낫형 적혈구 빈혈증의 경우, 이형접합자가 가장 높은 적합도를 보이기 때문에 S와 S'이라는 두 유전자가 모두 일정한 빈도로 유지되어 개체군에 여러 표현형이 — SS(말라리아 저항성, 빈혈증), SS'(말라리아 저항성, 정상적인 혈구), S'S'(말라리아 취약, 정상적인 혈구) — 이 존재한다.

84

그러므로 유전자 풀을 어떤 유전자 치환의 영향을 평가하게끔 해주는 단
일한 유전적 환경으로 간주할 수 있다. 각각의 대립유전자는 특정한 유
전자 풀 안에서 자신의 고유한 선택 계수를 가질 것이다. 이 유전적 환경
이 실은 천문학적인 숫자의 유전적 아환경(亞環境, subenvironment)들로
이루어져 있고, 이들 각각에서 유전자가 서로 다른 선택 계수를 지니리
라는 사실은 일반 이론의 수준에선 무시할 수 있다. 어떤 구체적인 적응
에 대한 이해를 얻기 위해서 때로 한 개체군 내의 서로 다른 유전적 환경
들에서 벌어지는 선택을 함께 탐구할 필요가 생기기도 한다. 말라리아가
유행하는 아프리카 지역에서 어떤 유전자는 동형접합상태에서는 낫형 적
혈구 빈혈증(sickle-cell anemia)라는 치명적인 질병에 걸리게 하지만, 이
형접합상태에서는 빈혈증에 걸리지 않을 뿐만 아니라 말라리아에 대한
저항성을 부여한다(Allison, 1955). 그와 경쟁하는 대립유전자는 동형접
합상태에서 개체가 정상적으로 생존하도록 하지만 말라리아에 대해선 취
약하다. 만약 빈혈증과 말라리아 저항성을 낳는 유전자를 S라고 한다면,
유전적 환경 S에서 이 유전자의 선택 계수는 S'환경에서의 선택 계수와
매우 다를 것이다. 6) S의 실질적인 (평균) 계수는 이들 두 환경에서의 선
택 계수에 각 환경의 빈도를 곱하여 얻어진 평균값이 될 것이다. 이러한
선택 계수는 말라리아의 발병률에 따른 함수로서 시간과 공간에 따라 변
한다.

유전적 상호작용은 대단히 다층적이고 복잡해서 종종 멘델식 입자 유
전의 개념이 아니라 유동적인 유전 개념을 연상시키기까지 한다. 낫형
적혈구 유전자의 예처럼, 유전적 환경의 단순한 차이로 말미암아 선택
계수가 뚜렷하게 차이가 나는 일은 상대적으로 드물다. 대개 우리는 유
전자형이 불연속적으로 존재한다는 문제를 무시하고 유전자의 발현도가
하나의 스펙트럼 상에서 놓인다고 가정할 수 있다. 눈에 잘 띄는 하나의

6) S가 S를 만나서 생기는 유전자형 SS와 S'을 만나서 생기는 유전자형 SS'에서
S는 각기 다른 유전적 환경에 처한다는 뜻.

단위 형질에 대한 정량적인 의미에서뿐만 아니라, 여러 다양한 형질들에 대한 정성적인 의미〔다면발현(*pleiotropy*)〕[7]에서도 그러하다. 이런 다면 발현에서는 종종 적합도를 증가시키는 효과와 감소시키는 효과가 함께 나타나며, 선택 계수는 이러한 효과가 어디서 균형을 이루는지 반영할 것이다.

개체군의 유전자 풀은 상호대안적인 대립유전자들 간의 자연선택이 벌어지는 환경의 한 측면을 이룬다고 나는 결론짓고자 한다. 이 원리는 상호대안적인 대립유전자들 간의 자연선택이 적응을 만들고 유지하는 유일한 요인이라는 이론과 아주 잘 들어맞는다.

신체적 환경은 유전적 환경과 생태적 환경의 상호작용에 의해 만들어지므로 일종의 중간 수준이라 볼 수 있다. 그러나 이 장에서는 신체적 환경을 따로 논의하는 게 나을 듯하다. 나는 이 용어를 예전에 쓴 적이 있다 (Williams, 1957). 신체적 환경과 유전적 환경을 구별하는 것은 때때로 자의적으로 보인다. 난자의 세포질은 관례상 접합자의 신체로 받아들여지지만, 세포질에는 유전 메시지 일부로 볼 수 있는 요소들도 있다. 종종 이렇게 전달되는 정보는 물리적으로 서로 구별되는 입자 유전을 따르기 때문에 세포질 유전자(*plasma gene*)라는 말이 그 특성을 잘 묘사해준다. 어떨 때는 세포질이 중요한 발생적 변인으로 작용했다고 단정할 만한 근거가 정황상 충분한데도 세포질에 따른 차이를 만든 물리적 본성을 입증할 증거가 없기도 하다. 예컨대, 파울러(Fowler, 1961)는 라나 피피엔스 (*Rana pipiens*) 개구리의 한 아종에서 정상적인 발생을 이끄는 유전체를 다른 종의 수정란에 이식하면 극심한 기형상태가 초래됨을 보였다. 똑같은 핵 메시지가 어떤 신체에 전해지느냐에 따라 전혀 다르게 해석된다.

---

7) 한 유전자가 여러 형질 발현에 관여하는 것을 말한다. 예컨대 테스토스테론 호르몬을 내는 유전자는 남성이 어릴 때는 다른 남성을 제압하는 데 도움이 되지만, 나이가 들면 전립선암에 잘 걸리게 한다.

외부에서 이식된 핵이 비정상적인 발생을 일으키는 것도 실은 쉬운 일이
아니어서 반드시 동종이나 근연종의 다른 개체로부터 추출된 핵이어야
한다. 포유동물의 핵에서 나오는 유전적 메시지는 조류의 세포질에서 해
독 불가능할 것이다.

같은 유전적 메시지가 그 뜻이 달라지는 현상은 다세포성 유기체의 정
상적인 발생 과정에서 명확히 확인된다. 적어도 한동안은, 한 배아의 모
든 핵들은 서로 동등하며 원래의 접합자 핵과도 동등하다. 한 고등식물
을 구성하는 모든, 혹은 적어도 대다수의 핵이 서로 동등하다는 것은 가
지나 잎처럼 뚜렷하게 다른 조직들을 땅에 심어 꺾꽂이하면 무성생식을
통해 새로운 개체로 자라난다는 사실로부터 짐작할 수 있다. 척추동물의
경우, 미키(Michie, 1958)가 지적했듯이 한 개체를 이루는 전혀 다른 조
직들이 면역학적으로 유사하다는 사실로부터 체세포 조직들의 이러한 유
전적 동등성을 알 수 있다. 그러나 동일한 유전자형이 어떤 형태를 만들
게끔 해석되는지는 발생단계와 배아 시기의 위치에 따라 엄청나게 다르
다. 처음에 유전적 메시지의 발생학적 의미는 후에 척추동물의 신체가
될 모든 부위에 걸쳐서 "체세포 분열을 하라"는 명령에 지나지 않는다. 잠
시 후에 바로 그 동일한 메시지가 어떤 부위에서는 "안으로 빠져 들어가
라"를 뜻하고 다른 부위에서는 "그냥 계속 분열하라"를 뜻한다. 그러고 나
서, 배아의 어떤 곳의 세포에서는 이 메시지가 "늘어나라"를 뜻하고 다른
곳의 세포에서는 "평평하게 되라" 등을 뜻하게 된다. 모든 핵들의 유전적
동등성을 고려하면 발생의 후성 이론(epigenetic theory)만이 유일하게 가
능한 설명으로 남게 된다. 몇몇 증거들이 보여주듯이 만일 서로 다른 동
물 조직을 구성하는 세포핵들이 유전적으로 달라졌다면, 이러한 차이 그
자체도 서로 다른 체세포 환경들에 핵이 반응함에 따라 후성적으로 생겼
음이 틀림없다.

식물의 발생과정에서 생기는 차이 가운데 어떤 것들은 초창기에는 유
전적 기초가 있다고 추정되었지만 후에 체세포 환경의 변이로부터 얻어

짐이 밝혀졌다. 예컨대, 배우체와 포자체가 다른 까닭은 배우체는 단수체(*haploid*) 핵으로부터, 포자체는 배수체(*diploid*) 핵으로부터 발생하기 때문이라고 통상 추측되었다. 그러나 곰팡이에서 종자식물에 이르는 수많은 식물에서 배수체 핵이 배우체를 만들 수도 있고 단수체 핵이 포자체를 만들 수도 있음이 입증되었다(Wardlaw, 1955). 중요한 요인은 처음의 체세포 환경이다. 단수체이든 배수체이든, 보통의 정상적인 핵은 포자가 마련한 체세포 환경 하에서는 배우체 발생을 지정하지만 접합자가 마련한 환경에서는 포자체 발생을 지정한다. 핵이 배수체건 단수체건 유전적 메시지는 거의 동일하지만, 고자의 체세포들과 접합자의 체세포들이 각각 그 메시지를 해석하는 방식이 전혀 다른 듯하다.

같은 유전적 메시지가 서로 다른 신체에서 다르게 해석된다면, 서로 다른 신체에 똑같은 효과를 내기 위해서는 상이한 유전적 메시지가 필요할 것이다. 앞에서 인용한 파울러의 연구는 북부 아종의 수정란과 남부 아종의 수정란 모두에서 정상적으로 발생하는 개구리를 얻으려면 각 수정란의 핵이 달라야 함을 입증하였다. 두 수정란에 유전적으로 동일한 핵을 이식하면 한 쪽은 정상적으로 발생하겠지만 다른 쪽은 비정상적으로 발생할 것이다. 라나 피피엔스의 북부 아종과 남부 아종이 외형적으로 매우 유사한 것은 부분적으로는 그들 간의 유전적 차이 때문이다. 포유류 수정란과 조류 수정란의 세포질처럼 매우 다른 환경 하에서 서로 유사한 형질을 만들어내려면 매우 다른 유전적 지령이 꼭 필요할 것이다. 인간의 의사소통에 비유해보자. 만일 중국어만 이해하는 사람에게 전달된 메시지가 일본어만 이해하는 사람에게 전달된 메시지와 똑같은 반응을 이끌어낸다면, 그 두 메시지가 틀림없이 달랐으리라고 확신할 수 있다.

이제 발생의 후성 이론으로부터 다음과 같은 명제를 하나의 일반 결론으로서 도출할 수 있다. 즉, 서로 극명하게 다른 두 체세포 환경 하에서 형태형성 과정이 매우 유사한 결과물을 만든다면, 그 유사성은 환경적 차이를 능히 상쇄할만한 크기와 영향력을 지닌 유전적 차이로부터 나왔

88

음이 틀림없다는 것이다. 화이트와 앤드류(White & Andrew, 1962)는 상호 역위된 두 염색체 분절의 잠재적인 '좌위들' 가운데 10^5세대가 지난 후에도 같은 좌위는 거의 없다고 추정하였다. 그러나 이러한 역위(inversion)[8]로 얻어지는 표현형들은 종종 서로 구별할 수 없을 큼 유사하다. 달링턴(Darlington, 1958)과 도브잔스키(1959)는 표현형의 진화적 안정성이 반드시 그에 상응하는 유전자형의 안전성을 내포하지는 않으며, 유전자 풀은 표현형의 진화로부터 유추되는 정도보다 훨씬 더 유동적인 상태이리라는 관측을 뒷받침하는 다른 근거들을 제시하였다. 이는 에머슨(Emerson, 1960)의 결론과 정반대이다. 그는 명백히 다른 분류군들 사이에 구조적 상동성(相同性, homology)이 존재한다는 사실은 생식질이 변화에 소극적인 성향이라는 것, 그리고 서로 다른 생식질들 속에 공통으로 포함된 같은 요소가 상동성을 만든다는 것을 암시한다고 주장했다.

유전자가 발현되는 체세포 단계들이 차례대로 이행되는 과정은 모든 좌위의 대립유전자들 각자에게 상대적인 선택 계수를 부여해주는 총체적인 환경의 일부이다. 어떤 유전자가 유리하게 선택되고자, 모든 이행 단계에서 대립유전자보다 반드시 더 높은 적합도를 낼 필요는 없다. 유전자가 선택될지는 그 유전자가 각기 다른 단계들에 미치는 효과들에 각 단계의 빈도와 지속기간을 고려하여 얻은 평균 효과에 궁극적으로 달렸다. 인간에서 '백 살 생일이 지난 직후의 십 년' 단계에 부여되는 가중치는 제로이거나 제로에 극히 가까울 것이다. 그런 단계는 인간의 생애 주기에 아주 드물게 존재하기 때문이다. 단 두 세포로 이루어지는 단계도 극히 짧은 기간에만 존재하므로 역시 매우 미미한 가중치를 부여받을 것이다. 형태형성 단계의 지속기간 같은 요인의 중요성은 나중에 논의하려 한다. 일단 여기서 중요한 사항은, 체세포 환경이 그 물리적 속성과 지속기간

---

8) 염색체변이의 하나. 동일 염색체의 일부분이 역전(逆轉)되는 경우를 말한다.

이라는 두 측면에서 선택 계수를 결정하는 데 핵심적인 역할을 한다는 것이다. 이러한 사실을 받아들인다 해도 선택적인 유전자 치환이 적응적 진화를 만드는 유일하며 궁극적인 동인이라는 원리는 터럭만큼도 흔들리지 않는다.

생태적 환경(*ecological environment*)은 생태학자들에게 친숙한 세계이며 수식어구 없이 환경(*environment*)이라고 말할 때 일반적으로 지칭되는 개념이다. 생태적 환경의 어떤 측면들, 예컨대 기후, 포식자, 기생체, 먹이 자원, 자원을 놓고 벌이는 경쟁자 등은 진화적 요인으로 널리 받아들여진다. 이에 대한 논의는 적응적 진화를 다룬 문헌들의 상당부분을 차지한다. 진화적 적응의 원동력으로서 선택적인 유전자 치환이 갖는 중요성이 가장 폭넓게 인정되는 지점도 이러한 생태적 요인들과 관련되어서다. 이 장에서 나는 학자들이 다소 소홀히 취급했다고 생각하는 몇몇 생태적 적응에 대한 문제들에 집중하고자 한다. 이 중 하나는 형태형성에서 생태적 환경의 역할이다. 다른 하나는 사회적 환경(*social environment*)이라 칭할 수 있는 생태적 영역 일부이다. 사회적 환경은 한 개체군 내에 현재 사는 다른 모든 구성원들 — 중요한 자원을 제공할 수도 있고, 생태적 경쟁자가 될 수도 있고, 그리고 언제나 유전적 경쟁자인 개체들 — 로 이루어진다. 사회적 환경에 대한 논의는 주로 6장과 7장에서 나올 것이다. 또 다른 생태학적 하위범주는 개체군통계적 환경(*demographic environment*)[9] 이라 부

9) 〔원저자주〕 개체군 크기와 밀도, 개체들을 나이와 같은 기준에 의해 분류한 각 집단의 비율, 출생과 사망 같은 사건들의 속도 등에 대한 연구는 그 자료를 인간 개체군, 실제 생물 개체군 혹은 가상적인 개체군 중 어디로부터 얻었든지 간에 본질적으로 동일한 개념과 문제들을 다룬다. 이 넓은 학문분야를 지칭할 이름이 필요한데, 나는 개체군통계학(*demography*)이 적절하다고 본다. 코울(Cole, 1957)이 이러한 포괄적인 개념 규정을 처음 주창했으며, 최근 나오는 많은 생물학 문헌들도 그의 제안을 따르고 있다. 나는 비인간 개체군과 인간 개체군 모두에 대하여 연령특이적인 혹은 총체적인 사망률, 성비,

를 수 있다. 개체군통계적 환경은 연령에 따라 달라지는 번식률과 사망률의 확률분포를 자연스레 포함하며, 이 장에서 간략하게 논의할 것이다. 유전자 선택(genic selection) 이론의 중요성과 적합성이 가장 과소평가 받는 경우는 바로 이러한 생태적 요인들과 관련해서이다.

　신체적 환경과 생태적 환경 사이의 경계가 아주 명확하지는 않다. 때때로 사소하고 일시적인 생태적 요인이 신체적 환경에 결정적인 변화를 촉발시켜 큰 표현형적 차이를 일으키기도 한다. 벌의 경우 발달 초기의 미미한 음식물 변화가 유충을 여왕벌이 아니라 일벌로 성장시킨다. 일벌 몸에서 해석되는 유전적 메시지의 의미는 여왕벌 몸에서 해석되었을 의미와 다르다. 마찬가지로 도롱뇽 같은 유미류에서 변태의 유무는 음식물이 역치를 넘어 공급되는가에 따라 결정된다. 해양생물이 유생단계에서 알맞은 곳에 정착하여 변태하는가 여부는 부착되기 좋은 장소에서 발산되는 감각 자극에 달렸다. 특정한 명암주기에 계속 노출된 식물은 외부의 광주기가 변하더라도 이에 아랑곳하지 않고 늦게 개화하게끔 결정지어질 수 있다. 잘 알려진 이러한 예들에서 생태적 환경은 어느 한 시점에서 두 개의 형태형성 발달 경로 가운데 어느 하나를 택하며, 그다음부터는 신체적 환경이 지배적인 영향을 끼친다.

　신체가 얼마나 잘 적응할지, 그리고 어떠한 유의 형태형성 변화가 가능할지 결정하는 요인은 바로 생태적 환경이다. 우리는 생태적 환경을 유기체에 맞서 대자연이 구사하는 전략으로 볼 수 있다. 유기체는 물론 대자연에 대응하여 가장 높은 점수(성공적인 자식의 수)를 획득하게끔 설계된 자신의 전략으로 맞선다. 생태적 환경은 게임 이론의 정식적인 의미에서의 전략을 구사한다. 정의상, 유기체가 구사하는 행동책략의 모든 체계는 전략이라고 할 수 있다. 그러나 대자연은 게임의 승패와는 무관하게 무작위로 행동하는 '전략'을 구사한다고 흔히 가정된다. 즉 대자연

　산포력 등과 같은 측정치를 기술할 때 개체군통계적(demographic)이란 용어를 쓸 것이다.

은 진정한 의미에서의 전략은 구사하지 못한다는 것이다. 그러므로 게임 이론의 관점에서 보자면 유기체의 생태적 환경은 대자연이 아니다. 환경이 구사하는 책략들은 무작위로 만들어진 전략보다 더 효율적이다. 이는 생태적 환경이 각자 자신만의 효율적인 전략들을 구사하는 다른 유기체들로 가득 채워져 있기 때문이다. 일반적인 수준에서 말하면, 이 다채로운 전략들은 서로 독립적이다. 여우의 목표는 다음 세대의 여우 개체군에 가능한 한 많은 후손을 남기는 것이다. 토끼의 목표는 토끼 개체군에 가능한 한 많은 후손을 남기는 것이다. 둘 중 어느 누구도 상대의 목표를 좌절시키게끔 특별히 꾸며진 전략을 구사하지 않는다. 그러나 여우의 목표가 성취되려면 전술적 수준에서 토끼의 죽음이 필요할 것이며 이는 토끼의 전략적 이해관계에 극히 불리한 일이다. 이처럼 장기적인 전략은 서로 독립적일지라도, 전술적 수준에서 유기체들은 종종 서로 어긋나는 방향으로 처신하게 된다. 유기체가 지닌 방어 기제의 효율성이 죽음 등에 의해 갑자기 크게 저하되자마자, 유기체는 생물권에서 재빨리 파괴된다. 게임 이론에서 가정하듯이 무작위적인 전략을 구사하는 대자연은 오직 지구상에 어떠한 생명도 남아있지 않을 때에만 비로소 성립할 것이며, 이러한 세상에서 죽음을 맞이한 시체는 엄청나게 오랜 시간 동안 유지될 것이다.

어떤 유기체에 맞선 환경이 구사하는 전략이 얼마나 효율적인가는 순전히 다른 유기체들이 구사하는 전략들의 부수적인 결과일 뿐이다. 생태적 환경은 유기체와의 게임에서 결코 어떠한 안장점(鞍裝點, *saddle point*)[10]도 추구하지 않는다. 생태적 환경의 전략은 상당히 불완전하며,

10) 2인 영합게임(*zero-sum game*)에서 참여자 2인이 순수전략을 채택한 결과 한 참여자의 순수전략의 성과와 상대방의 순수전략의 손실이 같아지는 지점을 안장점(*saddle point*)이라고 한다. 즉 양자 모두 한 결과에 귀착하게 되는 점을 말한다. 여기서는 각자가 상대방을 도울 이유 없이 오직 자신의 이득만을 합리적으로 추구하다 보면 안장점에 이르게 되지만, 생태적 환경과 유기체와의 게임은 그 성격이 다르다는 의미이다.

유기체에 직접적으로 혹은 잠재적으로 도움이 되는 많은 전술을 구사한다. 환경이 유기체에 잠재적으로 이로운 전략을 쓰는 경우, 유기체는 자기 전략을 알맞게 조정함으로써 그 이득을 실제로 취하게 된다. 예컨대 생태적 환경은 잔디에게 햇빛을 공급하고, 여우에게 토끼를 공급하고, 잔디와 토끼 모두에게 물을 공급한다. 이러한 논의가 군집의 조직화 같은 문제와 맺는 관련성은 254~257쪽에서 다룰 것이다.

생태적 환경은 자원을 공급해준다. 이때 자원은 음식이나 기타 생존에 필요한 요소들뿐만 아니라 형태형성 과정에 일익을 담당하는 무형의 자원도 의미한다. 후자의 사례 가운데 하나로 유기체가 자신을 둘러싼 전체적인 환경하에서 자신에게 이상적인 적소를 선정하는 것을 들 수 있다. 이 같은 선정은 대개 중추신경계에 의해 매개 되며, 선정(*choice*)이라는 단어의 일상적인 의미에도 들어맞는다. 예를 들어 거미원숭이가 하루 대부분을 나무에서 보내는 까닭은 의심할 여지없이 두뇌의 신경 및 심리 활동에서 찾을 수 있다. 그러나 이론적으로 중요한 의미에서 선정이라는 개념은 더 광범위하다. 넓은 바다에서, 오리는 주로 물결 위에 떠다니고 참치는 물속을 헤엄쳐 다닌다. 이는 부분적으로 대기 환경을 선호하는 오리의 심리와 수중 환경을 선호하는 참치의 심리 때문이지만, 심리적 요인이 모든 것을 다 설명해주는 것은 분명히 아니다. 더 중요한 요인은, 안에는 공기주머니가 들어 있고 밖에는 가벼운 소수성 깃털로 덮인 신체를 만들게끔 지정함으로써 오리의 유전자가 바다 표면 위에서 주로 시간을 보내는 생활을 선정했다는 것이다. 마찬가지로 참치 유전자는 바닷물 정도의 중력에 잘 맞는 동물을 만듦으로써 바닷속 서식처와 운명을 같이하게 되었다. 선정된 환경은 두 동물 모두의 경우 발달에 영향을 끼치며 이러한 영향은 대개 긍정적이다. 오리와 참치는 광활한 바다 가운데 각자가 택한 아환경 속에서 잘 자라나 생활할 수 있지만, 서로의 아환경에서는 피차 오래 살아남을 수 없다. 생태적 환경은 발생 과정 중에 주로 신체가 선정하며 아무거나 정하는 게 아니라 이용 가능한 최상의 환경을 선정하기 때문에, 생태적 환경을 선정하는 일도 발달의 정상적인 작용 가운데 하나라고 할 수 있다. 대기 중의 산소를 이용하는 일은 미토콘드리아를 생산하는 일만큼이나 유전적으로 결정되어 있다. 둘 다 유전자형이 다양한 환경과 상호작용한 결과이다. 발생은 자급자족적인 활동들의 묶음이라기보다는 생태적 환경으로부터 추출된 부분들이 후성 체계의 구성요소가 되어 일어나는 사건들의 프로그램으로 인식되어야 한다. 단순히 수사적인 의미를 넘어서, 유기체와 환경은 하나의 통합된 전체를 이루는 부분들이다. "환경의 적합도"가 실체인 까닭은 유기체가 폭넓은 가능성의 스펙트럼 상에서 자신에게 효율적인 환경을 택하기 때문이다. 이러한 선정 행동은 선정에 관여하는 유전자의 번식 가능성이 높게끔 정교하게 계산되어 있다. 신체 기구와 선정된 적소(適所)를 서로 잘 맞물리게끔 하는 것이 유전자가 구사하는 전략의 핵심 수행전술이다.

어떤 서식처가 살기 적합한 이유는 그 안의 거주자들이 각자 그 서식처 안에서 생활하기에 거의 최적인 신체를 만들기 때문이다. 이 같은 적응의 정확도는 다가올 미래를 대비하느라 다소 희생될 수 있다. 생활사의 모든 단계에서 유기체는 당장의 상황에 적응할 뿐만 아니라 미래에 마주칠 상황에 대해서도 적응 능력을 지녀야 한다. 따라서 유기체가 이러한 요구사항을 충족하는 데 필요한 유전 정보를 지니리라고 추론할 수 있다. 그뿐만 아니라 유기체는 현재와 미래를 통틀어 계속 적응적인 신체 구조만 사용하거나 혹은 최소한의 재조직화로 바로 미래에 맞게 변형할 수 있는 신체구조만 사용하리라는 추론도 얻을 수 있다. 복잡한 다세포성 유기체가 하루는 독립영양생물, 다음 날은 포식자일 수는 없다. 유기체의 생애 주기에서 여러 신체가 연속되려면, 각 단계가 바로 전 단계와 바로 다음 단계에 잘 맞추어져야 한다. 물론 환경적 적소들에 대한 적응적 해결책과 각 적소에 대한 정확한 신체적 적응이 긴요함은 말할 필요도 없다.

그러므로 적합도라는 현상은 유전적 상호작용에서 생태적 적소에 이르는 모든 후성적 수준에서 발견할 수 있다. 적합도는 또한 분자 수준에서 마이크로초 단위로 일어나는 사건들로부터 생애 주기 단계들이 연속되는 사건 그리고 일주기나 계절주기에 순응하는 사건까지, 시간적으로도 확장된다. 이 모두는 멘델 개체군에서 상호대안적인 대립유전자들 간의 자연선택에 따른, 논리적이고 불가피한 귀결이다. 각각의 수준은 적응에 대한 우리의 이해에 수많은 과제를 제시하며, 각자가 모두 정당한 탐구 영역이다. 그러나 적응에 대해 가장 근본적이고 가장 보편적으로 활용 가능한 이해를 얻을 수 있는 지점은 바로 유전자의 수준이다.

  형태형성을 낳는 원동력으로서의 자연선택에 대한 가장 최근의 두드러진 비판은 와딩턴(Waddington, 1956 이하 참조)으로부터 나왔다. 그는 그가 유전적 동화(*genetic assimilation*)라고 부르는 또 다른 과정이 자연선택을 보충해야 한다고 주장했다. 자연선택만으로는 부족하다는 그의 확신은 유전적 동화 이론이 "다윈의 진화 이론에 난 커다란 틈을 어느 정도 — 결코 완전히는 아니지만 — 메워준다"(1958, p. 18)는 진술, 그리고 유전적 동화 이론 덕분에 "자연선택만이 거의 불가능할 정도로 복잡 정교한 상태를 만들 수 있다는 추상적 원리에 우리가 지나치게 의존하는 것을 줄일 수 있다."(1959, 398쪽)는 진술들에서 뚜렷하게 찾아볼 수 있다.

  겉으로 드러난 모습만 보면, 당대 전통으로부터 와딩턴의 일탈 정도를 과장하여 라마르크주의의 변종으로까지 여기기 쉽다. 또는 정반대의 실수를 저질러서 와딩턴의 결론이 자연선택의 전통적 모형과 완벽하게 양립한다고 판단할 수도 있다. 그러므로 나는 적응적 진화에 대한 와딩턴의 관점을 다소 상세하게 논의한 다음, 그의 주장 가운데 무엇을 내가 수긍하지 못하는지 지적하고자 한다.

  유전적 동화라는 현상은 실제로 존재하며 발생의 유전적 통제에 대해 여러 중요한 시사점을 제공해준다. 이 현상을 실험적으로 가장 잘 입증한 사례는 와딩턴이 이중흉부(*bithorax*) 표현형의 유전적 동화를 연구한 예이다. 그는 몇몇 초파리알에 치사량에 못 미치는 에테르 증기를 가했

다. 생존한 개체들 대부분은 정상적인 초파리로 자라났지만, 소수는 이
중흉부라 불리는 비정상적인 형태로 자랐다. 비정상적인 초파리들만 다
음 세대의 부모로 뽑아낸 다음에 그 알들을 다시 에테르 처리했다. 와딩
턴은 이처럼 이중흉부만 가려내 에테르 처리하는 과정을 여러 세대에 걸
쳐 되풀이했다. 선택된 가계에서 이중흉부가 나타나는 빈도는 꾸준히 증
가했다. 가장 중요한 현상은 선택된 가계의 어떤 알들은 에테르에 아예
노출되지 않고서도 이중흉부 상태로 자라났다는 것이었다. 선택이 이루
어진 지 채 삼십 세대가 못 되어, 와딩턴은 에테르 처리 없이도 매 세대
높은 빈도의 이중흉부 파리를 생산해내는 가계를 만들어낼 수 있었다.
선택실험의 초기에 이중흉부는 발생 중에 가한 환경적 영향으로 말미암
아 생긴 각 개체의 획득 형질이었으나 실험 말기에 이중흉부는 유전 형질
이 되었다. 이중흉부가 오히려 도태되는 가계를 만들어 관찰한다거나 재
현 실험을 수차례 행하는 등 여러 가지 방식의 실험적 통제들을 가했으나
결과는 동일했다. 다른 실험에서는 다른 형질들이 동화되었다. 유전적
동화를 보고한 이 연구들의 신뢰성을 의심할 여지는 없다.

　이중흉부가 어떻게 출현했는지에 대한 와딩턴의 해석은 다음과 같다.
첫째, 원래의 자극에는 어떤 특이성이 있다. 에테르에 의해 이중흉부가
발생한 것처럼, 발생과정에 가해지는 특정한 환경적 스트레스가 특정한
비정상을 가져오곤 한다. 둘째, 치사량에 가까운 양의 에테르처럼 매우
비정상적인 환경 요인이라면 그 무엇이든지 발생의 변이 폭을 크게 넓힌
다. 정상적인 초파리의 유전자형은 그 종이 통상적으로 처해온 환경 조
건의 정해진 범위 안에서 어떤 정상적인 표현형을 정확하고 어김없이 만
들어내게끔 자연선택이 설계한 결과물이다. 이 유전자형은 고농도의 에
테르 증기가 가득한 환경에서 정상적인 표현형을 만들어내게끔 설계된
것이 아니다. 그러므로 이처럼 비정상적인 환경에서는 변이성이 일반적
으로 증가하리라 기대할 수 있다. 셋째, 원래의 개체군에는 미발현된 유
전적 변이가 많이 있다. 여러 개체 속의 여러 좌위들에는 이중흉부 표현

96

형을 만들어낼 소지가 있는 유전자들이 많이 있다. 이러한 비정상적 변이는 정상적인 환경적 변이와 마찬가지로, 일상적인 자기조절적 발달 과정에 의해 그 발현이 억제된다. 이를 와딩턴은 운하화(*canalization*)라 했다. 그러나 이 유전적 변이가 에테르 처리로 말미암아 발현될 수도 있다. 에테르 처리라는 특이성이 에테르에 의한 변이 폭의 증가(운하화의 감소)와 결합함으로써, 이중흉부를 만드는 유전적 경향이 매우 높은 개체에서 이중흉부 현상이 미미하게 나타난다. 그러한 개체들이 계속 선택됨으로써 이중흉부를 만들기 쉬운 유전자들이 빠르게 축적된다. 마침내, 그런 유전자들이 한 개체에 매우 많아짐에 따라, 이 유전자들이 모두 힘을 합쳐 내는 영향력이 에테르가 정상적인 유전자형으로부터 이중흉부를 만들어내는 힘에 버금가거나 오히려 능가하게 된다. 가계가 이 정도까지 변형되고 나면, 에테르는 더는 필요 없어진다.

이러한 설명은 전혀 라마르크적이지 않다. 개체들 간의 우연한 차이를 선택한 것이 정상적인 가계로부터 이중흉부 가계를 만든 진화적 요인이었다. 그러나, 여기서 환경은 전통적인 자연선택 이론에서 흔히 간과되는 역할을 했다. 실험자에 의해 선택된 유전적 변이가 라마르크적 의미에서 에테르에 의해 만들어진 것은 아니다. 그러나 에테르가 그 변이를 발현한 것은 명백하다. [11] 발현이 되지 않았다면, 이중흉부의 유전적 가계만 끄집어내어 생산하기란 불가능했을 것이다.

위와 같은 실험 결과들을 토대로 와딩턴은 유전적 동화가 진화에서 차지하는 역할을 제안하였다. 그는 유전적 동화 과정이 변화된 환경에 개체군이 매우 신속하게 반응할 수 있는 기제를 제공해준다고 주장했다. 전통적인 관점에서는, 환경이 변했을 때 이미 존재하던 형질들 간의 유

---

11) 라마르크의 획득형질 이론이 암시하듯이, 에테르가 초파리 유전체를 자극해서 원래 없던 이중흉부 유전자를 새로이 만들어낸 것은 아니라는 뜻이다. 물론 에테르 덕분에 이미 잠재해있던 이중흉부 유전자가 외부에 표현형으로 발현될 수 있었다.

전적 변이에 선택이 작용하며 만약 필요한 형질이 아직 없다면 새로운 돌연변이가 그 틈을 채울 때까지 선택을 기다리는 수밖에 없다고 본다. 위에서 서술한 실험의 경우 이중흉부 형질이 처음부터 존재했던 것은 아니며 선택의 기간에 어떤 중요한 돌연변이가 있지도 않았을 것이다. 그럼에도 불구하고 중대한 진화적 변화가 유전적 동화에 의해 지극히 빠른 속도로 일어났다.

이 실험은 그동안 주목받지 못했던, 잠재적인 유전적 변이의 저장공간을 입증해주기 때문에 대단히 중요하다. 그러나 적응적 진화를 설명하는 모형으로도 가치가 있을지는 의문이다. 에테르 처리 후에 이중흉부가 발생한 현상을 자극에 대한 하나의 반응으로 여기는 와딩턴의 태도가 문제를 복잡하게 한다. "반응"이라는 용어는 대개 일종의 적응적 조정을 암시하며, 파괴적인 효과를 일컫는 데는 쓰이지 않는다. '자코뱅당의 공포정치에 반응하여 어떤 프랑스인들은 자코뱅당에 협력했고 다른 프랑스인들은 국외로 도피했다'고 이야기하는 것이 이 단어의 통상적인 용법이다. '어떤 프랑스인들은 참수형을 당함으로써 반응했다'고 한다면 이것은 통상적인 용법이 아닐 것이다. 목 베임은 반응이 아니라, 신속하거나 효율적으로 반응하지 못함에 따른 결과이다. 마찬가지로, '에테르 처리라는 난관에도 불구하고 어떤 초파리들은 에테르에 적절하게 반응하여 정상적인 표현형을 만들었다'고 우리는 이야기할 수 있다. 다른 초파리들은 부적절한 반응을 보였다. 그들은 밀폐된 배양 유리병에서 살아남긴 했으나 지독히 불완전한 표현형인 이중흉부를 만들어내고 말았다. 이중흉부 상태를 계속 선택함으로써, 와딩턴은 퇴행성 진화(*degenerative evolution*)의 단순하면서도 극단적인 사례를 만들었다. 발생 운하화(*developmental canalization*)의 기제를 실행하면서 그는 특정한 유형의 비정상을 인위적으로 선택한 것뿐이다. 나는 인위 선택에 의해 만들어진 이중흉부 가계에는 원래의 가계보다 유전적 정보가 적게 들어 있으리라고 추측한다.

와딩턴은 환경적 자극에 대한 반응과 환경적 간섭에 대한 취약성을 구별할 필요성을 전혀 못 느낀 듯하다. 그러나 나는 이들 두 현상은 완전한 대척점을 이루고 있으며 이 둘을 잘 구별하는 것보다 더 중요한 일은 없다고 생각한다. 이제 와딩턴에 대한 나의 반론을 간략히 펼쳐보겠다.

반응과 취약성은 둘 다 유기체와 환경 사이의 원인-결과 관계로부터 나오기 때문에 양자를 혼동하기 쉽다. 이 둘을 혼동하지 않는 것이 중요하다. 왜냐하면, 반응은 적응적 조직화의 독특한 생물학적 특성을 보여주는 반면 취약성은 이러한 특성이 없거나 부족해서 생기기 때문이다. 반응이 일어나려면, 환경적 상황의 특정한 측면을 감지하여 실행기(effector)를 활성화하는 감각기제가 있어야 한다. 실행기가 활성화됨에 따라 원래의, 혹은 다른 연관된 환경 요인이 어떤 바람직하지 않은 영향을 가져오는 것이 차단된다. 반면 취약성은 일정한 반응이 유발되었음에도 불구하고 환경 요인이 생체 내로 뚫고 들어가 어떤 효과를 일으키기 때문에 생긴다.

양자를 구별하는 일이 매우 중요하므로 가상적인 예를 들어 설명해보겠다. 두 실험동물 ─ 인간과 큰 파충류 ─ 에 한 쌍의 생리 측정 기구를 부착했다고 가정하자. 하나는 피부의 수분 정도를 기록하고 다른 하나는 심장박동수를 기록하는 장치이다. 그다음에 이 두 동물을 실내온도가 20℃에서 40℃ 사이에서 천천히 변동하는 방 안에 집어넣는다. 각 방에서 실내온도가 어떻게 변했는지는 생리 측정 기록을 보면 알 수 있다. 그러나 어떤 생리 변수를 보아야 하는지는 각기 다르다. 우리는 파충류의 심장박동수가 실내온도의 변화를 충실히 반영함을 알게 되겠지만, 피부의 수분 정도는 전혀 변하지 않았음도 확인할 것이다. 인간의 경우 피부의 수분 정도가 실내온도의 변화를 잘 나타내겠지만, 심장박동수로부터는 온도의 변화 양상을 짐작조차 하기 어려울 것이다. 왜 이러한 차이가 존재하는지 이해하면 우리의 논의 전개가 한층 쉽다. 온도의 변동은 파충류 체내로 뚫고 들어가 직접적인 효과를 초래했다. 심장이나 다른 신체 부분의 온도는 주위 환경의 온도에 달렸으며, 다른 변수들이 같다면 순전히 물리적인 이유 때문에 심장박동수는 심장 온도의 함수가 된다. 그와 대조적으로, 환경 온도의 변동은 인간의 몸속으로 뚫고 들어가지 못한다. 온도 변동을 감지한 감각기는 특정한 실행기(땀샘)를 주위 온도와 유기체 활동에 적응시켜 알맞은 만큼 활성화한다. 땀샘처럼 체온을 조절하는 기제들은 환경적 변화가 심장박동수에 효과를 미치지 못하게 한다.

파충류의 심박수 변화와 인간의 피부 수분 변화는 둘 다 특정한 원인(*cause*)의 효과(*effect*)들이지만, 생물학자라면 이 둘을 서로 전혀 다른 원인-결과 관계를 보여주는 예로 간주할 것이다. 와딩턴은 이 둘을 구별하지 못했으며, 취약성의 진화적 기원을 동원해서 반응의 진화적 기원을 설명했다.

이중흉부 실험의 진화적 중요성을 주장하고자 한다면 이중흉부가 적응적이거나 하나의 반응임을 먼저 입증해야 한다고 보는 나의 시각이 지극히 터무니없다고 반박할지 모르겠다. 에테르나 다른 극단적인 약물 처리 때문에 생겨나는 표현형적 이상상태의 절대다수는 비적응적일 것이다. 마찬가지로 우리는 대부분의 돌연변이는 해롭다는 것을 알지만, 이 때문에 돌연변이가 진화적 변화를 낳는 변이의 근본적인 원천이라는 믿음이 흔들리는 것은 아니다. 처음부터 와딩턴이 아주 미미한 변화에 대해서만 유전적 동화가 작동한다고 했다면 이러한 반박 논증이 타당성을 얻었을 것이다.[12] 초기 돌연변이론 학파(*muatationist school*)가 내세운 "희망적인 괴물"(*hopeful monster*) 이론은 이제 거의 부정되었으며, 나는

---

12) 극단적인 약물 처리로 유도되는 새로운 표현형이 아주 미미한 변화에만 국한된다고 와딩턴이 만약 주장했다면, 대부분의 변화가 해롭지만 일부는 이로울 터이므로 전통적인 자연선택 이론에 따라 점진적이고 누적적인 적응이 만들어졌을 것이다. 그러나 이는 이미 다윈이 주장한 이론이며, 와딩턴의 새로운 공헌은 아무 것도 없게 된다. 결국 와딩턴은 극단적인 약물 처리로 유도되는 새로운 표현형이 큰 표현형적 변화, 그것도 반드시 적응적인 변화라는 원래 이론으로 돌아와야만 새로운 공헌을 할 수 있게 된다. 저자는 이 유전적 동화 이론이 새로울지는 몰라도 틀렸음을 보이고 있다.

그 괴물성이 유전적이든 후성적이든 간에 희망적인 괴물을 기각하는 논거들이 똑같이 타당하다고 본다. 다른 한편으로, 이중흉부 실험은 환경적 변화가 유전자 발현을 바꿀 수 있다는 일반 원리를 보여주는 극단적인 사례에 지나지 않는다고 반박할 수도 있다. 이중흉부 실험은 미시적으로 벌어졌다면 진화적 중요성을 인정받았을 과정을 거시적으로 보여준 모형이라 볼 수 있다. 그러나 이러한 해석은 와딩턴이 처음 제안한 의도에 거스르는 것이다. 왜냐하면 그는 유전적 동화가 진정 새로운 적응이 급속히 발생하는 기제를 제시해주기 때문에 근본적으로 중요하다고 믿었기 때문이다.

각 개체가 획득한 형질들 가운데 상당수는 분명히 적응이며, 이중흉부처럼 단순히 발생이 붕괴한 결과로 볼 수 없는 형질들이 많다. 이 가운데 일부는 유전적으로 동화된 것들이며 진화에서 중요한 역할을 담당하는 게 아닐까? 가장 적당한 예는 실험보다는 추론에 기반을 둔 예이며 이른바 유사외생 적응(類似外生 適應, pseudoexogenous adaptation)이라 불린다. 예컨대, 인간 피부는 자주 마찰하는 어느 부위나 질기고 두꺼워져서 경결(硬結)을 형성한다. 발바닥은 가장 마찰을 받기 쉬운 부위이며, 정확히 가장 두드러진 경결층을 발달시킨다. 여기까지는 단순한 적응적인 개체 반응의 사례처럼 보인다. 그러나 다른 피부보다 발바닥이 두꺼워지는 과정은 어떠한 마찰 자극도 주어지기 전인 자궁 안에서 시작된다. 신체의 다른 부위들에는 통상적인 개체 반응이 발바닥에는 고정된 유전적 적응이 된 것 같다. 확실히 이 예는, 적어도 부분적으로는 유전적으로 동화된 반응을 연상시킨다.

인간의 선조계통 어딘가에 가끔 육상으로 올라와 지느러미로 땅을 짚고 돌아다녔던 원시 양서류가 있었을 것이다. 우리의 피부가 마찰을 심하게 받는 부위라면 어디나 두꺼워지듯이, 그런 동물은 땅과 접촉하는 피부 일부를 약간 두껍게 만듦으로써 반응했을 것이다. 이 아주 초기 단계는 전적으로 획득된 형질이다. 이 획득 형질 모두가 굳은살로 덮인 "발바닥"을 발달시키는 데 유전적으로 동일한 능력을 갖지는 않았을 것이다. 그런데 만일 육상에서의 이동이 생존상의 중요한 과제이며 발바닥에 굳은살을 발달시키는 것이 과제를 잘 수행하는 데 필수적이었다면, 이런 형질을 가장 잘 발달시킬 수 있는 개체를 선호하는 선택압이 작용한다. 선택된 계통에서 발바닥을 두껍게 만드는 유전자들은 점점 더 축적되며, 결국 이전에는 반드시 필요했던 외부 자극의 도움을 전혀 받지 않고서도 반응을 순전히 유전적 성향에 기초해서 발달시키는 개체가 출현할 것이다. 어류에서 각 개체별로 획득된 적응은 사지동물에서 진정(眞正, *obligate*) 적응이 되었다. 발생상의 유전적 변이를 지니는 이러한 적응은 그 적응을 낳게 한 생태적 요구와 동시에 생겨났을 것이다. 단, 요구가 있기도 전에 생길 수는 없다. 어류에서 발바닥을 두껍게 만드는 형질이 원래부터 있을 수는 없는 노릇이며, 새로운 돌연변이들이 출현해서 그 형질을 만들어내길 기다릴 이유도 없다. 이중흉부 실험과의 유사성은 이제 명백해진다.

앞에서 서술한 과정은 그동안 틀림없이 자주 일어났으리라 판단되지만, 이를 과연 적응적 진화의 설명으로 받아들일 수 있는가는 의문이다. 처음에는 임의적인(*facultative*) 반응으로 시작하여 마지막에는 진정 반응으로 끝난 것으로 적응을 설명한다면 논점을 완전히 회피하는 셈이다. 이에 따르면, 과정은 다음과 같이 명령하는 생식질에서 시작한다. "발바닥이 기계적으로 자극받는다면 발바닥을 두껍게 하라. 자극이 없다면 두껍게 하지 마라." 생식질은 다음과 같이 말하면서 끝난다. "발바닥을 두껍게 하라." 이러한 설명을 어떻게 진화적 적응의 기원으로 여길 수 있는지 나는 대체 이해가 가지 않는다. 이는 단순히 원래의 적응 가운데 일부가 퇴화하는 과정을 나타낼 뿐이다. 발바닥 두껍게 하기의 기원을 고정된 반응으로 설명하기 어렵다면, 임의적 반응으로 설명하기는 두말할 것 없이 훨씬 더 어렵다. 대개 고정된 적응보다 임의적인 적응을 지정할 때 더 많은 정보가 요구될 수밖에 없다.

102

그러므로 가장 일반적인 이론 수준에서 보면, 와딩턴이 유전적 동화로 든 모든 예들은 적응적 진화가 아니라 퇴화의 사례들이다. 이는 모든 임의적 반응이 고정된 반응보다 높은 수준의 적응임을 반드시 의미하는 말은 아니다. 진정적인 경결이 태어날 때부터 신체의 특정 부위에 존재하게 하고 그 고유한 양상을 띠게 하려면 틀림없이 상당한 양의 유전정보가 필요할 것이다. 그럼에도 불구하고, 일반적인 견지에선 임의 적응이 진정 적응보다 더 어려운 진화적 성취라 할 수 있다. 진정 적응을 설명하기 위한 공리(公理)로서 임의 적응을 상정하는 행위는 문제를 완전히 거꾸로 뒤집는 일이다. 와버튼(Warburton, 1955)은 와딩턴의 방식대로 적응이 새로 얻어지기란 마치 "내복에 맞추어 몸을 재봉하기"와 다르지 않다면서 강력한 반론을 펼친 바 있다. 언더우드(Underwood, 1954)도 임의 반응과 진정 반응의 관계에 대해 나와 유사한 견해를 피력했다. 변화하는 환경에서 형태형성 반응이 어떻게 최적화를 이루는가에 대한 정식 이론은 기무라(Kimura, 1960)가 제안하였다.

어떤 형질을 고정적 또는 진정적이라고 부르는 것이 그 형질이 불가피하거나 변화 불가능하다는 뜻은 아님을 이해해야 한다. 모든 중요한 생체 기능은 아주 큰 스트레스를 가하는 환경적 간섭에 취약하다. 마찬가지로 임의 반응이 대처할 수 있는 범위는 제각각 매우 다르다. 일반적으로 그러한 적응적 조정은 생태적으로 정상 범위의 자극에 대해 가장 잘 발휘될 것이다. 환경적 간섭에 대한 취약성은 희귀한 혹은 비정상적으로 극심한 스트레스를 받을 때 가장 높고 흔하다.

고정된 적응의 기원은 단순하다. 유전적 변이가 어떤 개략적인 방향으로 개체군 내에 존재하거나 새로 생기기만 하면 된다. 임의적 반응의 기원은 훨씬 더 큰 문제다. 그런 적응은 둘 이상의 다른 신체 상태들을 만들고 유전자 발현을 적응적으로 융통성 있게 조절하는 유전적 지령이 있음을 시사한다. 또한 그 반응의 속성을 생태적 환경에 맞춰 적응적으로 조정해주는 감지와 통제 기제가 있다는 뜻이기도 하다. 임의적인 반응은 그에 상응하는 고정된 반응보다 유전자형을 훨씬 더 정교하게 조정할 수 있어야 가능하다. 인간을 예로 들면, 인종 사이에 나타나는 연한 피부색과 어두운 피부색의 진정적인 차이는 가능한 유전적 차이의 폭넓은 스펙트럼을 바탕으로 쉽게 진화했을 것이다. 그리고 이러한 인종 간 분기를 돕는 유전자가 나타나는 대로 즉각적으로 선택되면서 이 과정은 매우 빠르게 진행되었을 것이다. 이와 대조적으로, 태양광 방사량의 변이에 반응하여 피부의 멜라닌양을 조정하는 능력은 모든 인종에서 발견되는바, 이 능력이 진화하는 데는 훨씬 더 오랜 시간이 걸렸으며 훨씬 더 많은 양의 유전적 정보의 저장이 요구되었을 것이다.

와딩턴은 자신의 논증을 전개하는 출발점인 임의적 반응이 정작 어떻게 시작했는지 설명하는 데는 별 관심을 두지 않는다. 그는 이 문제에 대한 자신의 견해를 이렇게 정리한 적이 있다(1958, p. 17). 자연선택이 "환경적 스트레스에 대처하는 데 도움이 되는 쪽으로는 쉽게 행선지를 바꾸지만 쓸모없거나 해로운 쪽으로는 좀처럼 탈선하지 않으려 하는 성향을 발생 체계 내에 확립"하리라고 추정한 것이다. 와딩턴은 자연선택 이론이 임의적인 적응을 설명하는 데는 너무나 적합하지만, 고정적 적응을 설명하는 부분에서는 "커다란 틈"이 나 있다고 여기는 것 같다.

2장에서 유전 암호와 관련하여 논의된 정보의 경제성 원리가 어떤 적응이 진정적일지 임의적일지 예측하는 데 도움이 될 듯하다. 주어진 형질이 개체군 내에서 거의 예외 없이 적응적일 때마다, 우리는 그 적응이 진정 적응으로 진화하리라 기대할 수 있다. 불확실한 상황에 대한 적응적 조정이 중요할 때에만 임의적 통제가 진화할 것이다. 진정 반응이 정보의 측면에서 더 경제적이기 때문에, 임의적인 반응이 뚜렷하게 더 효율적이지 않을 때는 언제나 진정 반응을 기대할 수 있다. 이 원리는 감각 경험을 통해 주위 환경을 해석하는 과정을 놓고 천성론자와 경험론자 사이에 벌어지고 있는 논쟁에도 유의미한 시사점을 제공한다. 물체에 초점을 맞춘 두 눈의 시축(視軸, optical axis)이 서로 평행한다는 사실이 그 물

104

체가 멀리 떨어져 있음을 의미하듯이, 특정한 생리적 상태가 특정한 환경적 상태를 항상 의미할 때마다 그에 대한 반응, 여기선 거리에 대한 해석이, 본능적으로 이루어지리라 기대할 수 있다. 마찬가지로, 벼랑 끝에 대한 공포가 보편적 적응으로 나타나는 인간을 포함한 모든 동물들은, 그러한 공포를 학습하기보다는 선천적으로 얻게 될 것이다. 더 정교한 번식 패턴처럼, 복잡한 행동 체계는 대개 학습 된 요소와 본능적인 요소의 혼합물이다. 어떤 배우자의 고유한 특성이나 보금자리의 위치처럼 반드시 학습 되어야 하는 것들도 있다. 그러나 본능적일 수 있는 모든 요소는 본능적일 것이다. 유전 정보라는 판단기준에서 보면 본능은 학습된 행동보다 비용이 덜 든다.

다윈(1882, ch. 27)은 고등 동물의 몸에서 가장 쉽게 재생되는 부위는 농게의 집게다리나 도마뱀 꼬리 같은, 가장 잃어버리기 쉬운 부위라고 지적하였다. 그는 또한 뛰어난 재생 능력은 계통발생학적 척도에서 낮게 위치하는 분류군이나 개체 발달의 초기 단계에서 주로 볼 수 있다고 했다. 편형동물은 척추동물보다 더 잘 재생하고, 척추동물은 환형동물보다 더 잘 재생한다. 불행히도 재생의 진화적, 생태적 중요성에 대한 우리의 이해는 다윈이 쌓은 토대 이후로 별로 진전이 없었다. 이 문제를 종합한 최근의 연구논문들을 참조하여 내가 내린 결론이다(Needham, 1952, Vorontsova & Liosner, 1960).

진화 이론과 재생을 연관시키려는 작업이 지지부진하며 심지어 진화 이론이 재생을 설명하기에 부적합하다는 주장까지 이따금 나오지만(아래 참조), 나는 유전자 선택 이론과 그에 따라 도출되는 정보의 경제성 원리가 재생 현상의 계통발생적 변이를 설명하려는 모든 시도에 대한 든든한 동맹군이 된다고 제안한다. 정교하고 정확한 형태형성 기구는 상당한 양의 유전정보가 있어야 한다. 정보를 유지하게끔 작용하는 선택압이 완화될수록 유전정보의 양은 줄어들고 이에 따라 형태형성 기구도 퇴화할 것이다. 이처럼 유전 암호의 사용이 절약되면 다른 곳에 쓸 수 있는 양이 그만큼 늘어난다. 다세포성 동물이 자신의 개체발생 프로그램을 진행할 때, 이전 단계를 반복하는 능력은 그 단계를 반복해야 하는 상황에 부닥칠 가능성에 맞추어 감소한다. 인간 접합자 세포는 오른팔을 만드는 데 필요한 유전정보와 체세포 기구를 모두 갖고 있다. 그러나 오른팔의 원기(原基, *primordium*)가 일단 만들어지고 나면, 배아는 오른팔을 또 돋아나게 하는 게 이득인 상황에 다시는 처하지 않을 것이다. 재생 능력이 순식간에 사라지지는 않는다. 자연선택은 재생 능력이 필요할 때까지는 만사를 제쳐놓고 그 능력을 계속 유지하는 안전장치를 선호하며, 결국 꼭 필요한 기간보다 조금 더 오래 재생 능력은 유지된다. 이러한 이유로 배아에서 팔다리의 싹이 떨어져 나가면 종종 그 자리에서 팔다리가 다시 돋아난다. 비교적 짧은 안전 유예기가 끝난 뒤에는, 팔다리가 잘리는 불의의 사고가 자궁 내에서 일어날 가능성이 대단히 낮으므로 상실된 부위의 재생 능력을 계속 유지하려는 선택압은 사실상 자취를 감출 것이다. 얼마 안 있어, 사지 절단이 워낙 치명적인 출혈을 일으켜 재생 시도 자체가 무의미해지는 시점까지 개체 발생이 빠르게 진행될 것이다.

어류나 유미류 같은 다른 유기체에서는, 인간 사지와 상동 기관인 지느러미나 다리의 절단이 반드시 치명적이지는 않다. 이런 동물들에서 재생 기구가 얼마나 효율적인가는 특정 부위의 절단이 일어나는 상대적 빈도와 그 부위의 생태적 중요성에 달렸을 것이다. 재생이 주는 이득이 얼마나 크며 재생이 필요한 상황이 얼마나 자주 생기는지 파악하고, 여기에 정보의 경제성 원리를 덧붙이면 재생 능력의 계통발생적 분포와 개체발생적 분포의 상당부분을 설명할 수 있다.

쓸모없는 기관이 퇴화하는 현상에 대한 고전적인 설명 가운데 하나는 무익한 기관을 만드는 데 쓸 물질을 아껴서 더 좋은 용도에 쓸 수 있다는 것이다. 그러나 상실된 기관을 재생하는 편이 정말로 적응적일 때만 재생 능력이 행사됨을 고려하면, 이 추상적인 재생 능력을 퇴화시킨다고 해서 어떤 물질을 아낄 수는 없을 것이다. 만일 재생 능력을 잃어버림으로써 무언가 절약할 수 있다면, 그것은 틀림없이 정보적 자원일 것이다. 2장에서 주장했듯이, 유전 정보는 본질적으로 제한된 필수품으로서 가능한 한 가장 효율적으로 쓰여야 한다는 정당한 근거가 있다.

어떤 부류의 재생은 전에 한 번도 일어난 적 없는 상황에 대한 적응이므로 자연선택이 만든 것일 리 없다는 논증이 제기되었다. 쥐 개체군의 역사에서 간 일부가 잘려나가는 일이 과연 얼마나 흔했겠는가? 만에 하나 그런 일이 일어났다면 간동맥과 간문맥에서 항상 치명적인 출혈이 터지지 않았겠는가? 하지만 쥐는 간 일부를 잃으면 그 부위를 재빨리 재생해낸다. 러셀(Russell, 1945)은 이처럼 자연선택의 한계를 드러낸다고 추정되는 사례들을 비중 있게 다루었으며, 날도래 유충이 자신을 보호하는 집에 종의 진화 역사상 처음 체험하는 손상이 가해져도 잘 수리해내는 능력이 있다는 것까지 인용했다. 그는 또 척추동물이 진화 역사상 처음 접하는 항원에도 적절히 반응하여 항체를 만들어냄을 강조했다. 헉슬리(Huxley, 1942)는 소라게가 종종 집게다리가 물렸을 때 이를 떼어내고 도망쳤을 것이며 따라서 자연선택이 집게다리를 재생하는 능력을 택했으리라고 주장했다. 그러나 그는 소라게가 복부에 달린 부속지도 재생해내는 능력은 자연선택을 능가하여 독립적으로 존재하는, 무언가 절대적인 적응 덕분이라고 했다. 이러한 논증은 통찰과 상상력의 부족을 드러낸다.

적응이 그 발달을 유도했던 역사적인 상황과 구석구석 한 치의 오차도 없이 맞아떨어지리라고 기대하는 것은 비현실적이다. 정밀하고 정교한 적응은 생태적 요구의 넓은 범주들을 포괄적으로 아우르는 적응보다 더 많은 유전정보가 있어야 한다. 지혈제를 동원한 무균 외과수술로 간의 상당량을 절제해내는 일은 필경 쥐가 상상도 못했던 낯선 충격일 것이다. 그러나 다양한 종류의 간염에 걸려서 간 일부가 '절제'되는 일은 수백만 년에 걸쳐 있었음이 틀림없다. 그러한 자연 절제는 매우 넓은 부위에 걸쳐 이루어지고, 극히 천천히 진행되어 심한 내부 출혈도 없으며, 병원균을 제외하면 그 어떤 외과수술 못지않게 무균 상태를 유지하기 마련이다. 간 일부를 외과적으로 절제하는 시술에 촉발되어 간염의 영향을 치료하게끔 설계된 적응들이 발생하는 것은 쉽게 이해할 만하다. 마찬가지로 러셀이 서술한 날도래의 재생 적응은 집을 수리하는 일반적인 능력에서 기인한다고 간주하여야 한다. 플러들리(*fleur-de-lis*) 13) 모양으로 낸 칼자국은 진화역사상 처음이라고 강변할 수 있겠지만, 날도래에게는 그저 평범한 구멍일 따름이다. 집게다리 같은 특정 부분을 재생하는 능력에 대한 자연선택이 일종의 부수적 효과로서 연속적인 상동 구조를 재생하는 어느 정도의 능력을 함께 부여하기도 한다. 유전자 돌연변이는 흔히 연속적인 상동 구조에 같은 효과를 주며, 이런 돌연변이들이 자연선택에 의해 축적되면 비슷한 효과들이 각 부위에 반복 축적되는 것이다.

 적합도가 아니라 우연이 생존을 결정짓는 사례로서 흔히 인용되는 예 하나는 고래가 어마어마한 양의 플랑크톤을 집어삼키는 경우이다. 고래가 난바다곤쟁이14) 개체군의 사망률에 큰 영향을 끼치는 요인이긴 하지만 난바다곤쟁이의 자연선택에는 거의 또는 전혀 역할을 하지 못한다는 주장이 제기되었다. 이 논증은 적합도의 중요한 일면인, 발생이 진행되는 속도를 간과하고 있다. 만약 두 난바다곤쟁이가 같은 나이지만 하나는 이미 번식했고 나머지 하나는 아직 번식하지 못했다면, 고래는 두 마리를 다 집어삼킴으로써 강력한 선택압을 가할 수 있다. 다른 사정이 같다면, 자연선택은 신속한 발생을 선호한다. 유기체가 빨리 성년에 다다를수록, 어른이 되어 번식하기 전에 죽게 될 가능성이 적다. 자연선택이 유년기 연장을 직접적으로 선호하는 일은 절대 있을 수 없다. 계통발생학상의 몇몇 계통에서 유년기가 연장되는 현상은 항상 다른 어떤 중요한

---

13) 붓꽃 모양의 문장. 프랑스 왕실을 상징함.
14) 새우와 유사하게 생긴 소형갑각류. 크기가 1~6센티미터로 비교적 큰 동물플랑크톤으로 고래의 먹이가 된다. 크릴이 여기에 속한다.

발생을 성취하고자 치르는 대가로 이해해야 한다. 이 원리는 자연선택의 한 측면으로서 개체군통계적 환경의 중요성을 잘 드러내준다. 접합자 하나가 개체군에 새로 도입될 때, 그 접합자는 생태적 환경이 부과하는 사망률의 확률 분포를 그대로 따른다. 개체는 다른 유의 환경 못지않게 이러한 개체군통계적 환경에 잘 적응하리라고 기대할 수 있다.

피셔(Fisher, 1930)는 이론 생물학자들이 현상적으로 가능한 것에만 관심을 기울이는 행태가 이론 생물학이 아직 덜 여물었음을 잘 보여준다고 지적했다. 그저 상상 속에서만 가능한 것들로 이루어진 훨씬 더 큰 영역까지 탐구하려는 노력을 거의 쏟지 않는다는 것이다. 피셔는 왜 일반적으로 단 두 개의 성만 존재하느냐는 문제를 예로 들었다. 셋 이상의 성이 가져올 결과를 엄격하게 따짐으로써만 이 문제에 대한 완전한 이해가 가능하다고 피셔는 주장했다. 이에 못지않게 적절한 예가 어떻게 발생의 실제 속도를 이해할 것인가 하는 문제이다. 현실적으로 불가능하지만 개념적으로 다루기 쉬운 속도를 고려하면 더 투명하게 이 문제를 이해할 수 있다.

예컨대, 성체가 되는 데 일 년이 걸리며, 그 기간 내 사망률이 매주 0.5인 유기체를 상상해보자. 이 종이 급속히 멸종하는 사태를 막으려면 우리는 이 종에게 한 쌍 당 약 10^{15}개의 접합자라는 천문학적인 출산력을 부여해야만 한다. 그러고 난 다음에도 상황은 극도로 불안정할 것이다. 이 종의 발생을 단 2퍼센트라도 더 촉진시키는 돌연변이는 성체에 다다를 확률을 거의 두 배나 더 높여준다. 발생의 속도를 빠르게 하는 선택압은 매우 강력할 것이므로 우리는 유년기가 매우 빨리 단축되는 방향으로 진화가 일어나리라 예측할 수 있다. 비록 이 때문에 다른 적응들에 심각한 폐해가 가해지더라도 말이다. 반면에 사망률이 겨우 매달 0.5로 떨어진다면 발생 속도의 2퍼센트 상승은 적합도를 단지 10퍼센트 상승시키는 데 그친다. 미성년기의 사망률이 높은 유기체는 그만큼 어른으로 빠르게 발달하리라는 추측은 모든 종에 적용될 수 있는 중요한 일반화이다. 발생 속도에 대한 선택은 미성년기 사망률의 변이에 극히 민감함에 틀림없다.

성체까지 다다를 확률은 유기체가 적응해야 하는 사망률 분포 패턴의 한 측면에 불과하다. 정상적인 발생이 진행되어 각기 다른 사망률을 띠는 여러 단계를 차례대로 밟아나갈 때, 유기체는 사망률이 높은 단계는 빨리 지나치고 덜 위험한 단계는(상대적으로) 느리게 지나리라 기대할 수 있다. 만약 S_i 가 단계 i 동안의 단위 시간당 생존 확률이고, 단계 i는 t_i 라는 시간 동안 지속된다면, 유기체가 단계 n까지 생존할 확률 P_n은 다음과 같다.

$$P_n = (S_1^{t_1})(S_2^{t_2})...(S_{n-1}^{t_{n-1}})$$

다윈의 도깨비의 목표는 어떤 수단과 방법을 동원해서라도 P_n을 최대화하는 것이다. 이를 위해 모든 단계에서 생태적 적응을 최대화할 수 있다. 즉 S_i를 최대화하는 것이다. 또한 P_n을 최대화하기 위해 t_i도 최소화해야 하며, 어느 정도까지 t_i를 감소시킬지는 S_i의 값에 상응하여 달라질 것이다. 똑같은 정도로 발생의 속도를 높인다 해도, 사망률이 높은 단계에서 발생을 가속시키는 것이 사망률이 낮은 단계에서 가속시키는 것보다 적합도를 더 증가시키기 마련이다. 그러므로 발생은 사망률이 높은 단계에서 더 빨리 진행되리라고 기대할 수 있다.

이러한 기대는 많은 동식물의 생애 주기에서 실제로 확인된다. 예를 들어 해양 무척추동물의 플랑크톤성 새끼들은 사망률이 높고 발생 속도도 빠르지만, 성공적으로 변태하여 고착생활을 하는 성체가 되면 사망률이 낮고 발생 속도도 느리다. 새들에게서 또 다른 흥미로운 예를 찾을 수 있다. 새들은 성체가 되어 하늘을 날려면 어린 시절에 미리 형태형성을 해야 한다는 크나큰 부담이 있다. 비행을 위한 기구들이 효율적으로 작동하려면 각 부분이 매우 정확히 구성되어야할 뿐만 아니라 신체의 다른 모든 부위들이 복잡한 구조를 이루어 뒷받침해야 한다. 신체의 대부분을 비행기구를 준비하는 데 투자하다 보면 새끼 새들의 생태적 적합도는 심각하게 저해된다. 따라서 새끼들은 생태적으로 무력하며 사망률도 높다. 때문에 조류의 경우 비행이 가능하게 되는 단계까지 급속도로 발생이 이루어진다. 비행에 필요한 최소한의 효율성을 급하게 얻고 나면, 새는 비정상적으로 느린 발생 기간에 들어선다. 새들이 비행능력, 생태적 독립성, 그리고 거의 성체만 한 몸 크기를 단 몇 주 만에 얻은 다음에 아주 오랫동안, 대개 몇 년이 흘러도 성적으로 성숙하지 못한다는 사실에 많은 연구자가 놀라움을 표시했다. 나는 사망률의 분포 패턴, 그리고 이에 따라 자연선택이 사망률이 높은 단계를 가속시키고 사망률이 낮은 단계를 상대적으로 오래 유지하게 하는 경향에 그 해답이 있다고 믿는다. 하늘을 날 수 있고 번식할 의무를 아직 짊어지지 않은 젊은 새들은 대단히 낮은 사망률을 만끽한다. 이 단계에서 발생을 가속시키는 선택압이 크게 완화되는 것은 이해할 만하다.

이상의 논의는 전형적인 조류, 즉 어른일 때는 하늘을 맘껏 누비지만 새끼일 때는 대단히 무력하고 연약한 새들에 적용된다. 이러한 전형적인 이행과정에서 벗어난 새들은 형태형성 속도의 전형적인 분포로부터 예상되는 일탈을 충실히 보여준다. 나무 구멍이나 절벽 혹은 격리된 섬 같이 유난히 안전한 은신처에 둥지를 짓는 새들은 다른 새들에 비해 느리게 발달한다. 땅에서 사는 새들은 안전한 미성년기를 절대 누리지 못하므로 미성년기가 특히 더 단축된다. 새 중에서 가장 큰, 날지 못하는 타조는 그 몸무게의 1퍼센트도 미치지 못하는 새들만큼이나 빨리 자라난다. 하트맨(Harrtman, 1957)은 땅에 둥지를 짓는 새들의 발생속도는 각 종에서 서로 독립적으로 단축되었음을 개관하였다. 윈-에드워즈(1962)는 일반적인 조류의 생애 주기에서 이러한 시간 관계를 검토하였다. 윈-에드워즈가 내린 결론은 이 장에서 내린 결론과 완전히 정반대였는데, 이 점은 252~254쪽에서 주로 논의하겠다.

제4장

집단선택

이 책은 전통적인 자연선택 이론이 과연 진화적 적응을 적절히 설명하는지 의문을 제기하는 이들에 대한 답변이다. 앞의 장들에서 다루어진 주제들은 생리적, 생태적, 그리고 발생적 기제의 문제들에 대하여, 즉 개개의 유기체에 일차적으로 적용되는 문제들에 대해 이 이론이 적절한 설명을 할 수 있는지 알아보려는 것이었다. 개체의 수준에서 상호대안적인 대립유전자 간의 선택이 지니는 설명력은 그다지 크게 의심받지 않았다. 훨씬 더 많은 사람이 개체들 사이의 상호작용에 관련해서 자연선택이 지닌 중요성에 대해 의구심을 표명한 바 있다. 상호작용하는 개체들로 이루어진 집단이 각 개체의 이익을 희생하면서 집단의 이익에 기능적으로 복종하게끔 적응적으로 조직화했으리라고 많은 생물학자가 넌지시 암시해왔다. 어떤 학자들은 노골적으로 이러한 관점을 주장했다.

집단에 관련된 적응은 개체들로 이루어진 상호대안적 집단 간의 자연선택으로부터 기인하며, 개체군 내의 상호대안적인 대립유전자 간의 자연선택이 이 집단 간 선택에 맞서 대립하리라고 이 문제를 깊이 천착해온 연구자들 사이엔(예컨대 Allee 외 다수, 1949; Haldane, 1932; Lewontin,

1958b, 1962; Slobodkin, 1954; Wynne-Edwards, 1962; Wright, 1945)
보편적인 합의가 이루어져 있다. 나는 이 결론을 낸 논증에 전적으로 동
의한다. 오직 집단 간 선택(*between-group selection*) 이론을 통해서만이 집
단에 관련된 적응에 대한 과학적 설명을 이룰 수 있다. 그러나 나는 이 논
증이 의존하고 있는 전제 중 하나에 대해 의문을 표명하고자 한다. 5장에
서 8장까지는 집단에 관련된 적응이 사실은 존재하지 않는다는 논제를
뒷받침하는 내용으로 주로 채워진다. 이 책의 논의에서 집단(*group*)은
가족이 아닌 집단으로서 꼭 가까운 혈연일 필요가 없는 개체들로 구성된
모임을 의미한다.

　이 장은 집단 간 선택 이론의 논리적 구조를 다룬다. 하지만 나는 개체
수준의 자연선택이 집단에 관련된 적응을 만들 수 없다는 규칙을 얼핏 부
정하는 것처럼 보이는 예외를 먼저 논하고자 한다. 이 예외는 안정된 사
회집단 속에서 살면서 상당한 지능이나 다른 심적 능력을 지닌 동물에서
발견될 것이다. 이때의 심적 능력은 가족 관계의 틀을 넘어서서 다른 개
체들과 개인적인 우정과 원한의 체계를 형성하는 능력을 뜻한다.[1] 인간
사회는 우리 각자가 천차만별의 이웃들을 개인적으로 알고 구별하는 능
력이 없다면 성립하지 못할 것이다. 우리는 X씨는 점잖은 신사이고 Y씨
는 불한당임을 학습한다. 조금만 생각해보면 이러한 대인관계가 진화적
성공과 관련이 깊으리라는 사실에 쉽게 고개를 끄덕일 것이다. 각기 다
른 성격을 지닌 사람들과 안정된 상호작용을 하는 세상에서 살았던 우리

---

[1] 이 단락에서 저자는 1972년에 로버트 트리버스(Robert Trivers)가 정식화한
　'상호 이타성'(*reciprocal altruism*) 이론을 선구적으로 논의하고 있다. 비친족
　개체 사이에 서로 도움을 주고받음으로써 각자의 적합도를 높일 수 있다는 이
　론이다. 한편 1996년에 새로 쓴 머리말에서 윌리엄스가 고백하듯이, 이러한
　상호 이타성이 일어나기 위해 반드시 누가 나에게 도움을 얼마나 주었는지 기
　억하고 구별해내는 고도의 인지능력이 필요한 것은 아니라고 일반적으로 여
　겨진다(Axelrod, R. & Hamilton, W. D., 1982, The Evolution of
　Cooperation. *Science* 211:1390~96).

의 선조(남성)는 그를 둘러싼 생태적 환경의 일부였다. 그는 다른 생태적 요인들만큼이나 인간 사회라는 생태적 요인에 순응해야 했다. 만약 그가 사회 속에 잘 녹아들었다면, 질병이나 사고를 당해 일시적으로 드러눕게 되었을 때 몇몇 이웃이 그와 그 가족들에게 음식을 가져다주었을 것이다. 기근이 들면 난폭한 이웃이 우리의 선조로부터 먹을 것을 빼앗을 수도 있었겠지만, 아마도 그 이웃은 가증스러운 Y씨와 그에 딸린 가족들을 약탈 대상으로 삼았을 가능성이 더 크다. 반대로 불쌍한 X씨가 앓아누운 상황에서는 능력만 된다면, 우리 조상이 음식을 원조해줬을 것이다. 자상한 X씨는 감사하는 마음에 휩싸일 것이며, 자신을 도와준 사람을 알아보고 예전에 받은 도움을 기억하기 때문에 언젠가 자신이 받은 은혜를 되갚아 줄 것이다. 다윈(1896, ch. 5)을 포함하여 많은 학자가 인간 진화에서 이러한 호혜성이 중요하게 작용했음을 인식했다. 다윈은 이를 장차 되돌려받길 기대하면서 타인을 도와주는 '하등한 동기'(lowly motive)라고 일컬었다. 나는 왜 의식적인 동기를 굳이 상정해야 하는지 이해하기 어렵다. 남을 도와주는 행동이 자연선택 되려면 남에게 준 도움이 때때로 되돌아오기만 하면 된다. 도움을 주는 사람이나 받는 사람이 동기를 굳이 알아차려야 할 필요는 없다.

단순화해서 말하자면, 친교를 최대화하고 대립을 최소화하는 개체가 진화적 이득을 누리게 되며 선택은 이처럼 대인 관계를 최적화하는 데 이바지하는 특성을 택할 것이다. 인간이 진화하면서 이러한 진화적 요인이 이타성과 연민을 발휘하는 능력을 키우는 한편 성폭력이나 약탈 습성과 같이 윤리적으로 용납하기 어려운 유산들을 누그러뜨렸다고 나는 추측한다. 호혜성이라는 요인이 빚어낼 수 있는 집단 관련 행동은 이론적으로 무한히 복잡하고 광범위해질 수 있다. 그리고 그러한 행동이 일시적으로 추구하는 목표는 언제나 어떤 다른, 종종 유전적으로 무관한 개체의 복지가 될 것이다. 그러나 궁극적인 견지에서, 이러한 호혜적 행동은 집단의 이득을 위한 적응이 아니다. 호혜성은 개체들의 차별적인 생존으로부터 생겨났으며, 남들에게 편익을 제공하는 개체의 유전자를 영속시키려고 설계되었다. 편익을 장차 되돌려 받을 가능성이 충분히 클 때에만 일시적인 자기희생이 일어나게끔 자연선택이 작용할 것이다.[2] 상호대안적인 대립유전자의 자연선택은 자기 자식을 위해 기꺼이 목숨을 바치는 개체를 만들 수는 있지만, 그냥 친구를 위해 목숨을 내던지는 개체는 절대로 만들 수 없다.

이 진화적 요인이 작동하기 위한 선결조건의 하나는 지구 생물상의 미미한 부분에만 국한되어야 한다는 것이다. 많은 동물이 우열 순위제를 형성하지만, 이는 상호 협조를 통한 진화적 이득을 주기엔 부족하다. 농가의 안뜰에서 암탉들 간에 벌어지는 일관된 상호 작용 패턴은 개체들 간의 정서적 결속을 가정하지 않고도 적절히 설명된다. 암탉은 다른 암탉이 낸 사회성 해발인(解發因, releaser)에 반응한다. 만약 개체 인지가 이루어졌다면, 암탉은 예전 상호작용들의 즉각적인 결과에 따라 다른 개체에 대해 어떻게 행동을 취할지 조정할 뿐이다. 암탉이 다른 암탉에게 원한을 품거나 우애를 느낄 것이라 믿을 만한 이유는 없다. 하물며 은혜를 갚는다는 것은 그야말로 불가능하다.

물론 사회적 호의를 쌓기 위한 경쟁은 인간 진화에서 중요한 요인으로 작동했을 것이다. 또한 나는 이 요인이 다른 많은 종의 영장류들에서도 작동했으리라고 생각한다. 알트만(Altman, 1962)은 야생 붉은털원숭이(rhesus monkey) 개체군에서 개체들 사이에 반영구적인 동맹이 맺어지는

---

2) 호혜적 이타성이 일어나려면 각각의 이타적 행동에서 편익(benefit)이 비용(cost)보다 커야 하고, 도움을 받은 개체가 미래에 그 도움을 되돌려 줘야 한다. 오늘 M이 N을 도와줬다고 하자. M의 배당은 $-c$, N의 배당은 b가 된다. 내일 두 개체가 다시 만나서 N이 도움을 되돌려줄 가능성을 w라고 하자. 내일만 놓고 보면 M의 배당은 wb, N은 $-wc$가 된다. 결국 M의 최종적인 번식성공도는 $-c+wb$이다. 호혜성이 선택되려면 번식성공도가 0보다 커야 하므로, $-c+wb > 0$, 즉 $wb > c$여야 한다. 윌리엄스는 b/c 뿐만 아니라 w도 충분히 커야 이 부등식이 성립함을 주장하고 있다.

현상을 서술했고 다른 영장류에서 보고된 유사한 예들을 인용했다. 그러한 동맹의 일원들은 다른 동맹과 갈등이 일어났을 때 서로 도와주는 등 여러 가지 형태의 상호 협조를 보여준다. 말할 것도 없이 이러한 동맹을 남들보다 잘 맺는 개체는 경쟁자들보다 더 많은 진화적 이득을 누린다. 아마도 이러한 진화적 요인은 돌고래의 진화에도 작동할 것이다. 이는 때때로 서로 매우 아끼며 돌봐주는 돌고래의 행동에 대한 가장 타당한 설명으로 보인다(Slijper, 1962, 193~197). 그러나 이 요인이 포유류 외의 다른 분류군에도 작용하는지는 회의적이며, 아마 포유류 전체로 봤을 때도 소수 집단에만 한정될 듯하다. 지구 생물상의 절대다수 영역에서는 우애와 증오가 생태적 환경의 일부라고 할 수 없으며, 따라서 사회적으로 유익한 자기희생이 진화할 수 있는 유일한 길은 개체군 내의 선택적인 유전자 치환을 통해서가 아니라 개체군의 편파적인 생존과 절멸을 통해서이다.

　불필요한 의미론적 난점들의 반복을 피하고자, 자연선택의 두 가지 유형을 정식으로 구별하고자 한다. 멘델 개체군에서 상호대안적인 대립유전자들의 자연선택을 지금부터 유전자 선택(*genic selection*)이라 일컬을 것이다. 더 포괄적인 실재들의 자연선택은 윈-에드워즈(Wynne-Edwards, 1962)가 처음 제안한 대로 집단선택(*group selection*)이라 부르겠다. 이와 동일한 구별을 하고자 제안된 다른 용어들은 딤내 선택(*intrademic selection*)과 딤간 선택(*interdemic selection*)처럼 각기 다른 한 음절을 붙이는 방식으로 양자를 구별한다. 그러나 내가 경험한 바로는, 서로 뚜렷하게 대조되는 개념들을 '내'(*intra*)와 '간'(*inter*)이라는 음절만 하나 다르게 해서 하나의 논의에서 계속 지칭하면 혼동을 가져오기 쉽다. 독자가 철자법에 비상한 관심을 쏟아 붓거나, 발표자가 일부러 과장되게 또박또박 발음하지 않는다면 말이다.

　다른 유용한 용어들의 정의, 그리고 여러 가지 진화 요인들과 그에 따른 적응 간의 개념적인 관계를 〈그림 1〉에 나타냈다. 유전자 선택은 보통

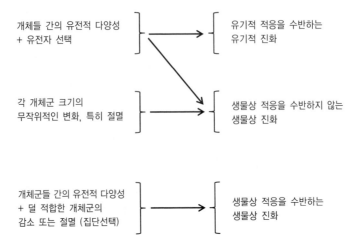

그림 1 유기적 진화와 생물상 진화, 그리고 유기적 적응과 생물상 적응을 비교한 도표.

신다윈주의적(*neo-Darwinian*)이라 일컬어지는 자연선택의 현재 개념을 의미하는 것으로 이해해야 한다. 유기적 적응(*organic adaptation*)은 어느 한 유기체의 성공을 증진하게끔 설계된 기제이며, 이때의 성공은 그 개체가 속한 개체군의 후속 세대에 유전자를 이바지하는 정도로 측정된다. 유기적 적응은 개체의 포괄 적합도(*inclusive fitness*)를 그 목표로 삼는다 (Hamilton, 1964a). 생물상 진화(*biotic evolution*)는 생물상에 일어난 변화를 말한다. 이는 생물상을 구성하는 개체군 하나 또는 여럿의 진화적 변화에 의해 일어날 수도 있고, 아니면 단순히 개체군의 상대적 수의 변화에 따라 일어날 수도 있다. 생물상 적응(*biotic adaptation*)은 어느 한 생물상의 성공을 증진하게끔 설계된 기제이며, 이때의 성공은 절멸에 이르기까지 걸리는 시간으로 측정한다. 두 생물상을 비교하려면 그 범위를 명확히 한정 지을 필요가 있다. 생물상은 한 한 생물군계, 한 군집 또는 한 분류군이 될 수도 있고, 가장 빈번하게는 한 개체군이 될 수도 있다. 어느 호수에 서식하는 어류-동물상의 변화는 생물상 진화로 여겨질 것이다. 이는 어류–동물상을 구성하는 하나 또는 그 이상의 개체군의 형질이 변화하거나, 각 개체군의 상대적인 수효가 변해서 일어난다. 어느 쪽이든 어류–동물상의 변화를 가져오게 되며, 이러한 변화를 생물상 진화라고 한다. 생물상 적응은 한 호수의 어류–동물상 전체, 혹은 그 안에 포함된 어떤 개체군 하나, 혹은 그 호수와 다른 곳 모두에 서식하는 어느 한 종과 같은 집단의 생존을 증진하기 위한 기제가 될 것이다.

나는 생물상 진화와 유기적 진화를 정식적으로 구분하는 편이 유익하며, 이러한 구분을 유념함으로써 몇몇 오류들을 피할 수 있다고 믿는다. 일반적으로 말해서, 단일 개체군 내의 변화를 줄곧 이어지는 지층의 연속을 통해서 규명할 수 있을 때에만 화석 기록이 유기적 진화의 직접적인 정보 제공원이 될 수 있음을 먼저 명확히 해둘 필요가 있다. 대개 화석 기록은 시간 t'에서의 생물상이 시간 t에서의 생물상과 다르며, 그 기간에 생물상이 한 상태에서 다른 상태로 변했다는 것만 알려줄 뿐이다. 사람들은 종종 이 사실을 망각하고 생물상의 변화가 반드시 그에 합당한 유기적 변화에서 유래한다고 가정하는데, 이것은 유감스러운 경향이다. 예컨대 제 3기 시신세(始新世, Eocene)의 말–동물상은 제 3기 선신세(鮮新世, Pliocene)의 말–동물상보다 더 작은 말들로 이루어져 있었다. 이러한 관찰로부터, 적어도 대부분 기간에 대해 어림잡아 말하면, 평균보다 더 큰 몸집은 각각의 말이 개체군의 다른 개체들과 번식 경쟁을 하는 데 이점을 제공했다고 결론 내리고 싶어진다. 그러므로 제 3기의 말–동물상을 구성했던 개체군들은 평균적으로 대부분 시간 동안 더 큰 몸집으로 진화했다고 추정된다. 그러나 정반대가 참일 수도 있다. 제 3기의 그 어느 때나, 대부분의 말 개체군은 크기가 작아지는 쪽으로 진화했을지도 모른다. 몸집이 커진 경향을 설명하려면 집단선택은 몸집이 커지는 쪽을 선호했다는 가정을 새로 추가하기만 하면 된다. 요컨대, 개체군들 가운데 아주 소수만이 크기가 커지게끔 진화했지만, 바로 이들로부터 백여만 년 후의 대다수 개체군이 분기해 나왔다. 〈그림 2〉는 어떻게 화석 기록상의 같은 관

118

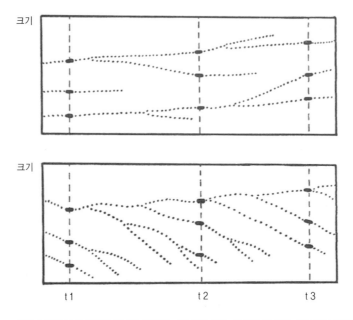

t1   t2   t3

그림 2 같은 화석 기록을 다르게 해석하는 두 가지 경우. 가상의 말 여러 종의 평균 크기를 세 번의 시기에서 측정한 값을 시간 t1, t2, 그리고 t3의 세로축에서 각각 굵은 부호로 표시하였다. 위와 아래의 도표는 같은 관찰을 나타낸다. 위 도표의 가상적인 계통발생은 이 관찰이 크기가 증대하는 유기적 진화와 가끔 우연히 일어난 멸종의 결과라고 설명한다. 한편 아래 도표의 가상적 인 계통발생은 이렇게 설명한다. 크기가 주로 감소하는 유기적 진화가 집단선택에 의한 반작용에 가려져서 평균 크기가 증가하게끔 전체 생물상이 진화했다는 것이다.

찰기록이 서로 전혀 다른 두 가지 방식으로 설명될 수 있는가를 보여준다. 생물상 진화에 대한 설명으로 유기적 진화를 일단 가정하는 태도는 합당 한 근거가 없으며, 적어도 다윈으로까지 거슬러 올라간다. 《종의 기원》 (*The Origin of Species*)에서 그는 "조직화의 향상"(*advance in organization*) 이 라는 문제에 천착했다. 화석기록은 생물상이 캄브리아기에서 현세까지 '고등한' 형태로 점진적으로 진화했음을 — 물론 이는 명백히 생물상에 일 어난 변화이다 — 보여준다고 다윈은 해석했다. 그러나 다윈의 설명은 어 느 한 개체가 이웃들보다 두뇌가 더 크거나 조직 복잡성이 더 높든지 해서 가질 수 있는 이점에 주로 토대를 두고 있다. 여기서 다윈은 제 3기 동안에

말의 유기적 진화가 몸집이 커지는 방향으로 일어났다면 이 기간에 일어
난 대다수 돌연변이는 거의 틀림없이 개체의 몸집을 커지게 만드는 돌연
변이들이었을 것이라고 생각하는 사람들과 마찬가지로 추론하고 있다.
그러나 오늘날 대부분의 생물학자는 정반대의 시각을 표명하며, 말의 생
식질에 생긴 무작위적인 변이는 성장을 증대하기보다는 축소하기 더 쉽다
고 생각할 것이다. 유기적 진화는 돌연변이 압력의 방향을 대개 거슬러서
진행한다. 유기적 진화와 집단선택 사이에도 정식적으로 유사한 관계가
성립한다. 유기적 진화는 유전적으로 다른 개체군들, 곧 집단선택이 작용
할 원재료를 공급한다. 이 두 힘이 대개 똑같은 방향을 향하리라고 가정할
이유는 어디에도 없다. 캄브리아기 이후의 모든 시기에 대다수 유기체는
다윈이 역행(retrogression)이나 퇴화(degeneration), 혹은 협소한 특수화
(narrow specialization)라고 여길 방향으로 진화했으며 아주 소수의 개체만
이 다윈이 진보라 여길 방향으로 진화했으리라고 상상하기는 어렵지 않다.
그러나 만일 이들 소수의 개체로 주로 구성된 개체군이 개체군의 지속적
인 생존이라는 측면에서 충분히 더 유리했다면, 생물상 전체는 한 지질학
적 시기에서 다음 시기로의 '진보'를 보여줄 것이다. 유전자 선택과 집단
선택 가운데 어느 쪽이 더 큰 파급 효과를 지니는지 평가하는 데 화석 기록
은 사실 거의 도움이 안 된다고 나는 생각한다.

　다르게 보면, 다양성의 원천으로서 돌연변이와 유기적 진화를 서로 유
사하다고 보는 것은 오해를 불러일으킬 수 있다. 돌연변이는 무작위로
일어나며 대개 온갖 적응에 해를 끼치지만, 유기적 진화는 유기적 적응
을 만들어 내거나 적어도 유지하는 데 관련되어 있다. 모든 생물상은 적
응의 체계를 보이기 마련이다. 만약 집단선택이 없다면, 즉 절멸이 순전
히 우연에 의해 일어난다면, 한 생물상이 보이는 적응들은 유전자 선택
이 만든 적응으로부터 무작위로 추출한 표본일 것이다. 만약 집단선택이
약하게나마 작동한다면, 한 생물상이 보이는 적응들은 유전자 선택이 만
든 적응으로부터 편파적으로 추출한 표본일 것이다. 실제로 나타나는 적

응의 유형에 이러한 편향이 존재한다고 해도, 우리는 여전히 유전자 선택이 적응을 실제로 만든 과정이라고 인식할 것이다. 대단히 강력한 집단선택이, 특정하게 선호하는 방향이 아닌 다른 모든 방향의 유기적 진화를 지속적으로 걸러내고 그 혼자 힘만으로 복잡한 유기적 적응을 세부적인 면까지 정교하게 설계해냈을 때에만, 우리는 비로소 어떤 적응이 집단선택에 의해 만들어졌다고 할 수 있다. 어떤 생물상을 만들어내는 과정과 어떤 생물상이 갖는 적응의 독특한 집합을 명확히 구별해야 한다는 점은 앞으로도 자주 언급될 것이다.

 적응과 각 유기체의 일반적인 적합도를 논의할 때 우리는 종종 상당한 확신을 가지고 가치 판단을 내린다. 어떤 유기체의 생리 및 생태적 특성을 잘 안다면, 그 개체가 같은 개체군 내의 다른 개체들에 비하여 얼마나 적합할지 의견을 낼 수 있다. 그 개체가 지닌 어떤 중요한 신체 기제가 심각하게 손상되어 있음을 확인한다면 특히나 더 우리의 견해를 확신할 수 있다. 다리가 부러진 말은 무리 내의 다치지 않은 대다수 개체보다 대단히 낮은 적합도를 지닌다. 그런데 다리 부러진 말의 적합도가 이처럼 극히 낮게 추정된 지 얼마 안 되어, 다리 부러진 말이 속한 무리가 단 두 마리를 제외하고 모두 깎아지른 협곡 안으로 길을 잘못 들었다가 불에 타 죽는 일이 생길 수도 있다. 아주 우연하게도, 참화를 피한 두 마리가 바로 다리 부러진 말의 아들과 딸일 수도 있다. 이렇게 되면 이 말은 이례적으로 큰 성공을 거두겠지만, 그 적합도를 낮게 본 우리의 판단이 번복되지는 않을 것이다. 우리는 여전히 이 말이 적합도는 매우 낮지만 매우 운이 좋았다고 고집할 것이다. 적합도는 그 어떤 결정론적인 방식으로도 유전적 생존과 관련되지 않는다. 즉, 우연도 중요한 요인이다. 개체를 기초로 한 진화적 성공으로써 적합도를 측정할 수는 없다. 적합도는 생존을 위한 설계(*design for survival*)의 정도와 효율성으로 각 개체 내에서 판단되어야 한다. 3) 다리가 부러진 모든 말의 적합도가 매우 낮다고 판단할 수 있는 까닭은 그러한 부상이 말의 적응적 설계에 엄청난 위해를 끼치기 때문이다. 이 같은 판단이 유의미한 많은 사례에서 진화적 성공과 실패를 관찰한 기록과 충돌을 일으킬 때에만 우리가 틀렸음이 입증될 것이다. 이러한 판단은 말할 것도 없이 대부분 옳다. 말 개체군에 대해 우리는 재빠르고, 질병에 대한 저항성이 강하고, 감지능력이 뛰어나고, 출산능력이 높다는 특질을 지닌 개체가 굼뜨거나 저항성이 약한 것 같은 특질을 지닌 개체보다 더 적합하다고 자신 있게 말할 수 있다. 말의 생리학적 특성을 연구하는 학문이 워낙 발달한 덕분에 우리는 생존을 위한 말의 설계에 대해 상세한 이해와 평가를 하게 되었으며 이 같은 설계가 얼마나 중요하고 효율적인지에 대해 일말의 의심도 하지 않게 되었다.

생물상 적응이라는 주제에 대해서도 같은 식으로 접근하는 것이 이상적이다. 그러나 불행히도 우리는 개체군 혹은 더 포괄적인 집단의 생리 및 생태학적 특성에 대해서는 그만한 이해에 도달하지 못했다. 말 개체군에서 어떤 생물상적인 적응 기제를 찾을 수 있을까? 그리고 마치 우리가 다리의 골절을 개체 수준의 손상으로 바로 인식하듯이, 그런 기제가 심각히 손상된 것을 곧바로 알아차릴 수 있을까? 이상의 질문들은 뒷장에서 주로 답하고자 한다. 이 장에서는 다만, 만약 유기적 적응과 그 분류학적 다양성이 명백히 존재한다는 사실이 없다면 유전자 선택 이론은 조금도 필요치 않으리라는 것만 지적하겠다. 마찬가지로, 생물상 적응이 없다면 집단선택 이론은 전혀 필요하지 않다.

만약 우리가 성공을 위한 설계를 적절하게 탐지하고 측정할 길이 없다면, 덜 흥미롭긴 하지만 성공에 꼭 연관되는 다른 요인을 대신 측정할 수는 있을 것이다. 적당한 조건에서 어느 한 유기체의 진화적 성공을 측정하는 일은 물론 가능하다. 두 세대나 세 세대가 지난 후 그 유기체의 후손들의 수를 센 다음에, 이 수치를 그 유기체와 동시대에 살았던 다른 개체

---

3) 윌리엄스는 여기서 적합도를 생존을 위한 유전적 설계의 효율성으로 정의하고 있다. 이 정의는 후대의 많은 진화생물학자들에게 받아들여졌다.

122

들의 평균 후손 수와 비교하면 된다. 매우 성공적인 유기체는 평균 이상의 적합도를 지니는 일이 더 많을 것이다.[4] 우리는 진화적 성공과 가장 높은 상관관계를 보이는 형질이 무엇인지 파악함으로써 어떤 형질이 적합도에 가장 많이 이바지하는지 결정할 수 있다. 개체군의 경우, 이러한 방법론을 적용하려면 훨씬 더 긴 시간이 요구되므로 동일하게 접근하기 더 어렵다. "개체군이 지금부터 천 년이 지난 다음에 얼마나 큰 성공을 거둘까?"가 아니라 "개체군이 지금 얼마나 큰 성공을 거두고 있는가?"라고 묻는다면 보다 의미 있는 대답을 할 수 있을 듯하다. 건강하고 활기 넘친다고 우리가 판정한 동물이나 식물 개체가 많은 건강한 자손들을 생산해냈다면 우리는 그 개체가 현재 높은 성공을 거두고 있다고 간주한다. 개체군에도 개체군의 건강과 활력을 알려주는 유사한 지표가 있지 않을까? 그렇다면 우리는 그 지표에 근거하여 개체군이 지금 큰 성공을 거두고 있으므로 아마도 적합적이리라 말할 수 있지 않을까? 이는 아마도 멘델 개체군에서 생물상 적응이 존재하는지를 판단하고자 가장 흔히 쓰이는 접근법일 것이다.

개체군의 성공과 번영을 측정하고자 흔히 쓰는 척도 가운데 하나는 개체들의 단순한 수효이다. 이 매개변수는 이를테면 유전적으로 다른 초파리 개체군을 동일한 환경에서 비교하는 사례처럼, 때론 유용하고 만족스럽다(Carson, 1961). 그러나 무조건 개체수만 따지는 조야한 쓰임새에 대해서도 이 정의가 항상 유용하다고 생각하는 연구자들은 그리 많지 않을 것이다. 여우 무리는 그 먹잇감인 토끼들보다 훨씬 개체수가 적으므로 덜 성공적이란 말인가? 단순한 수효를 적응의 지표로 삼는 방식은 다양한 "보정"을 도입함으로써 그 적용 범위를 보다 넓힐 수 있다. 수효 대신 중량을 쓰면 개체의 크기가 다른 여러 종을 한 척도 상에서 평가할 수 있다. 혹은 생태적으로 동등한 유형들, 같은 지역, 생애 주기의 유사한

---

4) 자손 수가 많은 개체는 높은 적합도, 즉 더 효율적으로 잘 설계된 생물학적 적응들을 지닌 개체일 가능성이 많다는 뜻이다.

단계 등등에만 한정하여 비교하는 방법도 있다. 하지만 그렇게 바로잡는
다고 해도 한 개체군이 다른 쪽보다 더 잘 적응했다고 판정을 내린 결과
가 정작 개체군 적합도에 대한 직관적인 판단과 충돌하는 사례가 많이 나
타날 것이다. 북대서양의 규조류 개체군이 제네바 호수의 규조류 개체군
보다 더 잘 적응했는가? 북대서양 규조류의 개체군은 언제나 개체수도
더 많고 밀도도 거의 항상 더 높다. 필요한 보정 및 수정 요인들의 목록을
작성하다가 어디쯤에서 멈춰야 할지 알 길이 없다.

가능한 대안 하나는 개체군 크기가 아니라 개체군 크기의 현재 변화율
〔피셔의 맬서스 매개변수(*Malthusian parameter*)〕을 성공의 척도로 사용하
는 것이다. 오덤과 앨리(Odum & Alle, 1956), 기무라(1958), 그리고 바
커(Barker, 1964) 등이 이 방법을 실제로 썼다. 빠르게 증가하고 있는 개
체군은 크기가 정체되어 있거나 감소하고 있는 개체군보다 더 성공적이
라고 여겨진다. 그러나 여기서도 이 방법으로 얻은 결과가 개체군 번영
의 진정한 의미라고 우리가 품는 추측과 맞아떨어지지 않는 사태가 발생
한다. 이 판단기준에 따르면 북대서양과 제네바 호수의 규조류 개체군은
인간 개체군보다 훨씬 더 높은 수준과 훨씬 더 낮은 수준의 적응을 각각
지닌다. 사실 이 문제를 다룬 연구의 상당수는 (예컨대 Pimental, 1961;
Brereton, 1962a; Wynne-Edwards, 1962) 개체수의 감소가 적응적일 때
도 있다고 가정했다. 개체군의 적응적 통제라는 의미에서 조절(*regulation*)
이라는 용어를 사용하는 사례들로부터 이러한 암묵적 가정을 엿볼 수 있
으며, 8장에서 상술하겠다. 브라운(Brown, 1958)은 가장 잘 적응한 개
체군은 개체수가 안정되기는커녕 심하게 변동하는 모습을 보이며, 이 덕
분에 종이 새로운 서식처로 확장할 수 있다고 주장했다.

르원틴(Lewontin, 1958b)은 개체군 적합도는 생태적 융통성(*ecological
versatility*)으로 측정되어야 한다고 제안했다. 예컨대 한 개체군은 하나
의 환경에서만 생존할 수 있고 다른 개체군은 두 환경 모두에서 생존할
수 있다면, 르원틴은 후자가 더 잘 적응했다고 간주할 것이다. 이 제안

또한 처음에는 합당하게 들리지만 실제 상황에 적용하면 문제가 많다. 육상, 담수, 해양이라는 세 가지 일반 서식처에 이 판단기준을 적용한다면, 일부 광염성(廣染性) 혹은 양서성 동물 개체군은 대다수 조류 혹은 포유류 개체군보다 더 잘 적응한 것으로 간주해야 한다. 또한 대다수 세균이 그 어떤 속씨식물보다 더 잘 적응한 셈이 된다. 생태적 융통성에 근거한 판단은 개체군의 본질적 특성 못지않게 서식처를 얼마나 상세히 분류하느냐에 좌우될 것이다.

르원틴이 명쾌하게 지적했듯이, 쉽게 측정 가능한 변수가 반드시 이론적으로 중요하지는 않다는 것이 근본적인 문제이다. 중요한 변수는 바로 적응, 특히 생물상 적응이, 장기적인 개체군의 생존을 얼마나 담보하는가이다. 써데이(Thoday, 1953, 1958)는 이를 개체군 적합도의 정의로 제안했지만, 개체군 적합도를 객관적으로 측정하게끔 해주는 간단한 공식은 전혀 제공하지 않았다. 개체군 적합도의 증진은 진화적 진보를 이루는 중요한 요소의 하나인 것처럼 자주 암시된다(72~76쪽 참조). 실제 연구에서 개체군의 현재 성공도(이 자체가 적합도, 즉 성공을 위한 설계의 조야한 추정치이다)를 추정하기 위해 학자들은 손쉽게 측정할 수 있는 몇몇 개체군통계적 변수들에 의존하며, 이런 변수들은 틀림없이 개체군의 장기적인 생존과 멸절에 매우 불완전하게 연관될 것이다. 어떤 "큰 개체군" 하나가 다른 "작은 개체군" 하나와 비교하여 만 년 안에 절멸할 가능성이 정말로 낮을 수도 있다. 마찬가지로, 증가 중인 개체군이 감소 중인 개체군보다 미래의 가능성 측면에서 더 후하게 예측될 수도 있다. 그러나 나는 이러한 특성들은 개체군의 장기적인 생존과 절멸을 예측하기엔 너무나 신뢰하기 어려운 판단기준이라는 명제에 대다수 생물학자가 동의하리라 확신한다.

내 개인적으로는 절대적인 수효와 관계없이 수적 안정성을 현재 개체군 성공의 척도로 삼는 것을 선호한다. 피멘텔(1961), 브리리턴(1962a, b), 던바(Dunbar, 1960), 윈-에드워즈(1962)도 이 척도가 가장 적절하다고 보았다. 그런데 이 척도가 어떠한 이점을 가진다 해도, 그 중 일정 부분은 절대적인 크기나 크기 변화의 순간 변화율보다 측정하기가 쉽지 않다는 단점에 가려지고 만다. 안정성은 개체군 크기의 장기적인 평균값이 변동하는 진폭으로 평가할 수 있다. 진폭이 매우 낮은 개체군은 큰 상승과 하락을 거듭하는 개체군보다 더 높은 성공을 거두는 것으로 간주된다. 중요한 것은 하락이다. 긴 시간대를 놓고 볼 때, 장기 평균값의 절반 미만으로는 하락하지 않는 개체군은 자주 장기 평균값의 3분의 1 미만이 되곤 하는 개체군보다 더 건강한 상태에 있다고 할 수 있다. 중요하게 고려할 사항은 개체군 크기가 영(zero)으로까지 떨어질 가능성이다. 나는 개체군의 절대 숫자와 무관하게, 상대적으로 더 변덕스러운 개체군에서 이 가능성이 더 높으리라고 추측한다. 이러한 개체군 수의 안정성이 생기는 것은 대부분 생물상 적응이 존재하는 덕분이라고 브리리턴(1962a)과 윈-에드워즈(1962)는 주장했다. 물론 변동을 측정하는 방식에 몇 가지 세한을 둘 필요가 있을 것이다. 정상적인 생애 주기의 일부로서 변동되는 부분까지 포함해서는 안 된다. 또한, 한 온전한 생애 주기의 평균값끼리만 비교하거나 연속적으로 이어지는 생애 주기들의 유사한 지점들(예컨대 최솟값)끼리만 비교가 이루어져야 한다.

위에서 언급한 다양한 판단기준들은 모두 집단의 성공을 신뢰성 있게 재는 척도이자 생물상 적응의 명백한 목표라고 여러 저자들이 가정했다. 그러므로 생물상 적응을 뒷장에서 논의할 때 이 모든 기준들을 잘 기억해 두어야 한다. 이 장에서 생물상 적응에 대한 논의는 그 기원에 대한 이론에만 국한하며, 집단선택이 중요한 창조적 요인이라고 기대할 만한 확고한 이유는 전혀 없다는 주장을 펼 것이다.

논의를 심화시키기 전에 무엇보다도 먼저, 독자가 생물상 적응의 일반적인 의미를 단단히 부여잡는 것이 근본적으로 중요하다. 독자는 '적응한 곤충들의 개체군 하나'와 '곤충들의 적응한 개체군 하나'를 반드시 개념적으로 구분할 수 있어야 한다. 곤충 개체군이 여러 세대에 걸쳐서 생존한다는 사실은 생물상 적응이 존재함을 보여주는 증거가 아니다. 곤충 개체군의 생존은 각각의 곤충들이 각자 생존과 번식에 활용하는 유기적 적응들의 부수적인 결과물에 불과할지도 모른다. 만약 그렇다면 개체군의 생존은 이들 개체 수준의 노력에 전적으로 의존한다. 개체군의 생존이 생물상 적응의 적절한 기능인지, 아니면 개체수준 노력의 부수적인 부산물에 불과할 따름인지를 판정하려면 개체군의 번식 과정을 엄격하게 검토해야 한다. 우리가 판정할 사항은 다음과 같다. 개체군의 번식 과정이 단지 그를 구성하는 개체들의 후손 수를 최대화하기 위한 효율적인 설계를 보여주는가? 아니면 개체군 혹은 더 큰 체계의 크기나 성장률, 혹은 수적 안정성을 최대화하기 위한 효율적인 설계를 보여주는가? 집단의 생존을 증진하는 한편 유기적 적응으로 설명할 수 없는 모든 특성은 생물상 적응이라 일컬을 수 있다. 만약 개체군이 그러한 적응을 지니고 있다면, 그 개체군은 적응한 개체군이라 불릴 수 있다. 그런데 만약 개체군의 지속적인 생존이 단순히 유기적 적응의 작동에 따라서 부수적으로 생긴 것이라면, 그 개체군은 적응한 곤충들의 한 개체군일 따름이다.

유전자 선택 이론처럼, 집단선택 이론도 논리적으로 동어반복이며 그 과정이 실제로 존재한다는 것 자체에 대해선 의심의 여지가 없다. 합리적인 비판을 하려면 집단선택 과정이 얼마나 중요한지, 그리고 그 과정의 산물이라고 믿는 현상을 과연 얼마나 적절히 설명하는지에 논의의 초점을 맞추어야 한다. 진화 이론의 중요한 논제 가운데 하나는 선택되는 실체의 변화율에 비해 선택 계수가 높은 경우에만 자연선택이 유의미한 누적적 변화를 만들 수 있다는 것이다. 유전자의 선택 계수는 돌연변이율에 비해 높으므로, 상호대안적인 대립유전자 간의 자연선택이 중요한 누적적 효과를 만든다는 것은 논리적으로 가능하다. 46~47쪽에서 신체(*somata*) 수준의 효율적인 선택은 불가능하다는 것을 지적했다. 신체는 한정된 수명을 지닐뿐더러 생물상 잠재력도 (많은 경우) 제로이다. 신체로 이루어진 개체군에 대해서도 같은 결론이 난다. 나는 또한 유전자형

이 한정된 수명을 지니며 무성 생식이 가능한 경우를 제외하면 스스로 번
식도 하지 못함(유전자형은 감수분열과 재조합에 의해 매 세대 파괴됨)을 지
적했다. 유전자형으로 이루어진 개체군에 대해서도 똑같은 분석이 적용
된다. 초파리 개체군에서 지금 살아있는 모든 유전자형은 몇 주 지나면
죽음을 맞이한다. 한 개체군 내에서 효율적으로 선택될 만큼 안정적인
것은 유전자뿐이다. 개체군 간의 선택에서처럼, 오직 유전자들의 개체군
(유전자 풀)만이 선택에 필요한 안정성을 얻기에 적격인 듯하다. 실은 유
전자 풀조차도 항상 적격이지는 않다. 만일 개체군이 빠르게 진화하고
있고 절멸 및 대체 속도도 낮다면, 각 개체군 내의 내생적 변화율이 너무
높아서 집단선택이 어떠한 누적적인 효과도 만들지 못할 것이다. 이 논
증은 앞에서 유전자 선택이 효율적이기 위해서는 돌연변이율이 선택 계
수보다 반드시 낮아야 함을 지적했던 부분과 잘 들어맞는다.

　만약 충분히 안정적인 개체군들의 무리가 존재한다면, 집단선택은 이
론적으로 생물상 적응을 만들 수 있다. 유전자 선택이 유기적 적응을 만
들 수 있는 것과 똑같은 이유로 말이다. 제 3기 말의 크기 진화를 다시 생
각해보자. 어느 한 시기에 두 종으로 구성된 속(屬, *genus*)이 있었다고
가정하자. 한 종은 다 자라면 평균 100킬로그램이고 다른 종은 평균 150
킬로그램이다. 두 종 모두에서 유전자 선택이 작은 몸집을 선호해서, 백
만 년이 지난 후 큰 종은 평균 130킬로그램이고 작은 종은 멸종했다고 가
정하자. 이 때 작은 종은 20킬로그램이 감소한 끝에 결국 멸종했다고 가
정한다. 이 경우 우리는 이 속이 크기가 커지는 방향으로 진화했다고 말
할 수 있다. 비록 이 속에 속하는 두 종 모두 크기가 줄어드는 방향으로
진화했지만 말이다.[5] 만일 더 작은 종의 멸종이 우연한 사건 때문이 아
니라 상대적으로 더 작은 몸집 때문이라면, 우리는 큰 몸집을 단순한 유
의 생물상 적응으로 간주할 수도 있다. 그러나 애초에 우리의 관심을 끈

---

5) 처음에 이 속의 평균 몸무게는 125킬로그램이었지만, 백만 년이 지난 다음 이
　속의 평균 몸무게는 130킬로그램이 되었다.

중요한 문제는 복잡한 적응의 기원을 기능적 설계의 개념으로 어떻게 설명할까 하는 것이었다.

　상호대안적인 유전자 풀들이 각기 그 자체로서 안정적이지 않다고 하더라도 여전히 어느 정도 일정한 변화율 간에 집단선택이 작동하리라고 추정할 수 있다. 한 개체군의 유전자 빈도들의 비교적 안정적인 변화율들로 이루어진 체계를 진화 궤도(*evolutionary trajectory*)라고 이름 붙인다. 관련된 유전자 빈도의 수를 n이라 할 때, 진화 궤도는 n-차원 공간의 벡터로 기술할 수 있다.[6] 몇 세대로 구성된 하나의 궤적에 대해, 그 유전자 풀은 어떤 일정한 속도로 특정한 종류의 변화를 거친 셈이다. 이 궤적은 이론상 성립 가능한 무한한 수의 진화 궤도들 가운데 하나에 불과하다. 어떤 궤도는 절멸을 이끌 가능성이 다른 궤도보다 더 클 것이며, 여기서 집단선택은 서로 다른 진화적 변화들이 각기 다른 기간 지속하도록 함으로써 그 영향력을 발휘하게 된다. 어떤 종류의 진화적 변화는 지질학적인 척도 상에서 상당히 오랜 시간 동안 지속할 수 있음을 보여주는 고생물학적인 사례들이 있다. 그중 일부는 진화의 실제 경로가 처음 생각한 것보다 더 복잡함을 입증하는 반대 증거들이 축적됨에 따라 기각되었다. 다른 사례들은 참인 것으로 보이는데, 심프슨(Simpson, 1944, 1953)은 특정한 방향으로의 연속적인 유전자 선택이 이런 사례를 낳았다고 주장했다. 그는 이 과정을 정향선택(定向選擇, *orthoselection*)이라고 명명했다.

　라이트(Wright, 1945)는 거의 그러나 완전히 서로 분리되지는 않은,

---

6) 예컨대 숫공작의 꼬리 길이에 대한 유전자가 있고 다른 좌위에 꼬리 너비에 대한 유전자가 놓일 때, 진화 궤도는 2차원 좌표평면 상의 벡터로 표시된다. 자연선택은 꼬리 길이와 너비의 최적인 조합으로 진화 궤도를 이동시킬 것이다. 이 과정은 수없이 많은 꼬리 길이와 너비의 조합들을 지닌 가상적인 종들을 제치고 현재의 최적인 종을 만든다는 점에서 집단선택이지만, 이 단락의 마지막에 저자가 심프슨을 인용하며 강조하듯이, 사실상 유전자 선택과 하등의 차이점이 없다.

다수의 작은 개체군들로 나누어진 종에서 집단선택이 특히 효과적일 것
이라고 제안했다. 그러한 종에서 일어나는 진화적 변화의 대다수는 유전
자의 선택 계수를 충실히 따르겠지만, 각 개체군의 크기가 매우 작아서
개체군 내에서 선택에 의해 제거되어야 할 유전자도 가끔 부동(drift)에
의해 고정된다는 가정이 가능하다. 그렇게 고정된 유전자들 가운데 어떤
것들은 개체군 내에서 다른 개체와 경쟁하는 데는 손실을 주지만, 개체
군 전체에 대해서는 이득을 가져다준다.[7] 이런 유전자들이 많은 개체군
은 그 크기가 커질 것이고(라이트는 이를 이득으로 간주함), 이렇게 더 증
대된 이주자들을 이웃 개체군으로 퍼뜨려 보낸다. 이웃 개체군에 새로
정착한 이주자들은 개체군 내의 경쟁에서 불리하게 작용하는 선택압을
부분적으로 혹은 완전히 거스르며 그 유전자가 우연히 고정될 수도 있는
기회를 계속 얻게 된다.[8] 이러한 과정이 계속 반복되면서 마침내 집단에
는 이득을 제공하지만 한 개체에는 경쟁적 불리를 끼치는 복잡한 적응이
만들어진다. 이 이론에 의하면, 선택은 이미 존재하는 변이에 작용할 뿐
만 아니라, 선호하는 유전자를 각기 다른 개체군에 반복적으로 도입함으
로써 자신이 작용할 변이 자체를 새로 생성하는 데도 이바지할 수 있다.

　라이트는 G. G. 심프슨의 책에 대한 서평에서 이 모델을 정식적으로
유도했다. 후에 심프슨(1953, p. 123; pp. 164~165)은 라이트의 이론이
개체군 크기, 수효, 분리 정도 등의 개체군 매개변수들이 절묘하게 맞아
떨어질 뿐만 아니라 유전자 선택 계수와 집단선택 계수도 미묘한 균형을

---

[7] 예컨대 남들에게 이타적인 행동을 하게 만드는 유전자를 들 수 있다. 이타적
　행동을 하게 만드는 유전자는 집단 내 선택으로 보면 손실을 주지만 집단 간
　선택으로 보면 이점을 제공한다. 집단 간 선택의 힘이 충분히 크다면, 즉 라
　이트가 말하듯이 이타주의자가 많은 집단이 종 전체의 후손 풀에 더 많은 자
　식들을 이바지할 수 있다면 이타적 행동이 선택될 수 있다.
[8] 이를테면 남에게 이타적 행동을 하게 하는 유전자는 개체군 내의 경쟁으로 보
　면 이기적 행동을 일으키는 유전자보다 불리하지만, 개체군 크기가 작으므로
　유전적 부동에 의해 우연히 그 빈도가 100%로 고정이 될 수도 있다.

이루어야 한다는, 사실상 거의 불가능한 가정들에 지나치게 의존하고 있다고 비판했다. 각 개체군은 유전적 부동이 중요하게 작용할 만큼 아주 작아야 하지만 절멸의 위험에 처할 만큼 작아서는 안 되며, 특정한 부류의 유전자 치환이 개체군 크기와 이주율을 결정하는 데 우연적 요인보다 더 중요하게 작용할 정도로 충분히 커야 한다. 증대되기 이전의 이주율은 대단히 낮아서 생물상적으로 해로운[9] 유전자는 부동에 의해 상실되고 나서 재확립될 수 없어야 한다. 개체군들의 수는 매우 많아서 이론에서 상정하는 집단선택 과정이 많은 수의 좌위에서 일어나야 하며, 각각의 개체군은 정해진 크기 범위 안에 예외 없이 들어 있어야 한다. 마지막으로, 이들 다양한 요인들 간의 균형이 상당한 양의 진화적 변화가 일어날 정도의 시간동안 지속적으로 유지되어야 한다. 현시점에서는 이러한 필요조건들이 지금껏 얼마나 자주 실현되었는지에 대한 믿을 만한 추정치를 우리가 과연 얻을 수 있을지조차 의문이다. 이러한 특수한 상황들의 조합이 실현된 빈도는 틀림없이 비교적 낮을 것이며, 설사 그런 조합이 실현되었어도 그리 오래가지 못했을 것이다. 심프슨도 라이트의 이론이 설명하고자 했던 생물상 적응이 과연 실재할지 의구심을 표명했다.

그 후 많은 연구자가 상호대안적인 개체군 간의 선택이 한 종 내에서 다양한 "이타적인" 적응들을 만들어내는 데 일익을 담당하리라고 가정했다. 그러나 이런 연구들 대다수는 라이트가 그토록 해결하고자 애썼던 한 문제를 완전히 무시했다. 그 문제는 어떻게 전체 개체군들이 필요한 유전자를[10] 처음부터 높은 빈도로 획득할 수 있는가였다. 어떤 개체군에서는 빈도가 높고 어떤 개체군에는 낮은 상황이 성립하지 않다면 집단선택이 작용할 대안들 자체가 없게 된다. 중간 정도 크기의 개체군에 존재하는 유전자는 아주 사소한 선택 상의 불이익을 입어도 그 빈도가 극히

---

9) 즉 개체에게는 경쟁적 이점을 주지만 집단에는 해로운.
10) 라이트의 이론이 설명하고자 하는 유전자, 즉 개체에는 불리하지만 집단에는 이득을 주는 유전자.

미미한 수준까지 거의 결정론적으로 급락한다는 것을 라이트는 확실히 잘 알고 있었다. 후대의 연구자들은 잘 몰랐던 것처럼 보이지만 말이다. 바로 이 때문에, 라이트는 많은 국지적인 소규모 개체군들로 나누어져 있고 그들 간에 아주 가끔 이주가 일어나는 종에 대해서만 자신의 모델이 적용될 수 있다는 견해를 명확히 했다. 반면에 다른 연구자들은 선결 조건으로서 요구되는 개체군 구조를 하나도 갖추지 못한 종에 대해서도 집단선택을 중요한 진화적 요인으로 상정했다. 이를테면 윈-에드워즈 (1962)는 각각의 빙어 개체들에게 불리한 생물상 적응이 생겨난 원인을 빙어 개체군 간의 선택에서 찾았다. 하지만 산란하려고 모인 한 떼의 빙어들조차 적어도 수만 마리의 개체들로 구성되는 것을 고려하면, 집단선택이 작용하기엔 각 개체군이 지나치게 크다는 것을 알 수 있다. 윈-에드워즈는 유생 시기에는 출생지로부터 수 마일을 이동해 흩어지고, 성체가 되면 한 제곱 마일당 수백만 마리들이 모이는 해양 무척추동물에도 같은 집단선택 과정이 작용하리라고 보았다.

생물상 적응에 이바지하는 유전자가 부동에 의해 고정될 수 있을 만큼 작은 개체군들을 상정해야 하는 난점을 극복할 방안 하나는 그런 유전자가 개체 수준의 경쟁 관계에서 언제나 불리하지는 않다고 가정하는 것이다. 만약 그런 유전자가 어떤 이유에서든 열 개체군 중의 한 개체군에서는 개체에도 이득을 준다면, 집단선택이 작용하여 그 개체군의 후손들이 백만 년 후 그 종을 유일하게 대표하게 된다. 그러나 자세히 살펴보면 이 방안마저도 그리 타당성이 없다. 선택계수에 비하여 낮은 내생적 변화율은 선택이 효율적으로 일어나기 위한 필수 조건이다. 이를 위해 요구되는 안정성은 유전자에겐 일반적인 특성이다. 유전자풀이나 진화 궤도가 개체군이 절멸하고 대체되는 긴 시간 동안 거의 변치 않고 지속하는 경우도 있지만, 이를 유전자풀이나 진화 궤도의 일반 특성으로 간주할 근거는 어디에도 없다. 그러므로 집단선택은 유기체의 거의 모든 집단에 대

132

해서도 공리적인 수준에서 그 효율성을 의심받을 여지가 있다. 더구나 많은 종이 단일 개체군으로 존재하는데, 이런 종에서 집단선택이 효율적으로 작용할 가능성은 전혀 없다. 마찬가지로, 상호대안적인 종들 간의 집단선택이 단 한 종으로 구성된 속의 진화를 이끌 수도 없다.

집단선택을 위한 모든 필요조건이 확인된 집단들에서조차, 그러한 조건들이 계속 유지될 것이라는 보장은 없다. 극히 단순한 유기적 적응의 진화조차도 많은 좌위에서의 선택이 많은 세대 동안 계속 작동해야 가능하듯이, 생물상 적응이 만들어지려면 많은 집단의 선택적 치환이 있어야 한다. 이는 중대한 이론적 난점이다. 개체군이 서로 대체되는 속도에 비하면, 가장 느리게 번식하는 유기체에서조차 그 세대교체가 얼마나 빨리 이루어지는 셈인지 생각해보라. 이러한 연유로, 생물상 적응이 생겨나는 속도는 유기적 적응이 생기는 속도와 자릿수가 얼마나 다른지 따지는 게 나을 만큼 느리다. 유전자 선택에서 한 대립유전자가 다른 대립유전자로 대체되는 속도를 최대한 높게 추정해서 세대당 0.01이라 하자. 이 유전자 선택과 같은 영향력을 지니는 집단선택은 어떤 한 개체군이 다른 개체군보다 0.01 더 크다거나, 0.01 더 빠르게 성장한다거나, 일정 수의 세대 안에 절멸할 가능성이 0.01 더 낮다거나, 혹은 이주자를 내보내는 속도가 0.01 더 높음을 의미할까? 어떤 의미를 우리가 부여하든지, 유전자 수준에서는 강력한 선택력이 집단 수준에서는 미미한 선택력이 됨이 명백하다. 집단선택이 유전자 선택만큼 강력하려면, 그 선택계수가 개체군의 낮은 절멸 및 대체 속도를 상쇄하고 남을 만큼 대단히 커야 한다.

빠르게 진행되는 세대교체는 유전자 선택이 강력한 영향력을 발휘하게 해주는 핵심 요인 중의 하나이다. 또 다른 요인으로서 비교적 작은 개체군에서조차 개체들의 절대적인 수효는 많다는 사실을 들 수 있다. 이 사실은 특히 종 수준에서의 집단선택에 중대한 난점을 부과한다. 한 종이 백 개의 서로 다른 개체군으로 이루어져 있고 각 개체군은 상당한 유전적 차이를 낳을 만큼 격리된 사례는 대부분의 유기체 집단에서 극히 예외적

일 것이다. 그러나 이토록 복잡하게 세분된 종조차도 각 개체군의 절멸
과 대체 속도에 0.01의 차이가 나면, 유전자 선택 계수가 0.01씩 다른 배
수체 50으로 이루어진 개체군 하나와 같은 위치에 놓이게 된다. 50으로
이루어진 개체군에서는 우연한 요인인 유전적 부동이 선택보다 훨씬 더
중요한 진화적 요인으로 작용한다. 한 종, 혹은 더 높은 분류군에 속한
개체군들의 수는 대개 매우 적으므로 집단 간에 비교적 뚜렷한 유전적 차
이가 존재할지라도 우연이 집단의 생존을 결정하는 데 훨씬 더 중요한 역
할을 할 것이다. 개체군유전학자들이 내린 결론에 근거해 유추하면, 연
구대상 집단이 적어도 수백 개의 개체군으로 구성되어 있을 때만 집단선
택이 중요한 창조적 요인으로 기능할 것이다.

　물론 이상의 비평이 집단선택을 논리적으로 적절하게 평가하려는 의도
에서 비롯한 것은 아니다. 유전자 선택의 결론에 근거한 유추는 어디까
지나 유추일 뿐이며, 엄밀한 추론을 통해 얻어진 귀결과는 다르다. 하지
만 집단선택이 과연 효율적인 진화적 요인으로 작용하는지 진지하게 회
의할 만한 합당한 근거는 위에서 이미 나온 것 같다. 집단선택에 의문을
제기하기는커녕, 무턱대고 받아들이는 경향이 만연해 있다. 어느 생물학
자가 진화의 과정이 대단히 복잡한 적응을 만들어낼 수 있음을 이론적·
실증적으로 밝혀냈다고 하자. 이러한 적응은 유기적 적응뿐만 아니라,
대개 "종의 안녕을 위해" 같은 문구로 설명되는 생물상 적응도 응당 포함
한다고 생물학자들은 흔히 가정한다. 좋은 예로 몬타규(Montagu, 1952)
를 들 수 있다. 그는 자연선택의 현대적 이론을 요약하면서 개체들의 번
식적 생존이 각기 달라서 선택적인 유전자 치환이 일어난다는 아주 정확
한 밑그림을 제시했다. 그리고 같은 논문에서 몬타규는 단언한다. "그러
므로 우리는 진화 자체가 반목하는 집단보다는 협력하는 집단을 선호하
는 과정이며, '적합도'는 개체 하나하나가 아니라 한 집단 전체의 함수임
을 비로소 알게 된다." 이러한 유의 진화와 적합도는 논문에서 먼저 소개
된 개체 간의 자연선택에서 유래한다고 서술된다. 그러나 개체군 안에서

134

선택적인 유전자 치환이 벌어질 가능성에 대한 분석으로부터 개체군이 생물상 적응을 만들어낸다는 결론을 갑자기 외삽하는 것은 전적으로 부당하다. 르원틴(1961)은 현재 개체군 유전학이라 일컬어지는 분야는 개체군의 유전적 과정이 아니라 개체군 내의 유전적 과정을 연구한다고 지적했다.

집단선택이 작동함을 보여주는 증거로서 내가 보기에 유일하게 설득력 있는 사례는 르원틴(1962; Lewontin & Dunn, 1960)의 논문에서 나온다. 집쥐 개체군에서는 수컷의 몸에서 정자가 만들어질 때 정자가 분리되는 비율을 자신에게 유리하게끔 크게 왜곡시키는 대립유전자 t가 존재한다. 이형접합인 수컷이 만들어내는 정자 가운데 무려 95%가 이 대립유전자 t를 가지며, 겨우 5%의 정자만이 야생형 대립유전자 T를 지닌다. 대립유전자 t가 누리는 이처럼 엄청난 선택적 이점은 t가 동형접합으로 존재할 때 생기는 역효과인 배아의 치사성이나 수컷 불임성에 의해 감소한다. 치사성이나 불임성, 그리고 분리 비율(segregation ratio) 같은 형질들은 실험실에서 쉽게 측정할 수 있으므로, 가상적인 개체군 내의 유전자 빈도의 함수로써 선택의 효과를 계산하여 실제와 비교할 귀중한 기회를 제공해준다. 선택의 결정론적 모형에 기반을 두어 계산해보면, 분리 비율을 왜곡시키는 유전자는 개체군 내에 어떤 특정한 평형 빈도로 존재해야 한다는 예측이 나온다. 그러나 실제로 야생 개체군들을 조사해보면 왜곡 유전자는 계산된 예측값보다 한결같이 더 낮은 빈도로 존재한다. 르원틴은 이러한 불일치는 유전자 선택에 저항하는 다른 요인 때문에 생긴 것이며, 집단선택이 바로 그 요인이라고 판단했다. 그는 선택의 확률론적 모형을 새로 도입하여 국지적인 소규모 개체군과 혈연 집단 내에 다양한 대립 유전자들이 일정한 속도로 고정될 수 있게 배려한다면, 대립유전자 t가 예측보다 낮은 빈도로 관찰되는 현상을 설명할 수 있음을 보였다.

위의 실례에서 나오는 유전자는 치사성이나 불임성을 가져옴과 동시에 극단적으로 편중된 분리 왜곡(segregation distortion)을 만들어낸다는 점을 꼭 강조할 필요가 있다. 이처럼 큰 효과를 만드는 유전자들의 선택 강도는 이론적인 최대치에 달한다. 유전자 선택의 결과로써 유전자 빈도가 단 몇 세대 만에 크게 변화할 수 있으며, 이때 장기적인 격리는 전혀 필요치 않다. 이렇게 변형된 개체군들은 비정상적으로 강력한 집단선택의 영향력 아래 놓이게 된다. 그 가운데 분리 왜곡인자의 빈도가 높은 개체군은 빠르게 절멸할 것이다. 한편 분리 왜곡인자의 빈도가 낮은 개체군은 운이 좋으면 유전자 부동을 통해 그 유전자를 상실한 다음, 절멸한 다른 개체군을 대체한다. 이는 모두 단 하나의 유전자 좌위에서 일어나는 일이다. 복잡한 적응이 진화하기 위해선 수많은 유전자 좌위에 위치하는 여러 유전자의 빈도를 정교하게 조율해야 함을 고려하면, 르원틴이 든 예로부터 집단선택이 복잡한 적응을 만드는 데 효과적이라는 결론을 끄집어낼 수는 없다. 이 예에서 작동하는 집단선택은 생물상에 해로운 유전자를 개체군 내에 아주 낮은 빈도로 유지할 수 없는데, 이는 다른 개체군에서 이주해 온 단 하나의 이형접합 수컷이라도 유전자 풀을 순식간에 "독살할" 수 있기 때문이다. 분리 왜곡인자의 선택에 대한 가장 중요한 질문은 왜 이 유전자들이 그토록 극단적인 효과를 내는가이다. 분리 왜곡을 일으키는 유전자가 개체군 내에서 낮은 빈도로 꾸준히 유지되는 것은 유전자 선택에 의해서건 집단선택에 의해서건 극히 어려운 일이다. 분리 왜곡을 줄여줄 변경 유전자(modifier)가 왜 실질적으로 선택되지 않았을까? 치사성과 불임성을 제거해줄 변경 유전자는 또 왜 선택이 안 되었을까? 말할 필요도 없이, 대립유전자 t는 개체군 내의 다른 모든 유전자가 처하는 유전적 환경에서 중요한 일부를 이룬다. 다른 유전자들이 대립유전자 t의 존재에 결국 순응했으리라고 응당 추론할 수 있다.

분리 왜곡은 자연 개체군에서 새로 나타난 현상이다. 나는 분리 왜곡인자가 낮은 빈도로 유지되는 까닭은 다른 유전자들이 새로운 유전적 환경에 마침내 순응했기 때문이라고 생각한다. 어떤 왜곡인자가 대립유전

136

자 *t*처럼 개체 발달의 어느 단계에서 적합도를 너무 지나치게 감소시키지만 않는다면, 이런 유전자는 경쟁하는 대립 유전자를 제치고 자연선택될 것이다. 이처럼 왜곡인자의 해로운 효과가 크지 않다면, 개체군은 아마도 계속 존속하면서 왜곡인자의 해로운 효과를 감소시킬 변경 유전자를 점차 도입할 것이다. 다시 말하면, 다른 유전자들은 새로운 유전적 환경에 결국 순응할 것이다. 그러나 개체군 혹은 한 종 전체가 집쥐의 대립유전자 *t* 같은 극단적인 왜곡인자가 생겨남에 따라 멸종에 이르는 일도 얼마든지 일어날 수 있다. 이러한 사례는 종의 생존에 대단히 해로운 형질이 유전자 선택에 의해 발생할 수 있음을 입증하는 셈이다. 여기에서 말하는 유전자는 생식세포 단계에서 표현형상의 적합도에 대단히 큰 효과를 일으킨다. 다른 발달 단계에 끼치는 영향은 상대적으로 미미하다. 이 유전자의 선택 계수는 이 두 효과의 평균값을 경쟁 중인 다른 대립유전자의 적합도 효과에 견줌으로써 결정될 뿐이지, 개체군 전체의 생존에 끼치는 효과와는 무관하다. 어떤 지역의 집쥐 개체군에 대립유전자 *t*를 다량으로 도입함으로써 개체군 크기를 잘 통제할 수 있으리라는 발상을 누가 혹시 한 적이 있는지 궁금하다.

개체군에서 진화한 적응들, 예컨대 분리 왜곡이 개체군의 지속적인 생존 가능성에 영향을 끼칠 수 있다는 생각에 나는 전적으로 동의한다. 다만 이러한 멸종-편향(*extinction-bias*)이 우리가 흔쾌히 적응적 기제라고 일컬을 만한 형질을 만들어내고 유지하는 데 과연 얼마나 효과적일지 의구심이 들 뿐이다. 멸종이 생물상의 진화에서 중요한 요인임을 부정하는 것은 아니다. 멸종이 오늘날 우리가 보고 있는 지구의 생물상을 만드는 데 지극히 중요했다는 결론은 논박할 수 없다. 데본기의 수많은 척추동물 가운데 현세기까지 이어진 후손을 남긴 개체는 고작 수십 개체에 불과했을 것이다. 그 수십 개체 중에 일부가 데본기 당시에 살아남아 자식을 남기지 못했다면, 오늘날의 생물상 구성은 몰라보게 달랐으리라 나는 확신한다.

멸종의 중요성을 보여주는 또 다른 실례를 인간 진화에서 찾을 수 있다. 멸종한 초기 원인(猿人, hominid)들이나 현대 인류는 모두 백만 년 혹은 수백만 년 전의 진원류(眞猿類, Anthropoidea)[11]에서 갈라져 나온 가계에서 유래한다. 인간의 직계 조상이 현대의 (비인간) 유인원의 조상과 같은 속(屬, genus)에서 함께 존재하되, 서로 뚜렷이 구별되던 시기가 틀림없이 있었을 것이다. 이때 이 속에는 몇몇, 혹은 아마도 다수의 다른 종들이 같이 포함되었다. 그러나, 단 네 개의 종을 제외하고 이들은 모두 멸종했다. 운 좋게 살아남은 네 종 가운데 한 종은 긴팔원숭이가 되었고, 한 종은 오랑우탄이 되었고, 한 종은 고릴라와 침팬지로 분화했고, 나머지 한 종은 초기 원인이 되었다. 정확히 몇 종이었는지는 알 길이 없지만, 선신세(鮮新世, Pliocene)[12]에 존재했을 여러 유인원 종들 가운데 오늘날 우리가 아는 종수는 겨우 이렇게 넷(아니면 아마도 셋이나 다섯)이다. 네 종 가운데 하필이면 인간의 직계 조상으로 장차 분화할 종이 멸종했다고 한 번 상상해보라! 우리는 인류의 가계가 진화 과정에서 멸종의 위기를 간신히 벗어난 적이 몇 번이나 되는지 알 길이 없다. 인류의 가계가 멸종하는 사건이 다른 멸종에 비해 유달리 특별한 것도 아니다. 특별하긴커녕, 통계적으로 보면 절멸했을 가능성이 생존했을 가능성보다 훨씬 더 컸다. 그러나 이 가계의 멸종은 현재의 지구에 엄청나게 다른 생물상을 심었을 것이다. 직립 보행을 하는 성향이 강하고, 최근의 시각에 따르면 무리지어 사냥하는 습성도 강했던 이 유인원의 한 종은 그냥저냥 살던 평범한 동물에서 문화적 연쇄 반응을 주도하는 인간으로 변모하였다. 유전적, 신체적, 생태적 환경의 변화에 반응하여 여러 유전자 좌위의 유전자 빈도가 점차 바뀜에 따라, 팽창한 두뇌, 손재주, 아치형의 발처럼

---

11) 영장목의 한 아목으로 꼬리감는원숭이상과(Cebidae), 긴꼬리원숭이상과(Cercopithecidae), 사람상과(Hominidae)의 3무리로 나뉜다.
12) 약 533만 년 전부터 258만 년 전까지의 지질 시대.

138

부가적인 적응이 새로이 만들어지고 계속 유지되었다. 바로 이 점진적인 진화 과정이 짐승으로부터 인간을 빚어냈다. 인간의 주조 과정은 어떤 생물종은 살아남은 반면 다른 종은 절멸한 덕분에 이루어진 것이 아니다.

종이 멸절하고 생존하는 문제가 생물상의 진화에서는 대단히 중요하다는 명제에 나는 기꺼이 동의한다. 수백만 년에 걸쳐 진행되는 유기적 진화가 만들어내는 적응 중에, 극히 일부분만이 수백만 년이 지난 후에도 존재할 것이다. 이 살아남은 적응들은 유전자 선택이 실제로 만들어낸 수많은 적응의 모집단 가운데 어떤 특정한 유형의 적응적 조직들이 더 편파적으로 많이 추출된 표본이다. 13) 그러나 생존은 언제나 역사적 우연에 의해 상당 부분 좌우될 것이다. 어떤 사람들은 이러한 우연한 멸종이 생물상 진화에 중요한 역할을 한다는 것을 미처 알아차리지 못할지도 모른다. 이를테면 생태 결정론자들은 적소 요인이 더 많은 역할을 한다고 주장할 것이다. 인류는 하나의 생태적 적소를 줄곧 차지해왔으며, 만약 인류의 조상 유인원이 이 적소를 차지하지 못했다면 다른 유인원이 차지했을 것이라는 식으로 말이다. 이런 생각은 어느 정도 일리가 있긴 하지만, 역사적 우발성도 진화에서 중요한 요소임은 두말할 나위가 없다. 지구라는 행성 자체는 하나의 독특한 역사적 현상이며, 가지각색의 수많은 지질학적, 생물학적 사건들이 전 세계 생물상의 속성에 심대한 영향을 끼쳤다.

여기서 언급해야 하는 또 다른 사례가 있다. 굳이 논의에 부치는 까닭은 이 예가 정반대의 논점을 지지하는 사례로 종종 회자되기 때문이다. 공룡이 멸종한 사건은 코끼리나 곰 같은 포유류 유형들이 나중에 출현하

13) 여러 가능한 적응들 가운데 유전자를 다음 세대로 더 잘 전파한 적응들이 더 많이 살아남았다는 뜻이다. 본문에 설명되는 것처럼 종이 생존할지 절멸할지는 주로 우연에 의해 좌우되지만(공룡이 운석에 의해 갑자기 멸종했듯이), 그럼에도 불구하고 오늘날 살아남은 생물체들에서 관찰되는 적응들, 예컨대 눈이나 심장 같은 생물학적 적응들은 더 기능적이고 효율적인 적응들이 덜 효율적이었던 적응에 비해서 현재 더 많이 존재한다는 것이다.

기 위한 필수적인 전제조건이었을 수도 있다. 그러나 공룡의 절멸 그 자체가 이들 포유동물의 특수한 운동기관이나 영양기관을 설계한 창조적인 요인은 아니다. 이 창조적인 요인은 포유류 개체군 내에서 작용한 유전자 선택에서 나온 것이다. 근대사의 한 장면에서 유사한 경우를 볼 수 있다. 세계 2차 대전 와중에 천연고무의 수입이 어려워지면서 고무의 품귀현상이 촉발되었다. 이에 따라 과학자들과 공학자들은 고무의 적절한 대체품을 개발하라는 요구를 받게 되었으며, 오늘날 우리는 당시 발명된 인공품을 계속 사용하고 있다. 이들 중 어떤 제품들은 여러 가지 면에서 천연고무보다 더 낫다. 필요는 발명의 어머니일지 몰라도, 필요가 그 발명품을 만든 당사자인 것은 아니다. 나는 분명히 그 자체로는 창조적인 과정이 아니었던, 천연고무의 수입량 감소를 공룡의 절멸에 빗대고 싶다. 또한, 확실히 창조적인 과정이었던 과학자들과 공학자들의 노력을 포유류 개체군 내의 상호대안적인 대립유전자들 간의 선택에 빗대고자 한다. 이러한 점에서 볼 때 내 입장은 심프슨(1944)과 유사하지만, 라이트(1945)와는 대조적이다. 라이트는 공룡의 절멸이 포유류의 적응 방산을 촉진했기 때문에 하나의 창조적인 과정으로 보아야 한다고 주장한 바 있다.

집단선택은 생물상 적응을 만들어낼 수 있는 유일한 가능 동인이다. 따라서 생물상 적응을 논의하는 부분에서 집단선택의 본질을 밝히고 그 영향력을 성글게나마 가늠하는 작업이 반드시 필요했다. 그러나 가설적인 예를 든다거나 무엇이 그럴듯하다, 그럴듯하지 않다 하는 직관적인 판단에 호소하여 이 문제를 해결할 수는 없다. 집단선택의 중요성을 직접적으로 평가하고자 한다면, 개체군 내의 서로 다른 원인들에 의한 유전적 변화의 속도, 개체군이나 그보다 더 상위 집단의 증식과 절멸 속도, 집단 간 이주와 상호교배의 상대적 혹은 절대적 속도, 유전자 선택 계수와 집단선택 계수의 상대적 혹은 절대적 수치 등등에 대한 정확한 정보가

140

있어야 한다. 과거와 현재에 존재했던 분류군들로부터 편향되지 않은 방식으로 추출한 대규모 표본에 대해 이러한 정보가 온전히 있다면 가장 좋다. 물론 이는 현실적으로는 충족되기 어려운 이상이며, 집단선택의 중요성을 간접적으로나마 측정할 방법이 필요하다. 신뢰할 만한 측정 방법으로 생각할 수 있는 유일한 길은 동식물의 적응을 조사하여 과연 그들이 설계된 목표가 무엇인지 판정하는 것이다. 적응이 채택하고 있는 전략들을 상세히 밝혀낸다면 왜 하필 그런 전략이 채택되었는지 그 목적을 알 수 있을 것이다. 나는 이렇게 밝혀질 궁극적인 목적은 오직 두 가지, 즉 유전자의 생존과 집단의 생존뿐이라고 본다. 다른 모든 종류의 생존, 예를 들어 각각의 유기체의 생존은 더 큰 전략을 달성하기 위한 전술상의 세부적 문제일 뿐이며, 이러한 전술은 그것이 전략 차원의 더 일반적인 목표를 달성하는 데 실제로 이바지할 때만 쓰일 것이다.

결국 근본적인 쟁점은 전반적으로 유기체가 유전자의 생존만을 위한 전략을 쓰고 있는가, 아니면 유전자와 집단의 생존 둘 다를 위한 전략을 쓰고 있는가이다. 만일 둘 다 쓴다면, 어느 것을 더 중요하게 고려할까? 만약 유전자 선택으로 결코 설명할 수 없는, 명백히 집단의 이익을 높여주는 적응들이 많이 존재한다면 집단선택이 실질적으로 중요하게 작동했다고 결론을 내려야 한다. 만일 그러한 적응이 없다면, 우리는 집단선택이 그다지 중요하지 않았으며 오직 유전자 선택 ― 자연선택의 가장 깔끔한 형태 ― 만이 진화의 유일한 창조적 동인이라고 결론 내려야 한다. 집단선택과 생물상 적응은 유전자 선택과 유기적 적응보다 더 번거로운 원리임을 우리는 항상 명심해야 한다. 이들은 더 단순한 설명이 명백히 부적절할 때에만 적용되어야 한다. 14) 집단의 생존은 높여주지만 집단 내에

14) 1장 첫머리에 밝힌 기본 원칙이 "… 적응은 꼭 필요한 경우에만 사용되어야 하는 특별하고 번거로운 개념이라는 것이다. 적응이라는 개념이 반드시 요청될 때조차, 증거에 의해 뒷받침되는 수준보다 더 높은 조직화의 수준으로부터 적응이 유래했다고 함부로 단정해서는 안 된다"였음을 상기하길 바란다.

서 개체들 간에 벌어지는 번식적 생존에는 명백히 중립적이거나 해로운 적응을 꼭 집어서 찾아내는 작업에 연구의 초점을 맞추어야 한다. 이러한 생물상 작업을 판별하는 기준은 유기적 적응을 판별하는 기준과 본질적으로 같다. 문제가 되는 체계가 경제적이고 효율적인 방식으로 집단에 이득을 줄 뿐만 아니라, 잠재적으로 독립적인 여러 요소로 조직화해 있어서 단순한 우연으로는 그 이로운 효과를 만족스럽게 설명할 수 없어야 한다.

5장에서 8장까지는 생물상 적응의 예로 흔히 언급되는 사례들을 하나씩 검토한다. 이 다양한 사례들을 자세히 검토함으로써 과연 집단선택도 유전자 선택과 더불어 하나의 창조적인 진화의 동인으로 간주할 수 있는지 가늠하고자 한다.

제5장

유전 체계의 적응

고등 동식물의 유성 생식에 쓰이는 기구는 논쟁의 여지없이 하나의 진화된 적응이다. 이 적응은 두 부모 개체의 유전자들로부터 다양한 유전자형을 지닌 자손을 만든다는 목표를 잘 수행하게끔 복잡하고 대단히 균일하게 설계되었다. 획일적인 자손들보다는 다양한 자손들을 생산하는 것이 어떻게 번식적 생존이라는 궁극적인 목표에 이바지하는지 얼른 쉽게 이해되지 않긴 하지만, 이 정교하기 그지없는 기구는 부모의 유전자는 물려받되 유전자형은 그대로 물려받지 않은 자식들을 보다 효율적으로 만들기 위한 자연선택의 결과로밖에는 설명할 수 없다.

유성 생식을 논할 때 누구나 봉착하는 골치 아픈 용어상의 문제가 있다. 이 책에서 쓰려는 정의는 앞 문단에서 암시되었다. 유성 생식은 부모의 유전자를 새로이 조합한 자식을 만들게끔 설계된 기구가 작동해서 실제로 그러한 자식이 생산되는 생식 형태를 의미한다. 무성적인 클론에서 생긴 돌연변이도 결과적으로는 유전적으로 다양한 후손들을 만들 수 있겠지만, 다음에 상술하듯이 돌연변이는 결코 설계에 의한 것이 아니다. 그러므로 돌연변이는 유성 생식을 만드는 기제가 아니다. 이하의 논의에서, 멘델 개체군(*Medelian population*)은 적어도 이따금 일어나는 성적 상호작용에 의하여 유전자 풀을 공유하는 일단의 개체들을 말한다. 멘델 개체군보다 폭이 좁은 범주는 사람처럼 오직 이성 간의 성관계를 통해서 번식하는 엄밀한 의미의 유성 개체군(*sexual population*)이 될 것이다.

배수체 유기체가 유전적으로 다양한 단수체 배우자(*haploid gamete*)들을 만들고, 이들이 거의 곧바로 다른 배우자들과 결합하여 접합자(*zygote*)를 만드는 것이 유성 생식의 온전한 절차라고 할 수 있다. 앞의 문단에서 제시한 정의로는, 이러한 절차에는 두 가지 성적 기제가 포함된다. 감수분열과 배우자합체라는 두 기제가 바로 전 세대의 핵 조성과 사뭇 다른 핵 조성을 만든다. 다른 유기체들, 예컨대 양치식물은 이 두 가지 성적 과정이 생애 주기의 각기 다른 부분에서 진행된다. 감수분열에 의해 만들어진 단수체는 생리학적으로 배우자가 아니라 휴면 포자이다. 생애 주기의 전파 단계에서, 이 포자는 부모한테서 멀리 떨어진 장소에 떨어진 다음 발아하여 포자를 만든 포자체(*sporophyte*)와 아주 다른 '성체' 배우체(*gametophyte*)로 성장한다. 그리고서 배우체는 기능적으로 배우자에 해당하는 정자와 난자를 만들고, 이들이 서로 결합하여 접합자를 만든다. 접합자가 성장하여 화단에서 흔히 볼 수 있는 고사리가 된다. 여기서 나는 포자의 생산 단계와 접합자의 생산 단계 모두 성적인 과정이라고 간주하고 싶다. 두 단계 모두 부모 세대와 유전적으로 다른 개체를 생산하기 때문이다. 고사리 포자체는 땅속의 기는 줄기로부터 부모와 유전적으로 동일한 새로운 개체가 자라나는 방식으로 무성 생식하기도 한다.

그러나 이 책에서 채택한 정의는 유성 생식의 범주에서 배수체 단성생식(*parthenogenesis*)은 제외한다. 보이든(Boyden, 1953; 1954)은 출아나 분열과 달리, 단성생식은 명백히 배우자(성 세포)들로부터 이루어지며 이들은 다른 유성생식을 하는 유기체의 배우자들과 상동 관계이므로, 단성생식은 출아와 구별하기 위해서라도 유성 생식의 일종으로 분류되어야

한다고 주장했다. 나는 왜 성을 그 구조적 요소에 근거해 정의해야 하는
지 이해할 수 없다. 어떤 과정에 난세포가 개입하므로 성적인 과정이라
고 불러야 한다는 주장은 발을 사용하는 모든 행동은 보행이라고 불러야
한다거나, 입을 사용하는 모든 행동은 섭식이라 불러야 한다는 말과 별
반 다르지 않다. 필요하다면 적절한 용어를 새로 고안해서라도, 히드라
의 원시적인 무성 생식과 단성생식을 하는 물벼룩의 이차적인 무성 생식
을 구별할 필요성은 있다. 그러나 이를 위해서 배수체 단성생식이 사실
은 유성 생식이라고 말하는 것은 바위에 붙어사는 따개비 성체가 다리가
있고 어쨌든 사용을 하기 때문에 따개비는 사실은 이리저리 움직이며 산
다고 말하는 것과 같다. 따개비의 다리는 다른 갑각류의 다리와 상동 관
계에 있고, 예컨대 해면의 원시적인 고착 상태와 따개비 성체의 이차적
으로 파생된 고착 상태를 구별하는 것은 중요한 일이다. 이는 따개비의
고착 상태를 서술할 때 '이차적'(secondary) 혹은 '파생된'(derived) 같은 형
용사를 써서 쉽게 구분할 수 있으며, 마찬가지 방식으로 단성생식도 출
아와 구별할 수 있다고 나는 생각한다.

　생물학자들이 유성 생식을 생물상 적응으로 간주하는 것은 대단히 흔
한 일이다. 성이 진화적 가소성을 제공하는 기능을 한다고 빈번하게 등
장하는 입론에도 이러한 시각이 녹아 있다. 유성 생식이 만드는 다양한
유전자형 덕분에 어느 한 종에 속한 적어도 일부의 개체들은 장차 일어날
법한 모든 변화에 성공적으로 견디어낼 수 있다. 지금껏 제기된 관점들
가운데 어떤 것들은 너무나 터무니없어서 아연실색할 정도다. 어떨 때는
자연선택 그 자체가 종이 멸절을 피하거나 적응 방산할 기회를 포착하게
해주는 하나의 적응적 기제로 간주되기까지 한다. 지질학적인 먼 훗날
일어날 만일의 사태에 대한 대비를 하나의 진화된 적응이라 간주한다면,
확실히 일종의 목적론적인 사고가 여기에 개입되는 셈이다. 어떤 학자가
성이 멸종 가능성을 낮추어준다는 믿음을 표명했다고 해서 반드시 그가

이러한 목적론적인 사고에 빠져 있다고 볼 수는 없다. 멸종을 피해야 할 필요성이 성을 처음 만들어서 지금껏 유지한 원인이라는 것까지 그 학자가 믿을 때에만 우리는 그가 목적론적인 사고를 한다고 말할 수 있다. 실은, 누군가 이런 목적론적 사고를 한다고 해도 그가 집단선택이 진화적 가소성을 만들어내는 동인이라고 덧붙이기만 한다면 목적론적 사고라는 오명을 피할 수 있다. 그러나 이따금 목적론적인 사고가 의심할 여지 없이 드러나는 일도 있다. 달링턴(1958)은 예견(*anticipation*)이라는 진화적 요인을 논하면서 그 예로써 감수분열과 유성 생식의 기원을 들었다. 그는 유전 체계에 작용한 자연선택이라는 진화적 동력이 "비할 데 없는 재능, 곧 미래를 자동으로 내다보는 능력을 지니고 있다"(239쪽)고 결론 내렸다. 그는 이러한 가정을 내세우게 된 논거로서 "(유성 생식이) 작은 적응적 변화들이 점진적으로 꾸준히 축적된 결과라고 상상하기는 불가능함"(214~215)을 들었다. 참으로 놀라운 언명이다. 보이든(1953)과 도허티(Dougherty, 1955)가 바로 이 "불가능한" 가정을 바탕으로 하여 꼼꼼하게 축조된 이론을 이미 발표했기 때문이다. 사실 보이든은 감수분열과 배우자합체가 점진적으로 진화했으며(각각의 단계가 유기체에게 이롭게끔), 그것도 한 번이 아니라 서로 유연관계가 없는 여러 계통에서 몇 차례 진화했다고 주장했다.

헉슬리(1958, p. 438)는 예견이라는 진화적 요인이 있다는 달링턴의 견해에 동의한다. 그는 유성 생식에 의한 이계교배(異系交配, *outcrossing*)가 적응의 정확도를 당장 희생시키긴 하지만, 그 결과 얻어지는 유전적 다양성이 개체군이 장차 마주칠지도 모르는 요구에 미리 대처하게 해주기 때문에 계속 유지된다고 주장했다. 헉슬리에 따르면 적응은 이중적인 개념일 수밖에 없으며, 지금 당장의 성공뿐만 아니라 개체군의 장기적인 생존까지 가능케 해주는 기제를 포함해야만 한다.

나는 보이든과 도허티의 연구가 진화의 원동력을 미래의 요구가 아니라 지금 당장 상황에서 찾으려는 최근의 바람직한 경향을 잘 보여준다고 믿는다. 그러나 유전자 재조합이 주로 미래에 생길 요구에 대비하기 위해서라고 믿는 사람은 아직도 많다. 이러한 부류의 연구로 대표적인 것은 스테빈스(Stebbins, 1960)를 들 수 있는데, 그는 고등 식물에서 성의 계통발생학적 분포 양상은 진화적 가소성에 대한 요구의 계통발생학적 분포에 상응한다는 가정을 토대로 종합적인 설명을 시도했다. 얼마나 먼 미래를 위한 유전적 가소성을 스테빈스가 염두에 두고 있는지 나로서는 확신하기 어렵지만, 어쨌든 그가 성이 생물상 적응이라고 믿고 있는 것은 틀림없어 보인다. 스테빈스가 미래를 위한 유전적 다양성이 개체군이 아니라 개체를 위한 것이라고 주장하기만 했다면, 나는 그의 이론에 적극적으로 찬동했을 것이다. 왜 어떤 개체군은 다른 개체군보다 유전적 가소성이 더 많이 필요하게 되는가를 설명하는 스테빈스의 논거는 개체군 내의 개체들에도 똑같이 잘 적용된다. 예를 들어, 재조합의 속도는 환경적 안정성이나 세대의 교환 속도 같은 요인들과 유의미한 상관관계를 맺게 된다는 그의 통찰은 개체군이나 개체 모두에 똑같이 적용된다. 만약 어떤 개체군이 여러 세대에 걸쳐서 거의 동일한 환경을 줄곧 점유한다면, 현재의 지배적인 조건에 대한 정교한 적응이 일단 형성되고 나서는 계속해서 유지되는 편이 제일 유리하다. 이러한 적응은 아마도 여러 좌위에서 이형접합체 강세가 나타나는 불안정한 체계에 크게 의존하리라 생각된다. 이 상황에서는 재조합을 억제하는 편이 개체군의 생존에 유리할 것이다. 반면에 현 세대가 처한 환경조건으로부터 다음 세대의 환경을 추정하기 어려운 상황에서는, 다양한 역량을 지닌 개체군들을 다음 세대에 골고루 만들어내는 것이 최선의 전략일 것이다. 자식 세대의 개체군들 가운데 적어도 몇몇은 어떠한 환경 조건이 찾아오더라도 이미 거기에 잘 적응한 상태이게끔 말이다. 따라서, 이처럼 환경적 변이가 심한 상황에서 개체군이 취할 수 있는 최선은 재조합을 최대화하여 되도록 매우 다양한 유전자형을 생산하는 것이다. 각각의 식물에 대해서도 똑같은 논증을 할 수 있다. 어떤 특정한 환경에서 번식 가능한 연령에 도달하는 성공을 이미 거둔 각 개체는 그 환경하에서 평균 이상의 적합도를 내게 해주는 유전자형을 지녔으리라고 볼 수 있다. 만일 개체가 동일한 환경조건에서 자라게 될 자손을 생산해야 한다면, 그 자손들은 자신과 가능한 한 유사하게 만드는 편이 현명하다. 한편으로, 어떤 개체가 현재 처한 조건이 그 자손들이 다음 세대에 처하게 될 조건과 무관할 가능성이 높다면, 재조합을 활용하여 자손들의 역량의 폭을 되도록 넓히는 것이 더 낫다.

이처럼 한 수준에 대해 적용된 논증이 또 다른 수준에도 똑같이 잘 적용된다면, 어떤 수준을 채택하고 기각할지는 순전히 개인적인 취향에 달려 있을 뿐 그다지 중요하지 않다고 생각할 수 있다. 그러나 오컴의 면도날은 바로 이러한 상황에서 써야 한다. 적응의 원리를 꼭 필요한 조직화 수준보다 더 높은 수준에서 인정하지는 말아야 한다. 만약 어떤 현상을 하나의 유기적 적응으로 설명할 수 있다면, 그것을 생물상 적응으로 설명해서는 안 된다.

사실 이 쟁점은 굳이 검약의 원리를 동원해야 해답을 내릴 수 있는 것은 아니다. 고등 식물이나 혹은 유사한 생애 주기를 지닌 동물의 생식 양상을 검토하면, 진화적 가소성을 위한 생물상 적응으로는 설명할 수 없지만 유기적 적응으로는 쉽게 설명할 수 있는 중요한 현상들이 있기 때문이다. 생애 주기의 어느 단계에 유성 생식 과정과 무성 생식 과정이 분포하는가에 시선을 돌리면 이러한 현상들이 눈에 들어온다. 장기적인 개체군의 가소성을 내세우는 관점에서 가장 중요한 것은 단위 시간당 혹은 세대당 이루어지는 유전자 재조합의 양이다. 재조합이 생애 주기의 어디에서 일어나는가는 별 차이가 없다. 예컨대, 진딧물이 유성 생식하는 단계가 봄이나 여름, 혹은 가을에 나타나건, 아니면 여러 계절에 걸쳐 나타나건 아무런 차이가 없다. 그러나 개체의 번식적 생존을 내세우는 관점에선 이는 크나큰 차이를 만들어낸다. 유성 단계는 환경 조건이 변할 가능성이 가장 큰 단계의 바로 전에 나타나야 한다. 아니나 다를까, 고등 식

물에서 부모와 아주 가까운 곳에서 자라는 후손은 무성 생식으로 만들어
지는 반면, 다른 곳으로 자유롭게 이동하는 꽃가루와 씨는 유성 생식으
로 만들어진다. 고사리는 영양생식을 함으로써 부모 바로 가까이의 토양
에 떨어져 자라나는 자식을 만들고, 전파 단계에 이르러 유전적으로 다
양한 포자들을 만듦으로써 부모 포자체와 상당히 다른 일생을 보내는 자
식을 만든다. 유전적으로 각기 다른 접합자가 나중에 만들어져 부모 배
우체와 매우 다른 생태적 환경을 경험하는 일단의 자식들을 생산한다.
형식적으로 유사한 생애 주기를 보이는 동물들에 대해서도 동일한 결론
을 내릴 수 있다(Suomalainen, 1953). 진딧물이나 물벼룩, 그리고 다른
많은 무척추동물 개체군에서도 부모와 같은 서식처에서 즉시 성장하는
자식들은 무성적인 클론으로 생겨나지만, 먼 거리나 오랜 시간에 걸쳐
다른 곳으로 전파되는 자식들은 유성 생식으로 생겨난다. 동물 몸 안의
기생충도 숙주 내에서는 무성적인 클론으로 번식하지만, 다른 숙주로 전
파될 때는 유전적으로 다양한 접합자를 만들어 번식한다. 이러한 현상들
은 각 개체의 번식이 어른으로 성공적으로 자라나는 자식 수를 최대화하
게끔 설계되었다는 관점으로 보면 쉽게 이해할 수 있다. 개체의 번식은
진화적 가소성을 확보하기 위한 생물상 적응이라는 관점으로 이런 현상
들을 설명할 수는 없다. 굳이 생물상 적응으로 주장하고자 한다면 아마
도 다음 세대 개체군의 총 개체 수를 최대화하는 기능을 가졌다고 해석할
수 있겠지만, 이러한 해석은 검약의 원리에 근거해서 기각된다. 성이 개
체군 크기를 키울 수도 있고 진화적 가소성을 제공할 수도 있겠으나 이는
모두 효과일 뿐, 기능이 아니다. [1]

　나는 부모 세대의 생태적 조건으로부터 자식들이 처할 조건을 얼마나
유의미하게 예측할 수 있는가가 (1) 생애 주기 내에서 유성적 단계와 무
성적 단계의 분포양상, 그리고 (2) 유성 생식 과정에서 재조합에 가해지

---

[1] 1장에서 우발적인 이로운 효과(beneficial effect)와 기능(function)을 구별한
　　논의에 토대를 두고 있다.

는 여러 제약의 발생 정도를 설명하는 데 상당히 유용하다는 것이 곧 판명되리라고 믿는다. 스테빈스는 염색체 수가 감소하여 결과적으로 유전자들이 연관(*linkage*)될 가능성이 그만큼 커지는 현상이 재조합을 감소시키기 위한 기제이며 따라서 안정적인 서식처에서 더 자주 발견되리라고 생각했다. 이 말이 맞는다면 안정적인 열대 저지대에 사는 물고기는 변동이 심한 고위도 혹은 고지대 서식처에 사는 물고기보다 염색체 수가 더 적으리라고 기대할 수 있다. 그러나 이러한 경향성은 염색체 수를 조사한 마키노(Makino, 1951)의 목록에서 전혀 찾아볼 수 없다. 염색체 수는 거의 모든 유기체에서 근본적으로 중요한 적응적 기제로부터 쉽게 측정 가능한 수치이다. 그러나 염색체 수의 일반적인 중요성은 놀랍게도 아직껏 잘 밝혀지지 않은 상태다. 염색체 수와 아마도 무관하지 않을, 연관이라는 현상에 대한 이해도 마찬가지로 매우 빈약하다. 교과서에는 흔히 연관은 개체에게 유리한 유전자의 조합을 안정화하는 기능을 한다고 기술되어 있지만, 이러한 설명은 동전의 다른 쪽 면을 간과하고 있다. 즉, 연관은 유리한 조합을 계속 유지하는 동시에 그와 같은 정도로 불리한 조합도 계속 유지한다. 선택의 강도에 비하여 교차율(*crossover rate*)이 매우 낮을 때만, 연관은 각 유전자가 서로 독립적으로 유전될 때 생기는 유전자형의 빈도와 유의미하게 다른 유전자형 빈도를 가져올 수 있다. 이러한 예로서 확실한 사례는 단 하나 있다(Levitan, 1961). 교차율 자체도 자연선택에 의해 변화되지만(Kimura, 1956), 그 적응적인 중요성에 대해 분명히 밝혀진 바는 아무것도 없다.

세균과 바이러스에서, 그리고 다른 모든 고등 생물의 주요 분류군들에서 유전자 재조합이 존재한다는 사실은 성의 분자적 기초는 역사가 아주 오래된 진화적 기제임을 알려준다. DNA 분자의 구조에 대한 이해가 진전됨에 따라 이러한 분자적 수준에서의 재조합을 마음속으로 쉽게 그릴 수 있게 되었다. 어떤 의미에서 성은 적어도 DNA만큼 오래되었지만,

DNA가 유기적 진화의 최초 단계에서부터 존재했을 가능성은 거의 없다. DNA 분자는 진화된 적응의 특성을 빠짐없이 지니고 있다. 정보를 매우 정확하고 효율적으로 암호화하는 기제인 것이다. 이러한 정확성과 효율성은 응당 오랜 기간에 걸쳐 자연선택이 정보 전달에 완벽성을 기하게끔 작용한 결과로 간주하여야 한다. 유전자는 화학적으로 대단히 특수한 실체이다. 유전자가 자신의 기능을 잃지 않으면서 유일하게 견뎌낼 수 있는 변화는 엄격히 규정된 화학 집단 간의 극히 제한된 치환이다. 그 밖에 다른 어떤 변화가 가해진다면 유전자는 더 이상 유전자로서 기능하길 멈춘다. 이처럼 높은 수준의 특수성은 효소에서는 찾아볼 수 없다. 효소의 아미노산 일부가 치환되어 아미노산 서열이 정량적으로 변하더라도 효소의 기능이 전혀 손상되지 않을 여지가 상당히 많다.

대다수 생물학 교과서에 나오는 전통적인 시각은 생명은 단 한 번 발생했으며, 이제는 잘 알려진 신다윈주의적 방식으로 지금껏 생명이 진화해 왔다는 것이다. 유기 수프에서 유전자가 우연히 합성된 다음 돌연변이를 거쳐 유전적으로 서로 격리된 가계들이 빠르게 자리를 잡고, 이들 계통은 진화된 적응의 고유한 체계를 각기 지니게 되었다고 때때로 생명의 기원을 설명한다. 이러한 시각은 유전자가 단백질이라고 가정한다면 아마도 일리가 있었을 것이다. 그러나 DNA 분자가 엄청나게 특수화되어 있음을 고려하면 DNA에 근거한 핵 유전자는 한참 후에 생겨났다고 볼 수밖에 없다. 서로 다른 계통이 처음부터 확립되었을 가능성도 극히 희박하다. 똑같은 적응이 여러 번 독립적으로 진화하는 일은 극히 드물다. 이런 시각에서 보면 DNA나 ATP, 기타 다양한 효소들 같은 근본적인 생화학적 기구들이 (거의) 보편적으로 존재한다는 사실은 딜레마를 안겨준다. 이 생화학적 기구들은 최초의 유기체에서 생겨난 직후 곧바로 완벽에 가까운 형태가 되었거나, 아니면 서로 무관한 계통들에서 독립적으로 진화했어야 한다. 생명발생(biopoesis)(생명의 기원과 초기 발생)을 진지하게 연구하는 학자라면 두 추측 가운데 그 어느 것도 받아들이기 어렵다. 유

152

전을 담당하는 효율적 기제, 그리고 개체성을 유지하는 구조적 혹은 면역학적 기제가 생겨나려면 반드시 장기간에 걸친 진화가 필요하다. 이러한 기제들이 나타나기 전에는 유전적으로 격리된 진화 계통은 존재할 수 없었으며 심지어 물리적으로 구분할 수 있는 개체조차 없었다. 에렌스바드(Ehrensvärd, 1962)가 표현했듯이, "생명은 유기체보다 더 오래되었다". 오랜 시간 동안 생명은 단계통적이지도 다계통적이지도 않았으며 그저 계통 자체가 없었다. 에렌스바드는 수역 전체를 하나의 분산된 유기체로 간주할 수 있는 단계를 제안했다. 인접한 유기체들은 마치 물이 다른 물과 쉽게 합쳐지듯이 서로 융합할 수 있었다. 이 단계에서는 서로 다른 개체들 간, 혹은 서로 다른 계통 간의 선택이란 있을 수 없다. 선택은 오직 상호대안적인 자가촉매적 과정들(autocatalytic processes)의 수준에서 작용하였으며, 오늘날에도 이는 자연선택의 가장 근본적인 속성을 이룬다. 시초부터, 생명은 이용 가능한 화학 에너지를 실제로 쓰기 위해 그 화학 에너지를 효과적으로 끄집어내주는 유기적 촉매를 생산했음이 틀림없다. 만일 어떤 분자가 이러한 에너지 전환의 효율을 높여주었다면, 그 분자는 에렌스바드의 살아 있는 물웅덩이의 특정한 부분에서 자기 자신의 합성 등을 포함하여 여러 유기 활동의 속도를 높였을 것이다. 이러한 최초의 유전 기제를 주로 구성하는 분자들은 대사가 활발한 다른 분자들의 합성을 다소 촉진했을 것이며, 물웅덩이가 때때로 마르는 것 같은 빈번한 생태 환경 변화에도 살아남을 수 있을 만큼 충분히 안정적이었을 것임이 틀림없다. 이 원시유전자들(protogenes)은 전체 화학적 과정이 이따금 중단되는 상황에서도 중요한 기능을 재빨리 회복하게 해주었을 것이다. 대사적으로 활발한 단계에는 자기 자신의 합성 속도가 더 빨라지게끔 자연선택되었을 것이며, 가장 효율적인 원시유전자의 수가 점차 늘면서 지리적 분포 범위를 확장했을 것이다. 이런 식으로 생물권 어디에서나 이루어진 진화적 진보가 전체 생물상의 한 특성이 되었으리라. 에렌스바드가 암시하듯이 이 단계에서의 유기적 진화는 거의 전적으로 결정론적인 과정이었다.

결국 자연선택은 자신의 주위를 둘러싼 신체(*somata*)의 항상성을 대단히 효율적으로 높여주는 유전 체계를 만들어냈으며 이러한 효과를 성취하는 방식이 대단히 특수화되는 바람에 사뭇 다른 유전 체계들이 융합하면 적응적으로 열등한 조합만 나오게 되었다. 그리하여 개체성의 유지가 자연선택되었고, 생명은 해체되어 생리적으로 격리된 개체들과 유전적으로 격리된 계통들로 변하였다. 비계통적이던 생명은 다계통이 되었고, 어디까지나 이는 서로 경쟁하는 자가촉매적 과정들 간의 자연선택이 폴리펩티드를 대사 도구로, 그리고 폴리뉴클레오티드를 생태적으로 효율적인 정보의 저장고로 비가역적으로 고정하고 난 다음 벌어진 일이다. 진화는 다계통적이 되면서 그 결정론적 측면들을 상실하고 매우 확률적인 특성을 갖게 되었다.

마치 현대 유기체에서 관찰되는 바이러스 또는 세포질유전자(*plasma-gene*)[2]와 같이, 유전자는 처음에는 어느 정도 독립적인 실체였을 것이다. 의심할 여지없이 각각의 유전자들은 자신에게 맞는 특정한 신체적, 생태적 조건에서 가장 잘 생존했을 터이지만, 유전자가 자신의 최적 조건을 계속 고집하도록 해주는 정밀한 전달 기제가 없었기 때문에 지나치게 특수화된 유전자는 오히려 불리했을 것이다. 성공한 유전자는 반드시 광범위한 조건에서 생존하고 증식할 수 있어야 했다는 뜻이다. 도허티(1955)는 "이 단계에서 일어나는 진화는 세포의 단일 가계가 전승되는 것이 아니라, 다양한 세포의 집단을 통하여 전승되는 것이라고 볼 수 있다. 여기선 세포 구획들 간에 유전 물질이 끊임없이 정교하게 이동하고 교환된다"고 했다. 아마도 세균 사이에 이루어지는 바이러스 형질도입을 떠올리면 이 진화적 단계를 쉽게 이해할 수 있을 듯하다.

그러나 적어도 어떤 생태적 조건에서는 특수화가 자연선택 된다. 유전

---

2) 핵내유전자와 달리 세포질에 존재하는 핵외유전자를 말한다. 미토콘드리아 유전체와 엽록체 유전체에 포함되는 모든 유전자가 해당된다.

자 a와 유전자 c가 유전자 b와 함께 있으면 기능이 더 나아지지만, 유전자 a와 c 둘만 있으면 별로 효과가 없을 수 있다. 이렇게 되면 $a - b - c$ 결합을 선택함으로써, 이 결합을 이룰 유전자 a와 c가 긍정적으로 선택될 것이다. 유전자 b의 유전적 환경이 이처럼 변화함에 따라, 유전자 a, c와 함께 있을 때 가장 잘 기능하는 대립유전자 b가 선택된다. 이러한 결합이 이롭게 작용하는 한 진화는 이를 영속화하는 방향으로 나아갈 것이다. 그러나 몇몇 진화적 계통에서 예상할 수 있듯이 이러한 결합이 정상적인 생태적 환경의 일부에서는 잘 기능하지만 모든 환경에서 잘 기능하지는 않는다면, 원시 유기체는 이런 상황에도 결국 적응하리라 추론할 수 있다. 생태적 변화에 의해서 $a - b - c$ 결합이 적응적일 때는 이를 안정화하고, 적응적이지 않을 때는 결합을 끊는 적응적 반응이 촉발될 것이다. 안정적인 유전자 결합의 단계가 분해 및 재조합의 단계와 번갈아 진행될 것이다. 영양 성장과 유성 생식의 순환 주기는 최초에 이렇게 시작했을 것이며, 따라서 성이 환경적 변화와 연계되는 현상은 아주 처음부터 존재했다.

순환 주기를 안정화하고 환경 조건에 맞추는 기제들이 점차 정교하게 갖춰짐에 따라 각 유전자의 유전적 환경은 더 안정되었을 것이며, 유전적 특수화가 비로소 시작된다. 유전자 a와 c의 결합은 유전자 b의 유전적 환경에서 점점 더 상시적인 요소가 되었을 터이므로, b는 자신의 유전적 적소에 맞게 점점 더 특수화되었다. 이러한 특수화는 결국 안정 및 재조합 기제를 더 정교하게 다듬었을 것이다. 체세포분열, 감수분열, 그리고 배수체의 진화 과정에 대한 보다 상세한 논의는 도허티(1955)와 보이든 (1953)의 연구에 잘 나와 있다.

그러므로 가장 원시적인 생명 체계도 자가촉매적 입자들을 융합, 조합, 그리고 재조합하는 능력을 지니고 있었다는 점에서 유성 생식이 생명만큼 오래되었다고 보는 도허티의 견해에 나는 동의하고자 한다. 현대 유기체는 이 원시적인 재조합 능력을 잘 조절하고, 그에 따른 이득을 최대화하는 정교한 기제들을 진화시켰다. 이러한 체세포 기구는 자신을 효율적으로 번식시키는 유전자를 택하는 자연선택에 의해서 점차 정밀하게 다듬어졌다. 체세포 기구를 잘 설계한 유전자는 결국 효율적으로 번식할 수 있었던 것이다.

유전자의 번식 적합도를 구성하는 다른 요소는 그 안정성이다. 유전자의 적합도는 오직 복제 성공도에 의해서만 측정 가능하다. 만일 어떤 유전자를 지닌 개체가 번식하지 못하고 죽었다면, 그 유전자는 번식에 실패한 것이다. 대립유전자 A가 a를 생산한다면 이는 A가 번식하지 못한 만큼, 혹은 그보다 더 해로운 결과이다. 자신과 경쟁하고 있는 대립유전자 a의 빈도를 직접적으로 높여주기 때문이다. 안정성 가운데 가장 높은 적합도를 얻는 것은 절대적 안정성이다.[3] 다시 말해서, 돌연변이율에 대한 자연선택은 돌연변이의 빈도를 제로로 감소시키는 단 하나의 방향으로만 작동할 수밖에 없다.

수십억 년에 걸쳐 자연선택이 부정적으로 작용했음에도 돌연변이가 줄기차게 발생했다는 사실에는 특별한 설명이 필요 없다. 자연선택은 종종 극도로 정확한 기제를 만들어내곤 하지만, 결코 완전무결한 기제를 만들 수는 없다는 당연한 원리가 반영되었을 뿐이다. 생물학자들이 관심을 두어야 하는 대목은 돌연변이가 일어난다는 것 자체가 아니라 돌연변이가 극히 드물다는 사실이다. 유전자를 제외한다면, 자연계 그 어디에서 우리가 수백 년 혹은 수천 년 동안 상온의 수성 체계에서 변치 않은 채 지속하는 복잡한 생화학적 활성 분자를 찾을 수 있겠는가? 유전자는 일정하게 지속할 뿐만 아니라 엄청난 정확도로 자신을 복제한다. 두말할 필요 없이, 이러한 특성은 오랜 기간에 걸쳐 안정성을 다듬어온 자연선택의 결과로서만 해석 가능하다.

너무 낮은 돌연변이율은 종 전체의 진화적 가소성을 감소시키므로 자

---

3) 대립유전자 A가 a와 공존하면서 자기 빈도를 유지하는 상대적 안정성보다 전부 A로 채워지는 절대적 안정성이 A에게 가장 낫다는 뜻이다.

156

연선택이 이를 너무 낮게 하지 않으리라는 견해를 우리는 흔히 접하곤 한다. 위에서 나는 진화적 가소성은 자연선택이 만들 수 있는 적응이 아니라고 주장했다. 돌연변이율을 제로로 만들기 위한 매 세대의 가차 없는 선택의 결과, 진화는 아마 돌연변이율을 종에게 최적인 정도보다 훨씬 더 낮추었을 것이다. 물론 돌연변이는 진화적 변화의 지속을 위해 꼭 필요한 선결 조건의 하나다. 그러므로 진화는 자연선택 때문이라기보다는, 많은 경우에서 자연선택에도 불구하고 어쩔 수 없이 일어나는 것이다.

돌연변이율에 대한 유전자의 영향을 보여주는 현상들은 위의 주장을 뒷받침하는 중요한 증거이다. 어떤 좌위에는 다른 좌위에서 돌연변이가 일어날 가능성을 크게 높여주는 "돌연변이 유발 유전자"(*mutator genes*)가 위치한다는 사실이 알려졌다. 이들 유전자는 항상 "정상적인" 돌연변이율과 비교하여 탐지 및 측정되는데, 이처럼 한 종에서 높은 돌연변이율을 가져오는 유전자는 자연 개체군에 극히 드물다. 이러한 희소성은 정상적인 조건에서는 선택이 돌연변이 유발 유전자를 제거한다는 것을 입증한다. 이는 또한 유전자형의 나머지 부분이 돌연변이 유발 좌위에 위치하는 정상적인 대립유전자4)에 적응한 상태임을 의미한다. 유전자의 유전적 환경이 초래한 어떠한 변화라도 — 예컨대 다른 종으로 유전자가 이입되거나 아니면 이계교배에서 동계교배, 혹은 그 반대로 전환이 이루어지는지 등등 — 유전자의 돌연변이율을 증가시키리라 예상할 수 있다(Darlington, 1958; McClintock, 1951). 정상적인 유전자 환경에서 돌연변이율이 최소한으로 낮다는 사실은 선택이 이러한 환경에서 돌연변이율을 최소화시킨다는 가정으로써만 설명 가능하다.

돌연변이율에 대한 선택은 무조건 한 방향으로만 이루어지긴 하지만, 반드시 똑같은 강도나 효율로 이루어질 필요는 없다. 빠르게 진화하는

---

4) 다른 좌위에 돌연변이를 일으키지 않는 대립유전자가 돌연변이를 유발하는 대립유전자보다 훨씬 더 높은 빈도로 돌연변이 유발 좌위에 존재하는 상태에 다른 유전자들이 적응되었음을 의미.

개체군에서 선택의 효과는 환경적 변화, 특히 유전적 환경의 변화에 의해 저해되곤 한다. 단수체 개체군에서 해로운 돌연변이는 우성 대립유전자에 가려지지 않는다. 배수체 개체군에서 개체에 해로운 영향을 끼치는 대립유전자는 아주 드물게 동형접합상태로 존재할 때만 선택에 의해 제거되는 반면, 단수체 개체군에서는 나타나는 족족 제거된다. 그러므로 돌연변이율을 낮추려는 선택은 단수체 개체군에서 더 강력할 것이다. 현재 나와 있는 자료들은 이러한 예측을 잘 뒷받침하는 것처럼 보인다. 캣치사이드(Catcheside, 1951)가 조사한 목록에는 단수체 유기체의 돌연변이율이 10^{-7}에서 10^{-20} 사이로 나와 있다. 유전학 교과서를 살펴보면 배수체인 인간과 초파리의 돌연변이율은 10^{-4}에서 10^{-6}으로 나온다. 그러나 확실한 증거를 얻으려면 시간 척도나 유전적 변화의 크기를 정교하게 보정하는 작업이 선행되어야 할 것이다.

단수체이건 배수체이건, 한 세대에 일어나는 돌연변이가 많다면 개체의 적합도는 그만큼 감소할 것이다. 만약 단위 시간당 코끼리에게 일어난 돌연변이의 수가 초파리와 같다면, 코끼리 개체군은 세대마다 새로운 돌연변이가 엄청나게 많이 축적되는 부담을 짊어지게 된다. 돌연변이는 적합도를 감소시키는 주된 원인이므로, 이 경우 돌연변이율을 낮추는 선택압이 강하게 작용한다. 이는 왜 가지각색의 광범위한 유기체들에서 세대당 돌연변이율은 거의 다 똑같은지를 설명해준다. 다시 말해서, 절대적인 단위 시간을 놓고 따지면 느리게 번식하는 유기체는 세대 교체가 빠른 유기체보다 돌연변이율이 낮다.

돌연변이가 일종의 생물상 적응이라거나, 아니면 적어도 돌연변이율은 선택에 의해 최소화된다기보다는 안정성에 대한 요구와 진화적 잠재력을 확보하기 위한 요구 사이의 타협 산물로 보아야 한다는 정반대의 시각을 지지하는 학자들이 많다(Auerbach, 1956; Buzzati-Traverso, 1954; Ives, 1950; Darlington, 1958; Kimura, 1960 그 외 다수). 특히 아이브스(1950)는 돌연변이 유발 좌위에 위치하는 유전자의 정상적인 기능은 돌연변이를 만드는 것이라 주장했다.

　진화생물학 문헌, 특히 진화에 대한 기초적인 입문서에서, 우성 (*dominance*)이 진화적 가소성을 위한 일종의 적응이라고 언급하는 경우가 흔히 있다. 우성은 배수체 유기체의 대립유전자를 미발현 상태로 계속 남아 있게 함으로써 환경 변화에 대처해 개체군이 신속한 진화적 반응을 해야 할 때 그 유전자를 활용하는 일종의 예비 저장고를 제공해준다는 것이다. 그러나 유전학자들이 폭넓게 받아들이는 정통적인 이론인 피셔의 이론과 라이트・할데인의 이론 둘 다, 우성은 상호대안적인 대립유전자 간의 선택에 의해 진화했을 뿐 진화적 가소성에 미치는 영향과는 무관하다고 상정한다. 이 두 이론과 그를 지지하는 증거들은 셰퍼드(1958, 5장)가 능숙하게 정리한 바 있다.

　피셔의 이론은 이형접합체의 중간성(*intermediacy*)[5]이 이형접합형성 (*heterozygosis*)의 정상적인 표현형적 효과이며, 이 중간성은 나중에 선택에 의해 변경된다고 본다. 만약 서로 경쟁하는 대립유전자들의 동형접합체들이 적합도에서 크게 차이가 난다면, 다른 유전자 좌위에서는 이형접합체의 표현형을 더 높은 적합도를 내는 동형접합체의 표현형과 유사하게 변경시키는 유전자가 유리하게 선택될 것이다.[6] 그러므로, 우성은 여러 좌위들에서 변경 유전자가 축적된 결과로서 생긴다는 이론이다. 라이트와 할데인은 단일 좌위 모형(*one-locus model*)에 토대를 둔 대안적 관점을 제시했는데, 야생형 대립유전자가 해로운 대립유전자에 비해 우성인 까닭은 유전자 빈도가 높은 상태에서 다른 대립유전자와 이형접합을

---

5) 이형접합체의 적합도가 두 동형접합체의 적합도의 정확히 중간인 상태. 예를 들어 AA가 $1+s$, aa가 1이라는 적합도를 지닌다면 Aa는 $1+\frac{1}{2}s$의 적합도를 지니는 경우.

6) 위의 예를 계속 써서 부연설명을 하자($s>0$). AA가 aa보다 더 높은 적합도를 내므로 상대적으로 더 흔하게 전파된 상황에서, Aa의 적합도가 AA의 적합도인 $1+s$가 되게끔 해주는 변경 유전자가 다른 좌위에서 선택된다는 뜻이다.

이루면 자신의 표현형을 그대로 만들 정도로 강력한 대립유전자가 유리하게 선택되기 때문이라고 했다.

흔한 대립유전자가 드문 대립유전자보다 우성인 현상이 개체군 내에서만 발견될 뿐 종간의 교잡이나 심하게 분지된 아종 간의 교잡에서는 발견되지 않는다는 사실은(도브잔스키, 1951, pp. 104~105에 그 실례들이 정리되어 있음) "변경 유전자"의 역할이 중요함을 의미한다. 주의할 점은 이 사실 자체가 피셔의 이론을 뒷받침해주는 논거라고 할 수는 없다는 것이다. 이러한 사실이 어떤 특정한 유전자가 개체군 내에 흔하게 전파된 다음에 우성을 만들어내는 변경 유전자가 다른 좌위에 축적되었다는 직접적 증거는 되지 않기 때문이다. 그러나 다른 진화적 변화에서와 마찬가지로, 유전적 환경이 우성을 일으키는 핵심 요인의 하나임은 유추할 수 있다. 새로운 대립유전자가 처음에 선택되는 데 개입하는 요인 가운데 하나는 그 대립유전자가 당장 지배적인 유전적 환경에서, 곧 같은 좌위에 이미 득세하고 있는 대립유전자뿐만 아니라 다른 좌위들에서 이미 확립된 변경 유전자들까지 포함하는 유전적 환경 내에서 개체의 적합도를 높이는 표현형을 얼마나 견실하게 만들어내는가이다. 그리고서 그 대립유전자가 자기 좌위에서 상당히 전파되었다면, 그 자신도 다른 좌위의 변경 유전자들까지 포함하여 모든 유전자가 함께 이루고 있는 유전적 환경의 일부가 된 것이다. 이 새로운 대립유전자의 출현이 몇몇 다른 좌위에서 선택의 균형추를 흔들 수 있다. 이형접합체의 표현형을 두 동형접합체 가운데 적합도가 더 높은 동형접합체 표현형 쪽으로 이동시키고, 심지어 그를 뛰어넘는 적합도까지 내게 하는 변경유전자를 추가로 축적할 수도 있을 것이다.[7] 기무라(1960)는 여러 가지 조건에서 우성의 최적 정도는 어

---

7) A만 있던 좌위에 a가 출현해서 어느 정도 빈도를 증가시켰다면(즉, AA의 적합도 < aa의 적합도), 이에 따라 다른 좌위에서 Aa의 적합도를 aa에 가깝게 만들 뿐만 아니라 심지어 그 이상이 되게 하는 변경유전자가 추가로 선택될 수도 있다는 의미이다.

떻게 되느냐는 문제를 수학적으로 분석했다. 피셔, 또는 라이트와 할데인이 제안한 과정 둘 다 우성의 최적화에 이바지하리라는 결론은 피할 수 없는 것처럼 보인다. 발생학적 증거를 기반으로 최근에 나온 새로운 논증은(Crosby, 1963) 라이트와 할데인의 관점을 강하게 지지한다.

두 과정 가운데 어느 것을 강조하든지 간에, 어떤 과정에도 당장 지배적인 유전적, 신체적, 그리고 생태적 환경 하에서 이루어지는 상호대안적인 대립유전자 간의 선택 이외의 무엇이 개입하지 않는다. 두 과정 모두 개체의 적합도가 증가하는 결과를 낳는다. 우성이 진화적 가소성을 높여주는 일종의 생물상 적응이라는 이론을 세우려는 진지한 시도는 여태껏 한 번도 없었다. 그러한 사고는 진화의 원리를 대중들에게 쉽게 알리려는 글들에서만 두드러지게 나타난다.

사실은, 배수체 개체군의 이형접합체에 작용하는 우성이 만들어내는 우발적인 효과로 과연 진화적 가소성이 생길 것인가에 대해서도 의문을 제기할 수 있다. 러너(Learner, 1953)는 우성에 의해 해로운 열성 대립유전자가 낮은 빈도로 계속 존재하는 것은 진화적으로 거의 중요하지 않다고 주장했다. 그는 환경이 변했을 때 중요성이 부각되는 변이의 "저장고"는 복수의 대립유전자들이 각각 상당한 빈도로 존재하면서 눈에 띄는 이형접합 강세를 보이는 유전자 좌위에만 있을 수 있다고 믿는다. 이때 각 대립유전자의 빈도는 돌연변이압이 아니라 이형접합체가 누리는 이득에 의해 유지되는 것이다. 러너는 이러한 유전적 구조가 지나치게 빠른 진화적 변화에 저항하는 효과를 낳는다고 주장했는데, 이는 입문용 개설서에 주장하는 이형접합성의 효과와 완전히 반대된다. 어떤 생태적 상황에서는, 한 종이 생태적으로 분화된 여러 개체군으로 갈라지되 이때 각 개체군은 서로 다른 대립유전자에 대해 동형접합으로 이루어지는 것이 극심한 이형접합성보다 멸종을 피하는 데 더 유리한 예방책이 될 수도 있다(Lewontin, 1961). 이형접합성이 변화하는 환경조건에 대해 신속한 진화적 반응을 하게 해준다거나, 혹은 장기적인 변화에 대한 저항력을 길러

준다거나, 아니면 다른 어떤 식으로든지 간에 일종의 생물상 적응으로
기능한다는 결론을 뒷받침하는 증거는 전혀 없다.

　유전 체계가 지닐 법한 또 다른 생물상 적응으로 종종 언급되는 것은
이입 교잡(*introgressive hybridization*)이다. 앤더슨(1953)은 두 종간에 자
연스럽게 이루어지는 교잡이 비록 매우 드물고 그 결과 태어나는 자손도
대개 살아남지 못하거나 불임이지만 진화적 변화를 일으키는 중요한 한
원인이라고 제안했다. 잡종 1대와 그 양친의 한쪽과의 역교배는 부모 개
체군에 새로운 유전자를 도입시킬 수 있다. 이러한 이입 속도는 돌연변
이가 새로운 유전자를 도입시키는 속도보다 훨씬 더 빠르지만, 그래도
여전히 드물어서 자연 개체군에서 쉬이 탐지되지 않는다. 나는 어떤 집
단에서는 이입 교잡이 중요한 진화적 요인일 수 있음을 의심치 않는다.
그러나 앤더슨은 한술 더 떠서 이입의 선택적 이득을 언급하기도 했으며
(1953, p. 290) 진화적 잠재력의 확장이 이입의 단순한 효과가 아니라 이
입의 통상적인 기능임을 자주 암시했다. 이러한 해석은 나로서는 상상도
할 수 없다. 고등 식물의 모든 번식 기구(앤더슨의 주된 관심사)는 누구나
알다시피 같은 종에 속한 구성원과 성공적으로 교배하게끔 맞추어져 있
다. 이 기구가 가끔 오작동하게 설계되었다고 상정하는 것은 완전히 쓸
데없는 짓이다. 모든 기구는 이따금 오작동한다. 유기적 적응이 이따금
잘못 작동함에 따른 기계적이고 통계적인 결과를 상정해야 할 지점에서
앤더슨은 생물상 적응의 원리를 끌어들인다. 고등 식물의 번식 기구에서
우리는 개체 수준에서 작동하는 자연선택의 역할을 확실히 실감할 수 있
으며, 이는 어만(Ehrman, 1963)을 비롯해서 여러 학자에 의해 잘 설명되
었다. 다른 종에 속한 개체와 교배하는 식물이 같은 종에 속하는 개체와
만 교배하는 식물보다 자식을 적게 남기는 한, 이 같은 차이가 잡종 1대
의 부분적인 불임성 때문이든지 아니면 다른 요인 때문이든지 간에, 다
른 종과 교배하는 경향을 제거하는 선택압이 작용할 것이다. 이러한 선

택은 반드시 동종과 교배하게 하는 번식 기구를 만들어내고 지속시킬 것이다. 스피스(Speith, 1958)는 이종 교배를 피하는 행동 기제가 발달한 정도는 연관 관계가 가까운 동지역종(*sympatric species*)이 얼마나 존재하는가에 달려있음을 보였다. 이종과의 교배를 피하게 해주는 특별한 기제가 없다면, 같은 곳에 사는 동지역종과 결국 교배가 일어날 것이기 때문이다. 이러한 기제는 다른 기제와 마찬가지로 종종 오작동할 수밖에 없다. 오작동이 장기적인 이득을 준다는 사실 자체는 적응의 증거가 되지 않는다. 이를 적응이라고 간주하는 것은 모든 이로운 효과는 반드시 기능을 의미한다고 가정하는 오류이다. 이입 교잡으로부터 유래하는 진화적 이득은 자연선택에도 불구하고 생기는 것이지, 자연선택 덕분에 생기는 것이 아니다.

소규모 개체군에서는 유전적 부동의 영향력이 크고 이로운 돌연변이가 일어날 확률도 적기 때문에 큰 개체군에 비해 변화한 환경에 적응적으로 반응하는 능력이 낮음이 오래전부터 잘 알려졌다. 최근 윌슨(Wilson, 1963)은 지속적인 소규모성이 이처럼 개체군을 압박하는 일종의 스트레스가 되므로, 개체군은 작은 개체군 크기에 따른 유전적 효과를 없애게끔 설계된 기제를 진화시킬 것이라고 제안하였다. 그는 유효 개체군 크기가 몇 백 정도에 불과한 개미종들을 대상으로 그러한 적응 기제가 과연 존재하는지 조사하였다. 윌슨이 예측한 적응 가운데 하나는 이계교배를 촉진하는 기제였다. 또 다른 적응은 군락마다 수정된 여왕개미 하나만 있으리라는 통념과 달리 군락마다 번식 가능한 여왕개미가 여럿 있으리라는 것이었다. 윌슨은 여왕이 여럿 있는 군락이 흔하다는 사실을 발견했지만, 이계교배를 장려하는 기제는 찾지 못했다. 그러긴커녕, 친남매 간의 짝짓기가 빈번히 일어난다는 사실을 발견했다. 윌슨은 개체군의 소규모성에 대체하는 개체군 수준의 적응은 그가 수집한 증거들에서는 뚜렷이 입증할 수 없다고 결론 내렸다.

마지막으로 내가 논의하고자 하는 유전 체계의 속성은 성비와 성 결정 (*sex-determining*) 기제이다. 왜 어떤 분류군에서는 성이 존재하는 반면 다른 분류군에서는 성이 따로 존재하지 않는지에 대한 의문이 예전부터 있었다. 이 문제는 어떤 한 분류군에 속한 일부 종들은 자웅동체이고 다른 종들은 자웅이체인 분류군을 찾아서 연구함으로써 쉽게 풀 수 있다. 고등 식물의 과(科)나 속(屬)에 해당하는 분류군의 상당수가 이러한 연구에 알맞게 활용될 수 있다. 자웅동체·자웅이체와 여러 생활사적 특성들 간의 연관관계로부터 성의 존재 여부를 결정하는 자연선택의 역할에 대한 단서를 찾을 수 있을 것이다. 아마도 어떤 종류의 생태적, 개체군통계적 상황에 대해서는 개별적인 성이 자웅동체보다 더 효과적으로 대처할 것이며, 아니면 이 문제는 부모와 종자 간의 생리적 관계에 크게 좌우될지도 모른다. 이 장에서 나는 자웅이체인 생물종에만 국한하여 논의를 전개할 것이다.

자웅이체인 종에서 개체군 생존에 최적인 성비가 어떻게 되는지 탐구해보자. 개체군에 속한 성원들이 오직 유성 생식만 하며, 수컷 하나가 다수 암컷들의 난자를 수정시킬 수 있는 일반적인 상황을 먼저 가정한다. 바로 다음 세대의 개체군 크기를 가능한 한 늘릴수록 개체군의 생존이 더 유리하다고 우리가 추가로 가정한다면, 암컷이 절대다수를 차지하는 쪽이 환경에 적합한 개체군이 될 것이다. 하지만 만약 개체군 밀도가 너무 낮아서 배우자를 찾는 일이 심각한 문제가 될 정도라면 이 추론은 성립하지 않는다. 개체군 밀도가 낮은 경우, 개체들 간의 우연한 만남이 동성이 아니라 이성들 간에 이루어질 확률이 높을수록 좋다. 이는 성비가 1.00 일 때 가능하다(관례적으로 성비는 남성 개체 수/ 여성 개체 수로 표기한다). 이러한 가정 하에, 우리는 생물상 적응으로서의 성비가 〈그림 3〉에서 "다음 세대를 최대화"하는 곡선이 만드는 패턴을 따를 것이라고 예측할 수 있다.

개체군 적합도를 논하는 다른 시각에서는 다음 세대의 개체군 크기는

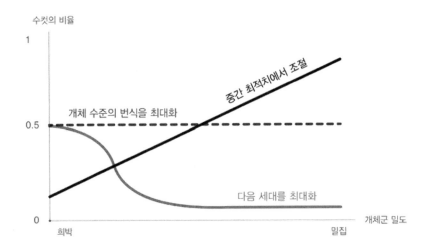

그림 3 개체군 밀도에 대한 성비의 적응적 반응. 실선은 성비가 일종의 생물상 적응이라는 가정 하에 이 적응이 추구할 법한 목표에 따라 달라지는 성비의 두 가지 패턴을 보여준다. 점선은 성비가 유기적 적응의 통계적 결과일 때 기대되는 패턴이다.

중간 정도가 최적치라고 가정한다. 만약 개체군이 이 목표를 달성하게끔 적응하였다면 한 개체당 평균 자식 수는 개체군 밀도가 낮을 때 많고 개체군 밀도가 높을 때는 적을 것이다. 유성 생식만 이루어지고 한 수컷은 여러 암컷을 수정시킬 수 있다는 동일한 가정하에, 〈그림 3〉에서 "중간 최적치에서 조절"된다는 곡선이 만드는 패턴이 예측된다. 개체군 밀도가 높을 때는 대부분 수컷이 생산될 것이다. 이 개체군에서 상대적으로 암컷은 극히 적기 때문에 다음 세대의 개체군은 그 크기가 감소한다. 한편, 개체군 밀도가 낮을 때는 대부분 암컷이 생산될 것이다. 한 수컷이 여러 암컷을 수정시킨다는 가정을 고려하면, 주로 암컷들로 구성된 이 개체군은 다음 세대를 매우 증가시켜서 개체군 크기가 중간 최적치를 회복하게끔 해줄 것이다. 이러한 결론은 개체군 생활사에 관한 초기 가정을 어떻게 세우는가에 따라 달라지며 그 자체로는 그다지 중요하지 않다. 즉 결론은 성비가 개체군의 요구에 탄력적으로 반응하는 방식은 여러 가지가 있으며, 성비가 일종의 생물상 적응이라는 가정 하에 예측되는 현상이 어떤 것인지 알려준다는 것이다.

이제 성비가 개체군 적합도를 전혀 고려하지 않은 채 순전히 유전자 선택에 의해 결정된다고 추정해보자. 이러한 유전자 선택의 결과는 가변적인 상황에 따라 달라지겠지만, 대강의 결론은 R. A. 피셔(1930)가 최초로 연구한 논문에서 이미 나왔다. 유성 생식만 행해지는 개체군에서, 수가 적은 성은 다음 세대에 유전자를 전하는 데 더 유리하다. 모든 개체는 한 명의 아버지와 한 명의 어머니를 가지므로, 바로 이전 세대의 암컷 수컷들은 각각 현재의 개체군에 똑같이 이바지했다. 만일 이전 세대에 단한 명의 수컷과 백 명의 암컷들이 있었다면, 그 한 수컷은 평균적인 암컷의 번식 성공도보다 백 배 더 높은 번식 성공도를 거두게 되며, 결국 현세대에 그 수컷으로부터 유래한 유전자는 평균적인 암컷에서 유래한 유전자보다 백 배 더 흔하다. 만일 이처럼 암컷이 수컷보다 100배나 더 많은 모습이 세대마다 유지된다면, 유전자의 관점에서 볼 때 자신이 기거하는 개체가 수컷이 될 가능성을 높여주거나, 평생 동안 낳는 자식들 가운데 아들이 차지하는 비율을 높여주는 유전자는 선택적 이점을 누리게 될 것이다. 그 결과, 이러한 유전자 선택이 누적적인 변화를 이끌면서 수컷은 점점 그 수가 증가하게 된다. 성 간의 불균등이 사라지는 지점까지 이 진화는 계속될 것이다. 1.00이라는 성비는 어떤 개체도 자신이 암컷 혹은 수컷이라는 사실 덕분에 이점을 누릴 수 없는 안정적인 평형점이 된다. 개체의 번식 성공도에 토대를 두는 자연선택이 성비를 결정하는 요인인 한, 우리는 유성 생식 개체군에서 이 1.00 성비가 지배적으로 나타나리라고 예측할 수 있다.

암수는 종종 개체 발달의 각 단계에서 서로 다른 사망률을 보인다. 따라서 발달의 어느 단계에서 1.00 성비가 나타나야 하느냐는 의문이 생긴다. 만약 암수가 동일한 숫자로 수정되지만 수컷의 경우 어른이 되기까지 생존할 확률이 암컷의 절반에 불과하다면, 성체 암컷의 수는 성체 수컷의 수보다 두 배 더 많을 것이다. 이는 평균적인 성체 수컷이 평균적인 성체 암컷보다 두 배의 번식적 성공을 거두게 한다. 그러나 성은 수정란에서 결정되며 이 가상 개체군에서 암컷 수정란이 어른이 되어 번식하게 될 가능성은 수컷 수정란이 번식할 가능성보다 두 배 더 높다. 결국 수정란 단계에서 수컷이 당장 감수해야 하는 손해는 훗날 그가 누릴 이득과 균형을 이루게 되므로 암컷과 수컷의 가치는 동일하다. 따라서 유전자 선택이 암수의 수를 맞추는 단계는 수정란 단계여야 한다.

위와 같은 단순한 상황을 좀더 복잡하게 만드는 여러 가지 요인들이 있다. 그 중 가장 중요한 요인은 수정 후 부모에 의존하는 시기이다. 수정란의 관점에서 보면, 성장하면서 정확히 어떤 시점에 사망이 일어나는가는 전혀 중요하지 않다. 수정란에게 중요한 것은 나이가 많이 들 때까지 오래도록 생존할 가능성이다. 그러나 부모에게는 사망률이 개체발생 과정에서 어떻게 분포되는가가 중요하다. 만약 앞서 이야기했듯이 수컷이 암컷보다 두 배 더 죽기 쉬운 현상이 오직 출산 전에 국한된다면, 아들만 임신하는 암컷은 이득을 본다. 이 암컷은 스스로 자립하는 단계까지 길러야 하는 자식들의 수는 적지만 성체 단계에서는 수컷이 암컷보다 번식상 유리하므로 이 암컷이 적은 수의 아들만 낳아 얻게 될 손주의 수는 다른 암컷이 다수의 아들과 딸을 함께 낳아 얻게 될 손주의 수와 같을 것이기 때문이다. 그러므로 수컷이 되는 일에는 이득이 없지만, 수컷을 낳는 일에는 이득이 따른다. 이처럼 수컷의 더 높은 사망률이 출산 전에 집중되면 개체군 내에 어린 수컷들이 더 많이 존재하게끔 진화가 이루어지며, 이러한 경향은 자식이 성장해 부모로부터 마침내 독립하게 되는 시기에 1.00 성비에 도달하면 멈춘다. 인간 개체군의 경우, 자식이 이렇게 부모에게서 독립하는 시기는 사춘기 후반이라고 나는 가정한다. 따라서 십 대 소년들과 십 대 소녀들의 수는 거의 같으리라고 기대할 수 있다. 출생시에 아들은 딸보다 조금 더 많이 태어나며, 아마도 수정 시에는 아들이 훨씬 더 많을 테지만, 아들은 유년기에 더 높은 사망률을 감내하므로 문명화된 사회에서 성인 남성의 수는 성인 여성의 수보다 더 적다. 동일한 경향이 과거의 원시적인 조건에서도 똑같이 나타났으며, 따라서 인간 개체군은 피셔의 이론이 내놓는 예측과 잘 부합한다는 결론을 의심할 이유는 어디에도 없다. 다른 종의 경우 유사한 자료를 얻기가 그다지 쉽지 않다. 특히 짝짓기가 이루어지기 한참 전에 자식이 부모로부터 일찌감치 독립하는 종에서는 더욱더 어렵다.

정확하고 믿을 만한 연구자료를 얻기가 어렵긴 해도 대강의 해답은 아주 분명하다. 인간이나 초파리, 가축처럼 비교적 많이 연구된 유성 생식하는 종 모두에서, 1에 가까운 성비가 대다수 개체군에서 개체 발달의 거의 모든 단계에 나타난다. 이론과 사실이 보편적으로 아주 잘 부합하며, 성비가 일종의 생물상 적응임을 설득력 있게 보여주는 증거는 전무하다. 앤더슨(1961)은 개체군이 성비를 조정하여 개체군 밀도를 조절한다고 해석 가능한 증거들을 종합 검토했다. 수컷이 이형 배우자성(*heterogamety*)[8]을 보이는 모든 개체군에서 그럴듯한 증거는 발견되지 않았다. 오직 한 종〔초파리의 일종인 드로소필라 슈도옵스쿠라(*Drosophila pseudoobscura*)와 다른 근연종〕에서만 개체군 밀도가 성비에 다소 영향을 끼치는 듯했고, 그 영향조차도 높은 개체군 밀도에서 암컷의 비율을 증가시키는 것이었다. 이는 개체군 밀도를 조절하는 적응적 기제가 응당 작동해야 할 방식과 완전히 반대이다. 한편 다른 몇몇 곤충들에서 밀도가 낮을 때 암컷이 더 많이 생산되는 경향이 입증되었다. 이 가운데 일부는 단위생식이었으며 나중에 자세히 기술하고자 한다. 또 다른 곤충들의 경우 꿀벌에서처럼 암컷 부모의 선택이 성비를 결정하며, 이는 암컷 부모의 번식 성공도를 높이기 위한 적응으로 쉽게 해석할 수 있다. 그 외의 예는, 인위적으로 개체군 밀도를 과도하게 높였을 때 유도되는 극심한 스트레스 아래서 암컷이 수컷보다 사망률이 더 높아지는 경우였다. 두말할 필요 없이, 이

8) 수컷의 성염색체가 서로 다른 반면 암컷의 성염색체는 동일한 경우를 말한다. 예컨대 인간 남성의 성염색체는 XY, 인간 여성의 성염색체는 XX이므로 인간도 이형 배우자성을 보이는 사례다.

168

가운데 어느 것도 개체군의 요구에 맞추어 성비가 적응적으로 조절되는 사례라고 할 수 없다. 나는 성비에 대한 연구들에서 성비가 생물상 적응이라는 주장을 뒷받침하는 증거는 찾을 수 없다고 결론 내린다.

우리는 또한 피셔의 이론으로부터, 부모로부터 막 독립한 단계의 암컷과 수컷의 수가 같은 개체군에서는 성비가 유기적 적응이 아니라는 결론도 이끌어낼 수 있다. 성비는 자연선택이 적응을 만들기는커녕 그 기능을 제거하는 기묘한 상황을 빚어낸다. 십 대 소년들이 그 여자 친구들보다 두 배 더 많은 가상의 인간 개체군에서 오직 딸만 낳는 성향이 있는 사람은, 자신에게 중요한 진화적 이득을 주는 적응을 지닌 셈이다. 자연선택의 결과, 이 이득의 빈도가 늘어남에 따라 이득의 크기는 점점 더 줄어든다. 딸만 낳는 형질이 아주 흔하게 전파되어 사춘기 후반의 성비가 1.00에 도달하면, 이 형질은 적응적 중요성을 완전히 상실하고 선택적으로 중립인 형질이 된다.[9] 성비는 개체군이 두 성 간의 수적 평형을 잃어버린, 아마도 흔치 않을 상태에 있을 때만 하나의 유기적 적응으로서 중요성을 지닌다. 대다수 개체군에서 한 개체의 성이나 그가 낳는 자식들의 성비는 개체의 번식 성공도에 전혀 영향을 끼치지 않는다.

그렇기는 하지만, 장기적인 평균값으로 비교해보면 각각의 개체는 같은 수의 암컷과 수컷 자식을 만들게끔 설계된 것 같다. 대개 성염색체가 서로 다른 성이 수컷을 결정짓는 생식세포들과 암컷을 결정짓는 생식세포들을 거의 비슷한 수로 생산한다. 성염색체가 같은 상대편 성은 어느한 성으로 확정되지 않은 생식세포들을 생산한다. 두 성 모두에서 이러한 과정은 자식 세대에서 1.00 성비를 만들기 위한 효율적인 적응인 듯하며, 바로 이러한 효과를 위한 선택이 유기체의 번식 기구를 빚어냈다는 추정이 솔깃하게 귀에 다가온다. 아마도 이는 성염색체 자체가 진화

---

9) 개체군 전체의 성비가 1.00이면 아들의 번식 가치와 딸의 번식 가치는 동일하다. 따라서 아들만 낳은 엄마나 딸만 낳은 엄마나 혹은 아들과 딸을 골고루 낳은 엄마나, 자식의 성비로 인한 진화적 이득이나 불리는 없다는 뜻이다.

함에 따른 우발적인 결과에 불과하다고 설명할 수 있을 것이다. 내가 생각하기에 1.00 성비가 하나의 유기적 적응이라고 해석할 수 있는 유일한 방법은 유성생식의 일차적 기능에 연관 지어 1.00 성비의 기능을 추론하는 것이다. 앞에서 주장했듯이 자식들 간의 유전적 다양성을 최대화하는 것이 성의 일차적 기능이라면, 1.00 성비는 바로 이 효과에 이바지할 것이다. 만일 수컷과 암컷 간의 차이를 하나의 정량적인 변이로 — 아마도 수컷다움에 대한 측정 가능한 척도로써 — 간주한다면, 동일한 수의 아들과 딸을 가지는 것은 이 정량적인 척도 상에서 최대 분산을 띤다. 이렇게 되면 성염색체가 정확히 분리되는가가 상염색체가 정확히 분리되는 것만큼의 중요성을 지니게 된다.

개체군 성비가 (1) 소수의 성이 얻는 이점과 (2) 소수의 성에 속하는 자식들을 많이 낳는 이점에 의해 결정되는 함수라는 이 이론의 핵심 틀은 피셔(1930)가 처음 제시했다. 더 상세한 최근의 논의는 보드머와 에드워즈(Bodmer & Edwards, 1960), 그리고 쇼(Shaw, 1958)의 것이 있다. 에드워즈(1960)는 성비가 유기적 적응의 결과인가 아니면 생물상 적응의 결과인가라는 문제를 솜씨 있게 정리했다. 루이스와 크로우(Lewis & Crowe, 1956)는 자웅이체이며 부분적으로 수컷 불임인 식물 개체군에서 성비의 진화를 잘 요약했다.

유기적 적응을 실지로 입증하는 경우로 생각할 수 있는 환경적 성 결정의 예가 몇 가지 있다. 개체가 자신의 성이 비가역적으로 결정되기 전에 주위 어른들의 성비를 어느 정도 탐지한 다음, 이 정보에 따라 자기 자신의 성을 결정할 수 있다면 진화적으로 유리할 것이다. 이는 개불류인 보넬리아(Bonellia)에서 실제로 일어나는 일이다(Borradaile 등, 1961). 유충은 성적으로 중립이다. 유충이 암컷들이 많은 지역에 자리를 잡게 되면, 암컷과 접촉할 가능성이 크다. 이렇게 암컷과 접촉하면 유충은 암컷에 달라붙는다. 암컷에 달라붙은 유충은 수컷으로 발달하여 암컷에 기생하여 살며, 이 수컷이 암컷의 난자를 수정시킨다. 만약 암컷이 드문 지역이어서 유충이 어떤 암컷과도 접촉하지 못하면, 유충은 암컷으로 발달한다. 그러므로 각 개체는 자신이 처한 개체군통계적 환경에 따라 자신의 성을 조정한다.

개체군통계적 환경에 맞추어 성을 조정하는 또 다른 예는 자웅이체 식물인 장구채류(*Melandrium*)에서 찾을 수 있다(Correns, 1927). 암컷 한 개체가 수컷이 많은 지역에 있으면, 암술머리는 엄청나게 많은 꽃가루를 받기 마련이다. 이 암컷 개체는 수컷을 만드는 꽃가루관과 암컷을 만드는 꽃가루관을 서로 다른 속도로 암술대 안에서 생장시킴으로써 결과적으로 암컷 씨앗을 훨씬 더 많이 생산한다. 환경이 딸에게 높은 가중치를 부여하는 것이다. 하지만 수컷 개체가 주위에 별로 없는 환경이라서 암술머리에 도달하는 꽃가루가 매우 적다면, 수컷 씨앗의 비율이 증가하여 전체 씨앗 가운데 약 절반에 도달하게 된다. 이런 식으로 이 식물은 자신이 처할 개체군통계적 환경에 따라서 자손의 성비를 최적화하게끔 행동한다. 이는 사실 자웅이체 식물에서 흔히 관찰되는 적응일 수도 있다(루이스, 1942). 루이스는 장구채류와 같은 자웅이체 식물의 보편적인 특성인 수컷 이형배우자성이, 자손의 성비를 조절하는 방편이 되기 때문에 적응적이라고 추측했다.

지금까지 살펴본 예는 모두 새로운 개체 하나를 만들려면 수컷 하나와 암컷 하나가 필요한 개체군에 국한했다. 암컷이 혼자서 단위생식을 통해 생활력 있는 자식을 만들 수 있는 종에서는 자연선택의 결과가 다르리라고 예상할 수 있다. 이러한 단위생식 능력은 극소수의 개척자들을 내보내 새로운 서식처에 빈번하게 침입하는 이른바 일시적 종(*fugitive species*)에 특히 중요할 것이다(슬로보드킨, 1962). 표본 오차 때문에 개척자들이 우연히 모두 같은 성이라면, 이들은 유성 생식으로는 번식하지 못하는 상황에 자주 처할 것이다. 수컷은 이러한 난국을 타개할 방법이 전혀 없겠지만, 만일 단위생식 능력을 갖춘 암컷이라면 홀로 개체군을 시작하여 어마어마한 번식 성공도를 거둘 수 있을 것이다. 이러한 이점은 스토커 (Stalker, 1956)가 처음 제시하였으며, 개척자들을 모두 단위생식하는 암컷으로 하는 방향으로 개체군이 진화하게 될 것이다. 단위생식이 효과적인 번식 방법으로 기능하는 한 단위생식하는 개척자 암컷들은 새로운 서식처를 성공적으로 개척한 이후에도 여러 세대에 걸쳐 계속 존재할 것이고, 선택은 서식처를 새로 일구는 특정한 상황에서는 암컷이 될 가능성을 높일 것이다.

물론 이는 바로 우리가 자연에서 보는 바이다. 진딧물이나 물벼룩 같은 동물의 경우 분산 단계에서 언제나 암컷이고, 단위생식이 이루어지는 긴 기간 동안 암컷의 비율은 백 퍼센트에 육박한다. 그러다가 이 장의 앞부분에서 서술했듯이, 유성 생식이 유리한 조건이 도래하면 상황은 급속히 변한다. 암컷은 유성 생식을 하게끔 생리적·행동적으로 재조정되고, 수컷은 자신의 희소성과 암컷의 풍부함 덕분에 진화적 이점을 누린다. 조건이 변하여 유성 생식이 적응적이 될 때마다 수컷이 대량으로 생산된다.

나는 성 결정 기제는 유전 체계의 다른 측면들과 마찬가지로, 자식들의 성비를 최적화하도록 설계된 유기적 적응으로 해석할 수 있으며 부모의 번식 적합도라는 토대에서 상호대안적인 대립유전자 간의 선택에 따른 효과를 잘 보여준다고 결론짓고자 한다. 생물상 적응임을 보여주는 이렇다 할 만한 증거는 어디에도 눈에 띄지 않는다. 이 장에서 논의된 다채로운 현상들에 대한 나의 결론이 폭넓게 받아들여진다면, 이는 유전 체계의 여러 기제를 생물상 적응이라고 통상적으로 해석해온 그간의 전통과 결별하는 셈이다. 생물상 적응을 주장하려는 어떤 시도에도 대개 반대를 표명했던 R. A. 피셔조차(1930, ch. 2) 성은 "개체의 이익이 아니라 종의 이익을 위해 진화한" 유일하게 예외적인 적응이라고 간주하였다.

제6장

번식 생리와 행동

어떤 개체가 적합하다(*fit*)는 의미는 그 개체가 가진 적응들이 그로 하여금 다음 세대에 평균보다 더 많은 수의 유전자들을 남기게끔 해준다는 것이다. 적합도는 "번식적 생존을 위한 효율적인 설계"로 정의할 수 있다. 적합도의 다른 정의로서 더 도발적인 것 가운데 하나는 메다워(Medawar, 1960, p. 108)의 주장이다.

'적합도'의 유전학적 용법은 이 단어의 일상적인 용법을 대단히 희석한 것이다. [1] 적합도는 결국 유기체의 타고난 자질을 자식이라는 통화(*currency*)로, 즉 순수한 번식상의 실적으로 그 값어치를 매기는 체계다. 상품의 유전적 평가액이지, 그 본성이나 질에 대한 서술이 아니다.

적합도를 측정하는 방법은 따라서 순수한 번식 실적을 측정하는 것이다. 과거에 존재했던 개체가 현 세대에 남긴 자식들의 수를 센 다음, 이

---

1) 적합도가 일상적인 용법에서는 신체적인 강건함이나 체력으로 쓰인다. 신체적으로 건강한 사람들은 결국 자식을 많이 낳을 것이므로, 유전학적 용법은 이 일상적 용법을 묽게 희석해서 쓰는 셈이다.

수치를 그 개체와 동 세대를 살았던 개체들의 평균 자식 수와 비교함으로써 순번식 실적을 측정할 수 있다. 그런데 이런 식으로 개체군의 과거 구성원이 얼마나 적합했는지는 알 수 있지만, 우리는 미래를 내다보는 수정구슬이 없어서 현재의 구성원이 얼마나 적합한지는 알 도리가 없다. 나는 이러한 한계가 적응을 논함에 일종의 핸디캡이 된다고 생각한다.

메다워의 정의에 대해 더 강력한 반대를 표명하자면, 그 정의는 행운이 적합도의 중요한 한 요소임을 은연중에 암시하고 있다. 어떤 유전자형이 다른 유전자형보다 더 생존력이 뛰어날지 모르지만, 개체는 유전자형뿐만 아니라 그들이 순간순간 처하는 모든 상황 면에서 총체적으로 다르다. 적합도와 우연, 생존 사이의 관계는 2장에서 자세히 다루었다. 메다워의 진술에 대한 나의 주된 비판은 그것이 한 개체가 번식적 생존을 실제로 성취하는 정도라는, 다소 사소한 문제에 초점을 맞추고 있다는 점이다. 생물학의 핵심적인 문제는 생존 그 자체가 아니라 생존을 위한 설계이다.

그렇지만 메다워의 정의는 번식 성공도를 자연선택이 작동하는 유일한 준거로 보고 있다는 점에서 대단히 가치 있다. 이는 너무 쉽고 자명하게 들리지만 몇몇 저명하고 능력 있는 생물학자들은 이것을 간과한 것 같다. 예를 들어 코울(1954)과 에머슨(1960)은 젖샘은 다른 개체의 영양 공급에 이바지하기 때문에 개체의 적합도를 높이기 위한 선택으로는 설명할 수 없다고 주장했다. 그러나 젖샘은 포유류 암컷이 자신의 "자식이라는 통화"를 증가시키기 위한 노력에 직접적으로 관여한다. 개체의 적합도에 이바지하는 형질로 이보다 더 확실한 예가 또 어디에 있겠는가?

적응을 두 가지 범주, 즉 개체의 몸을 지속적으로 유지하는 적응과 번식에 관여하는 적응으로 나누는 것은 물론 가능한 일이며 종종 편리하기까지 하다. 그러나 기본적으로 모든 적응은 번식에 관여할 수밖에 없다. 자연선택은 번식적 생존에 신체가 필요할 때만 신체의 생존을 선호한다. 심장 기능상실과 젖샘 기능상실은 포유류 암컷의 적합도에 완전히 동등

한 효과를 끼친다(젖병을 제조할 줄 아는 포유류의 어느 한 종을 제외하고서
말이다). 마찬가지로 배아 시기, 유충 시기, 유체 시기, 성체 시기의 모
든 적응은 이러한 형태형성 순서를 지시하는 유전자의 생존을 증진하는
기제로서만 의미가 있다.

　이 장에서 나는 번식에 직접적으로 관련되는 적응에만 관심을 기울일
것이다. 이러한 적응은 이 책의 논제에 대단히 중요하다. 호흡, 영양, 그
리고 다른 대사기능에 관여하는 신체 기제들은 개체의 생존을 위한 유기
적 적응이라 흔히 말하지만, 번식 과정은 종의 생존에 관련된다. 그러나
이러한 현실이 종의 생존은 번식에 따른 함수임을 뒷받침하는 증거가 되
지는 않는다. 만약 번식이 개체의 유전적 생존을 위한 적응으로서 온전
히 설명 가능하다면, 종의 생존은 순전히 우발적인 효과로 간주하여야
한다. 이 논점은 번식에 관여하는 기제가 집단 생존을 위한 설계를 보이
는지 아니면 번식하는 개체의 유전자 생존을 위한 설계를 보이는지 면밀
히 조사함으로써 규명되어야 한다.

　개체의 유전적 생존을 위한 설계는 한 부모와 그 자식들 간의 상호작용
을 예로 들어 쉽게 설명할 수 있다. 이 상호작용은 부모의 번식적 생존과
자식의(나중에 번식하기 위한) 신체적 생존과 직접적으로 관련된 적응들
로 간주할 수 있으며, 굳이 종의 생존이라는 추가적인 기능을 상정할 필
요는 전혀 없다. 만일 이것이 옳은 해석이라면 모든 적응은 각 개체의 번
식 성공도를 다른 개체들의 번식 성공도에 비하여 최대화하게끔 계산되
어 있음을 입증할 수 있을 것이다. 그 최대화가 개체에 어떤 영향을 끼치
는가와 상관없이 말이다. 생애 주기의 모든 중요한 측면들은 이 목표를
성취하는 데 효율적으로 이바지할 것이다. 개체들이 번식하는 데 사용되
는 적응들이 집단의 복지 증진을 위해 조금이라도 희생되는 일은 일절 없
어야 한다. 그리고 같은 친족 구성원이 아닌 개체들까지 포괄하는 조직화
한 팀워크는 절대 존재해선 안 된다. 이러한 부류의 희생 혹은 협동적인
집단이 실제로 나타난다면 이는 생물상 적응의 실례로 해석해 마땅하다.

우선 개체의 번식 성공도가 무제한의 다산력에 의해 최대화되는 일은 거의 없다는 것부터 인식해야 한다. 심지어 성체 촌충조차도 그가 가진 자원의 일부는 자신의 신체 기능을 유지하는 데 사용한다. 만약 촌충이 자신의 모든 신체 조직을 오직 자식 생산에만 쏟아 붓는다면, 오늘 생산하는 자식 수는 늘릴 수 있겠지만 내일 혹은 그 이후에 생산할 수 있었던 자식들은 모두 잃어버리는 셈이다. 내일까지 살아남을 가능성이 전혀 없을 때에만 가진 자원을 오늘 모두 소비하는 것이 이득이 된다. 다른 그 어느 유기체 못지않게 촌충은 또 다른 중요한 원리의 좋은 예다. 동일한 양의 자원을 가지고도 촌충은 숙주의 장내에 방출하는 알(사실은 껍질에 싸인 휴면 유충)의 평균 크기를 절반으로 줄임으로써 다산력을 두 배로 높일 수 있다. 그러나 만일 이처럼 각각의 유충에게 공급되는 물질 자원이 축소되는 바람에 평균 생존율이 절반 미만으로 떨어진다면, 확대된 다산력은 번식 성공도의 감소를 의미한다. 그러므로 촌충의 알 크기는 높은 다산력과 각각의 자식들에 대한 적절한 자원 공급량 사이의 어떤 최적의 균형점을 따르리라고 추측할 수 있다.

각각의 자식에게 공급되는 자원량을 고려하여 자식의 수를 최적화한다는 이 원리를 아주 잘 보여주는 예를 랙(1954b)에게서 찾을 수 있다. 그는 조류의 몇몇 종에서 한 배의 알 수[2]가 평균을 넘는 둥지에서 깃털이 다 날 때까지 성공적으로 자라는 새끼 수는 평균 미만임을 입증했다. 마찬가지로 평균 미만의 한 배 알 수로부터 어른이 되기까지 성장하는 새끼 수는 평균 미만이었다. 물론 이 경우 한 수정란이 어른이 되기까지 생존할 확률 자체는 더 높을 것이다. 개체군의 평균적인 한 배 알 수는 깃털이 다 자라서 날 수 있는 새끼 수를 정상적인 조건에서 최대화하는 수치였다. 이 평균 다산력이 부모 한 쌍이 잠재적으로 생산할 수 있는 수정란의 최댓값보다 상당히 적다는 것은, 알이 없어지면 부모가 재빨리 채워 넣

---

2) 한 배 알 수(clutch size) : 어미 새가 둥지에 한 번에 낳는 알의 수.

는다는 사실만 봐도 알 수 있다. 다산력은 부모가 충분한 음식물을 공급
해줄 수 있는 자식 수에 맞추어 최적화된 것 같다. 개체군 평균보다 많은
한 배 알 수는 각각의 새끼들에게 돌아가는 영양분의 양을 감소시킴으로
써 궁극적으로 살아남는 자식 수를 처음부터 새끼들을 적게 낳았을 경우
보다 적게 만든다.

　랙이 지적했듯이, 번식은 개체군의 요구에 맞추어 조정된다는 가정에
입각한 무비판적인 생각들이 그동안 끊임없이 제기되었다. 랙은 특히,
어릴 때 사망률이 높은 종이 이러한 손실을 보충하고자 부모가 자식을 매
우 많이 낳는다는 흔한 속설을 지적했다. 거꾸로, 어린 시기의 사망률이
낮은 종은 부모가 굳이 자식을 많이 낳을 필요가 없으므로 다산력이 낮다
는 이야기도 종종 들린다.

　다산력과 사망률 사이에 확실히 상관관계가 있긴 하지만, 나는 양자
간의 원인-결과 관계는 일반적으로 간주하는 바와 정반대라는 랙의 해석
을 지지한다. 다산력이 높은 종은 그 때문에 어릴 때 사망률이 높다. 반
대로, 낮은 다산력은 어릴 때의 사망률을 낮춘다.

　이처럼 사망률이 다산력에 좌우되는 데 관여하는 요인이 두 가지 있다.
첫 번째로, 개체군 크기를 결정하는 요인이 무엇인가에 대한 논쟁에서
어느 진영을 지지하든지 간에, 어떤 종이 아무리 성공적으로 잘 적응했
을지라도 제한된 환경에서 무한정 증식을 계속할 수 있는 종은 없다. 얼
마 못 가서 환경의 수용 능력이 한계에 도달하거나 아니면 다른 요인이
개체군 증가를 억제할 것이다. 일단 이러한 조건을 충족하거나 충족에
거의 근접하기라도 하면, 높은 다산력은 자식 하나 남기지 못하고 죽어
야 하는 개체들의 수를 하릴없이 증가시킬 뿐이다.

　두 번째 요인은 한 부모 혹은 한 쌍의 부모는 한정된 자원을 지닌다는
점이다. 부모가 일단의 자식들에게 제공할 수 있는 물질이나 노력은 한
계가 있다. 만약 자식 수가 적다면, 부모는 각각의 자식들에게 음식이나
보호, 그리고 다른 이점들을 풍부하게 제공할 수 있다. 만약 자식들이 많

178

다면, 각각의 자식들이 장차 부딪칠 위험이나 스트레스를 피할 수 있도록 부모가 제공하는 자원량은 매우 한정될 수밖에 없다. 이처럼 자식이 생애 초기에 누리는 이득의 양이 다르면 어쩔 수 없이 사망률도 달라진다. 랙은 각 수정란이 얻는 자원량의 감소가 어떻게 높은 사망률을 초래하는지를 잘 보여주는 실례를 탐구했으며, 이러한 원리는 폭넓게 적용 가능하다. 랙은 다른 많은 분류군에도 이 원리가 적용되는 증거들을 수집했다. 예를 들어, 포유류에서 한 배 새끼 수가 증가할수록 사망률이 높아지며 잠재적으로 가능한 한 배 새끼 수의 최댓값보다 적은 수준의 한 배 새끼 수가 번식 성공도를 최대화하는 모습이 적어도 한 종에서 나타났다. 또한 랙은 많은 동물이 음식 공급량에 맞추어 다산력을 조정할 수 있다고 지적했다. 이러한 조정 능력은 사회성 곤충에게서 가장 두드러지게 나타난다.

몇몇 어류, 특히 경골어류의 알에는 몇 그램에 달하는 난황 비축물이 들어있다. 다른 어류의 알은 1밀리그램에도 못 미친다. 왜 작은 알, 그리고 여기에서 나오는 극히 작은 유생들이 큰 알보다 더 높은 사망률에 시달리는지 이해하기란 그리 어렵지 않다. 비슷한 현상이 식물에서도 나타난다. 코코넛 씨앗과 너도밤나무 씨앗 간의 사망률 차이는 상당부분 처음 제공받는 자원량의 차이에서 기인함이 틀림없다.

지금까지는 부모가 일정한 양의 영양분을 자식에게 공급하며 이 영양분이 최적의 수로 존재하는 자식들 사이에 분배되는 상황에서, 다산력에 어떠한 제한이 생기는지 살펴보았다. 그러나 음식을 제공하는 것만이 부모가 수행하는 유일한 종류의 봉사는 아니다. 예컨대, 가금류에서 엄마는 물론 난황의 형태로 자식에게 음식물을 공급하지만, 새끼는 알을 까고 나오자마자 혼자서 먹이를 찾아 먹을 수 있다. 랙의 연구는 부화 후 스스로 활동 못하는 만숙성(晩熟性) 종의 한 배 알 수에 대한 것이었음을 고려하면, 가금류 알의 한 배 알 수는 같은 식의 제한은 받지 않으리라 생각할 수 있다. 에머슨(1960)은 가금류가 상대적으로 높은 다산력을 보이는 까닭은 이들이 주로 땅 위에서 둥지를 짓고 살아서 사망률이 높으므로 다산력이 여기에 적응적으로 맞추어진 결과라고 해석했다. 나는 반대로 가금류의 높은 사망률은 증가한 다산력의 생태학적으로 불가피한 결과라고 해석한다. 가금류의 한 배 알 수가 증가한 것은 부모가 조숙성(早熟性) 새끼를 먹여 살릴 필요가 전혀 없다는 사실에서 그 원인을 바로 찾을 수 있다. 나는 한 배 알 수를 부분적으로 제한하는 요인으로서 첫째, 조숙한 새끼를 만들려면 각각의 알이 상당히 커야 하며, 둘째, 어미가 다 품지 못할 정도로 알을 많이 낳는 것은 낭비임을 들고자 한다. 한 배 알 수를 제한하는 주된 요인은, 아래에서 상술하듯, 부모의 번식 노력 (reproductive effort)의 최적화이다.

번식을 일종의 생물상 적응이라고 간주하는 경향이 생물학자들의 사고를 그동안 심히 어지럽힌 나머지, 어느 한 일반론이 이렇다 할 증거가 전혀 없는데도 학자들 사이에 폭넓게 받아들여지게 되었다. 지금 말하는 것은 어류에서 다산력과 부모의 자식 돌보기 사이에 흔히 추정되는 인과 관계이다. 블루길(sunfish)은 둥지 안의 알을 지킴으로써 배아기의 사망률을 낮추기 때문에 굳이 엄청나게 많은 자식을 낳을 필요가 없고, 그렇기 때문에 다산력이 감소하여 한 쌍이 불과 몇 천 개의 알만 낳게 되었다고 서술하고 있는 연구문헌들이 수없이 많다(예컨대, Lagler, Bardach & Miller, 1962). 반면에, 대구나 큰 넙치(halibut)처럼 알을 지키지 않는 종은 엄청난 수의 알을 낳아서 손실을 보충해야 한다고 주장한다. 이를 뒷받침한다고 인용된 "증거"를 살펴보면, 부모의 자식 돌보기가 있는 종으로는 언제나 작은 물고기를, 자식 돌보기가 없는 종으로는 큰 물고기를 항상 언급한다.[3] 만약 얼룩 메기(channel catfish: 자식 돌보기가 있는 큰 물고기)와 몰개(sand shiner: 자식 돌보기가 없는 작은 물고기)를 비교했다면

---

3) 부모가 자식을 보살피는 블루길은 몸집이 10~33cm 정도로 작은 반면, 자식 돌보기가 없는 대구나 큰 넙치는 크게 자라면 1m가 넘을 만큼 크다.

정반대의 연관관계를 뒷받침하는 "증거"를 발견했을 것이다.

물고기 성체의 크기와 알의 크기가 종에 따라 다르다는 혼동 요인을 통계적으로 제거하고 나면, 부모의 자식 돌보기와 다산력이 어떤 식으로든지 연관되어 있음을 보여주는 증거는 전혀 찾을 수 없다(윌리엄스, 1959). 어류의 다산력은 음식 공급량, 산란하기 적합한 시기의 지속시간, 그리고 궁극적으로는 암컷 체내에 알을 저장할 수 있는 공간의 크기에 의해 제한받는다.

부모의 자식 돌보기가 진화함에 따라 자연선택이 다산력을 감소시킬 법한 유일한 통로는 배우자를 생산하는 데 드는 물질 소모량이 감소함에 따라 그만큼 부모가 알이나 그 후 나올 어린 자식들을 더 잘 보살필 수 있게 되는 것이다. 그러나 대다수 어류 종에서 배우자를 생산하는 데 자원의 상당량을 소비하는 쪽은 암컷이다. 수컷이 물질적으로 이바지하는 정도는 매우 미미하며, 그들은 난자가 수정된 다음에 알을 전적으로 보살핀다. 이러한 종에서 암컷의 다산력이 감소한다고 해도 주로 수컷이 키우는 어린 자식들의 생존율은 거의 향상되지 않을 것이다. 시클리드처럼 암컷도 자식 돌보기에 참여하고 때로는 책임의 상당 부분을 떠안는 극소수 종에서만, 자식 돌보기의 진화에 맞추어 다산력이 감소하는 현상이 발견되리라 나는 예측한다.

자식의 최적 숫자라는 문제는 자식의 최적 질량이라는 문제와 연관되는데, 이는 나중에 논의하고자 한다. 하여튼 우리가 어떤 일정한 최적 질량을 가정한다면, 이 질량을 어떻게 나누어서 살아남는 자식 수를 최대화할 것인가 라는 문제가 불거진다. 만약 천 그램 나가는 암컷 물고기가 소비해야 하는 최적 소모량이 200그램이라면, 이 암컷의 번식 이득은 1밀리그램짜리 알을 20만 개 낳아야 최대화될까? 아니면 100밀리그램짜리 알 2천 개? 그도 아니면 10그램짜리 알을 20개 낳아야 될까? 낳은 알의 총질량이 200그램이기만 하면 되는 문제라면 각각의 알 크기와 관계없이 물질적인 총 소모량은 어쨌든 동일하리라고 나는 추측한다. 그러나 좀더 자란 새끼 물고기들의 총질량이 200그램이 되게끔 하려면 부모가 훨씬 더 많은 희생을 감수해야 할 것이다. 알과는 달리, 새끼들은 어미의 몸속에서 더 오랜 시간 신진대사를 거쳐야 하고 출생 시 훨씬 더 많은 산소와 음식물을 공급받아야 하기 때문이다.

부모가 투자하는 번식 노력의 최적량이 어느 정도이며, 이 노력을 가장 효율적으로 분배하는 방안은 무엇인가라는 두 문제는 각기 따로 떼어 분석할 수 있다. 먼저 분배 문제를 고려해보자. 한 물고기가 1밀리그램짜리 알을 20만 개 낳는 게 좋을까, 아니면 크기가 큰 알을 적게 낳는 게 좋을까? 헙스(Hubbs, 1958)와 스배드손(Svärdson, 1949)이 이 문제를 논의하였다. 두말할 필요 없이 중요한 요인은 자식에게 공급할 수 있는 음식 공급량을 좌우하는 평상시의 환경 조건, 그리고 포식자나 기타 위협에 가장 취약한 알의 크기이다. 만약 산란 직후에 부모가 새끼에게 공급할 수 있는 음식량이 한동안 계속해서 적다면 알이 크고 난황도 많이 포함할 것이며 따라서 느리게 발달하고 알의 총수도 적으리라고 예상할 수 있다. 그리고 매우 작은, 예컨대 1밀리그램 알들은 잘 잡아먹지만 그보다 몇 배 더 큰 알들은 제대로 못 잡아먹는 포식동물이 존재한다면 역시 동일한 종류의 적응이 선택될 것이다. 반면에 1밀리그램 알에서 물고기 유생이 쉽게 발달할 수 있을 만큼 음식 공급량이 당분간 충분하다면, 그리고 이처럼 극미한 알과 유생을 효과적으로 잡아먹는 포식압이 뚜렷이 없다면, 나는 이 물고기 종은 아주 작은 크기의 알을 진화시켜 계속 유지하리라고 예상한다. 이런 종에서 최적 다산량은 매우 높은 수준이 될 것이다. 고토(Gotto, 1962)는 기생성 요각류(橈脚類)에서 자식의 숫자 대 크기라는 문제는 예컨대 숙주를 찾을 가능성처럼, 자식이 직면하는 생태적 문제에 달려 있다고 추론했다. 그는 또한 알의 숫자와 크기에 작용하는 자연선택을 효과적으로 탐구할 수 있는 여러 가지 방안을 제시했다.

번식 성공도가 최대가 되려면 알이 가능한 한 빨리 실질적으로 성장할 수 있는 환경조건에서, 빠른 성장에 걸맞은 크기의 알을 낳아야 한다. 실질 성장은 태어난 자식의 총수에서 사망률로 말미암은 감소를 뺀 값이다. 자식들의 총수는 꾸준히 감소하기 마련이므로, 살아남은 자식들이 자식의 총질량이 증가할 정도로 빠르게 성장하지 않는다면 그러한 부모의 투자는 다음 자식 세대에 그다지 큰 성공을 거두지 못할 것이다. 이러한 원리는 개체군의 크기가 급속히 변하지 않는 모든 개체군에 항상 적용된다.

성장, 사망률, 그리고 번식 성공도 사이의 관계를 이해하는 방편으로, 어느 물고기가 한 살 때 몸무게가 100그램에 도달하여 10그램의 알들을 낳은 다음에 바로 죽는다고 가정해보자. 부모 한 쌍이 평균적인 번식 성공도를 거두려면, 이 10그램의 알들은 일 년 안에 총질량 200그램에 달하는 두 마리의 개체로 성장해야 한다. 살아남은 것이 처음 세 마리 중에 둘이든 천 마리 중에 둘이든 그것은 중요하지 않다. 사망이나 성장이 일어난 것이 한 해의 처음인지 마지막인지도 중요하지 않다. 오직 최종 결과만이 중요하다.

3장에서 설명했듯이, 성장은 사망률이 높은 시기에 가장 빨리 이루어질 것이며, 대다수 종이 생애 초반에 가장 사망률이 높다. 성장률과 사망률 사이의 이러한 반비례 관계 때문에 일 년 동안 자식들의 총질량은 시간에 선형적으로 비례해 증가할 것이다. 그러나 이는 알 단계에는 해당하지 않는다. 알은 꾸준한 사망률에 노출되지만, 새끼 물고기와 달리 환경으로부터 음식물을 섭취해서 성장을 이룰 수는 없다. 알은 장차 스스로 섭식하기 위해 효율적인 소화 기관과 복잡한 감각 및 운동 기관을 형성하는 엄청나게 힘든 과업을 수행해야 한다. 처음 산란한 알들의 총질량은 항상 처음엔 감소했다가 나중에서야 증가하기 시작한다. 〈그림 4〉는 총질량 10그램으로 출발한 가상적인 천 개의 알들의 총질량이 일 년에 걸쳐 변화하는 과정을 나타낸 것이다.

자식의 총질량이 증가하는 시점에서의 차이를 볼 때, 어미가 처음부터

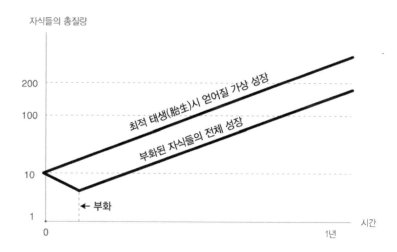

자식들의 총질량

200

100

최적 태생(胎生)시 얻어질 가상 성장

부화된 자식들의 전체 성장

10

1

← 부화

0

1년

시간

그림 4 체내 수정을 하게 된 물고기의 출생 단계 최적화

10그램의 알들이 아니라 10그램의 새끼 물고기들을 낳았다면 더 유리했으리라는 것을 그림으로부터 쉽게 알 수 있다. 그랬더라면 그 어미의 자식들은, 다른 조건들이 동일하다면, 총질량의 실제 증가 경로와 평행하지만 모든 단계에서 더 높은 경로를 밟으며 증가했을 것이다(그림에서 위쪽의 선). 그러나 이러한 이점은 체내 수정이라는 선적응이 존재하지 않았다면 실현될 수 없다. 체내 수정이 없다면, 어미 물고기는 자식이 수정되게끔 자식을 불가피하게 배우자 단계에서 체외로 배출해야 한다. 그 결과 탄생한 수정란은 포식압에 극히 취약할 뿐만 아니라 한동안 음식을 스스로 섭취하지 못할 수밖에 없다. 따라서 후세에 대한 어미의 투자는 처음엔 그 가치가 하락하고 나서야 나중에 성장할 수 있다.

  일단 체내 수정이 진화했다면, 자식들을 몸 밖으로 내보냈을 때 일부가 사망함에 따른 손실보다 자식들의 전체적인 성장으로 얻는 이득이 더 높아질 때까지 자식들을 몸 안에 보유하는 방향으로 즉각 자연선택이 작용할 것이다. 이는 어류나 동물의 많은 다른 분류군에서 체내 수정과 태생(胎生)이 높은 연관성을 보이는 현상을 잘 설명해준다. 선택은 수정란을 뱃속에 계속 지니다가 자식의 성장률과 사망률이라는 개체군통계적 요인들에 의해 결정되는 적절한 발달 단계에 도달하면 유체를 체외로 방출하는 체계를 만들었을 것이다. 이 변화를 가리켜 태생으로의 최적 전환이라 할 수 있다. 물론, 더 발달한 유체 단계의 자식들을 낳으려면 총질량이 동일한 알들을 낳는 것에 비해 어미 입장에서는 더 큰 물질적 희생을 감수해야 한다는 사실도 이러한 변화에 영향을 미치는 요인이다.

태생과 체내 수정이 연관되지 않는 주목할 만한 예외가 두 가지 있는데, 바로 조류와 곤충류이다. 내가 보기에 조류에서 태생이 전혀 없는 것은 참으로 불가사의한 일이다. 대다수 종에서 알의 사망률이 엄청나다는 사실은(Lack, 1954a) 새가 태생으로 전환하면 크나큰 이득을 얻을 수 있음을 암시한다. 이 과정에서 태아의 무게가 어미가 하늘을 나는 걸 너무 방해하지 않게 하기 위해 낳는 자식 수를 상당히 줄인다고 해도 말이다. 번식하는 서식처와 개체군 구조가 종에 따라 매우 변이가 심함을 고려해 볼 때, 나는 태생이 적어도 몇몇 조류 종에서는 진화했으리라고 추정한다. 아마도 조류는 태생으로 전환하는 것을 막는 면역학적 장벽을 뛰어넘기 위한 어떤 중요한 선적응을 미처 지니지 못했고, 초창기 포유류는 그 선적응을 지녔을 것이다.

곤충에 대해서는 이러한 변명이 통하지 않는다. 곤충이 태생이 될 수 있음이 아주 명백한 까닭은 일부 곤충이 실제로 태생이 되었기 때문이다. 이러한 종들은 분류학적으로 다양하게 흩어져 있다(Hagan, 1951). 태생을 하는 속이나 종의 숫자가 상대적으로 적긴 하지만, 곤충강에 속한 주요한 목(目, order)의 약 절반이 태생을 하는 종을 어떤 식으로든 포함한다. 아마도 곤충 사이에 태생이 드문 까닭은 자식이 어느 정도 발달한 단계까지 성장할 만큼 뱃속에서 키우려면 다산력이 감소할 수밖에 없기 때문일 것이다. 이 추론은 사회성 곤충에 잘 들어맞는다. 만일 여왕벌이 자식들 하나하나가 유충 혹은 그보다 더 발달한 배아 단계에 도달할 때까지 몸속에서 넣고 다니면서 영양분을 공급해야 했다면, 현재와 같은 엄청난 다산력을 과시하진 못했을 것이다.

　태생의 주된 이득은 발달의 최초 단계에서 대개 정점에 달하는 높은 사망률을 상당히 줄여준다는 점이다. 곤충, 그중에서도 사회성 곤충은 알을 잘 보호된 적소에 낳는 특징이 있으며 이 적소에서 알의 사망률은 보통 부모의 사망률보다도 더 낮다. 잘 보호된 적소의 존재가 아마도 태생의 선택적 이점을 제거했을 것이다. 만약 이것이 올바른 설명이라면, 태생을 진화시킨 곤충들은 알을 잘 보호해주는 적소가 없는 생활사를 지닌 종들임을 입증할 수 있을 것이다.

　지금까지의 논의는 부모의 입장에서 물질적 자원의 최적인 소비량이 일정하게 존재함을 가정했다. 우리가 다룬 문제는 이 물질을 어떻게 최적의 방안으로 분배하여 사용하느냐였다. 얼마나 많은 양의 물질을 소비해야 하는가에 대해서는 아직 아무 말도 하지 않았다. 이 문제는 유기체가 번식을 위한 노력을 얼마나 투자해야 하는가, 그리고 그 과정에서 얼마나 큰 위험을 감수해야 하는가 하는, 더 큰 문제의 일부이다. 부모가 치르는 희생은 분명 때에 따라 막대하기도, 미미하기도 하다. 이 문제를 다루는 데 있어서 나는 생리적 스트레스와 개인적 위험 면의 비용이 번식 성공 확률에 의해 정당화되게끔 자연선택이 즉각적인 번식 노력의 양을 조정하리라는 명제를 하나의 기본적인 공리로 받아들이려 한다. 대다수 종의 경우 개체의 몸은 유전적 생존을 위한 투쟁에서 개체의 핵심 자원이다. 즉 몸은, 헛되이 위태로워져서는 안 되는 하나의 투자이다. 잘 적응한 개체는 성공할 가능성이 최고지점에, 비용이나 위험이 상당히 낮은 지점에 있을 때만 번식 활동에 들어갈 것이다.

　생리적 비용을 객관적으로 측정하는 있는 방안이 반즈(Barnes, 1962)나 크리스프와 페이털(Crisp & Patel, 1961)에 의해 제안되었다. 그들은 따개비의 산란이 성장에 끼치는 영향을 측정했으며, 따개비가 적지 않은 정도의 성장을 희생하면서 산란을 한다는 것을 증명하였다. 이처럼 성장이 제한되면 다음 번식기에 낳는 자식 수도 감소할 것이다. 나는 번식이 사망률에 미치는 효과를 다룬 연구는 들어본 바 없다. 그러한 효과는 아마도 둥지를 트는 새에 대한 현장 연구를 통해 입증될 수 있을 것이다. 개체들이 격년제로 어느 정도 일정하게 번식하는 몇몇 종이 특히 유용한 연구대상이 되리라 본다.

즉각적인 번식 기회의 가치와 비교되는 "신체적 투자"(*somatic investment*)의 상대적 가치는 개체군통계적 환경에 의해 결정된다. 가상의 예를 들어 설명하면 이 관계를 쉽게 이해할 수 있을 듯하다. 어떤 종이 일 년에 한 번, 봄철에만 번식한다고 하자. 이러한 계절적 한계는 번식적 성공이 투자된 비용에 대해 최고점에 이르는 시기가 봄이기 때문일 것이다. 이 종은 번식 습성도 매우 단순하다고 가정하자. 즉, 이 종이 해야 하는 일이라곤 수정란을 만들어서 적절한 시점에 방출하는 것뿐이다. 또한 각 개체는 예외 없이 잘 자라나서 생애 어느 시기에든 자식을 낳을 수 있다. 이제 두 명의 어린 개체가 다가오는 내년 봄에 번식할 것인가 아니면 번식하지 않을 것인가 선택해야 하는 단계에 접어들었다고 상상하자. 두 개체는 모든 면에서(크기, 나이, 건강, 영양상태, 유전자형) 동일하지만, 한 개체는 "네 — 내년 봄엔 난자를 만들기 시작하세요"라고 말하는 유전자를 지니지만 다른 개체는 "아니오 — 한 해 더 기다리세요"라고 말하는 유전자를 지닌다는 것만이 다르다. 어떤 개체가(따라서 어떤 유전자가) 가장 적합할까? 답은 순전히 개체군통계적 환경에 있다. 즉각적인 번식의 생존 가치는 연간 사망률이 높을수록(내년 봄이 마지막 기회가 될 가능성이 높을수록), 그리고 다산력의 연간 증가율이 낮을수록 클 것이다. 반면에 번식을 뒤로 미루는 방안의 생존 가치는 연간 사망률이 낮고 연간 다산력 증가율이 높을수록 크다. 낮은 연간 사망률과 높은 연간 다산력 증가율은 더 먼 미래의 성공 전망과 비교하면 즉각적인 번식 기회의 가치를 크게 떨어뜨리기 때문이다. 만약 연간 사망률 같은 변수가 매년 유동적이라면, 그 장기적인 평균값이 결정 요인이 될 것이다. 어떤 중요한 생태적 요인이 유동적이라면, 가장 적합한 유전자는 번식을 감행할 것인가 말 것인가라는 물음에 대하여 "그러세요. 만약 ～한다면 말이죠."이라고 답하면서 가장 적절한 조건을 내세우는 유전자이다. 이러한 "네, 만약 …" 유전자가 자연선택 된다면, 개체의 건강과 영양상태, 그리고 날씨처럼 시간에 의존하는 변수들에 의해서도 번식이나 번식 강도가 달라질 것이다. 이러한 변수들은 성공적인 번식 가능성이나 번식에 필요한 신체적 희생의 정도에 영향을 끼친다는 공통적인 특성을 지닌다.

위에서 논의한 것처럼 만일 연령에 따라 달라지는 다산력과 성체 사망률이라는 개체군통계적 요인들이 번식 노력을 결정하는 주된 요인이라면, 몇 가지 다음과 같은 일반화가 가능하다. 성체 단계가 길고 이 기간에 다산력이 계속 높아지는 종은 번식기에 투자하는 번식 노력의 수준이 낮을 것이다. 반면에 일단 성체가 되면 다산력이 그다지 높아지지 않는 제한 성장(determinate growth)을 하며 두 번의 번식기 사이의 사망률이 높은 종은 번식 노력을 크게 기울이며 종종 이 과정에서 크나큰 위험도 감수할 것이다. 그 극단적인 형태를 평생 단 한 번만 번식하는 종에서 찾을 수 있다. 번식에 쏟아 붓는 생리적 비용과 생명에 대한 위험이 가장 극심한 사례는 이런 종들에게서 발견되리라 기대할 만하다. 어류에 좋은 예가 많다. 태평양 연어는 단 한 번만 산란하는데, 이 종들에서 우리는 부모가 신체를 희생하면서까지 번식 기능에만 집중하는 사례를 볼 수 있다. 태평양 연어의 어떤 종은 강을 거슬러 올라가는 연어과나 다른 어떤 물고기들보다 더 멀리 이주한다. 산란을 준비하느라 소화계가 위축되어 더는 생존하지 못하지만, 바로 이 위축 덕분에 배우자를 만드는 물질과 저장 장소를 확보하여 물고기가 상류를 거슬러 올라가는 데 짐만 되는 불필요한 몸무게를 덜어낼 수 있다. 수컷 물고기의 입은 암컷을 놓고 수컷끼리 벌이는 싸움에서 유리하게끔 형태가 변화하지만 이 탓에 음식물을 효과적으로 소화하기 어렵게 된다. 영역과 암컷을 놓고 겨루는 수컷들의 호전성은 비슷한 크기의 다른 어떤 어류도 따라갈 수 없을 만큼 살벌하다. 번식 노력을 이렇게 극단적으로 쏟는 현상은 단 한 번의 기회가 처음이자 마지막인 어류종에서는 물론 적응적이다. 일회결실(一回結實, *semelparity*) 형 생애 주기는 노화가 진화하면서 함께 파생된 단면의 하나라 할 수 있다 (Williams, 1957: p. 408).

이 같은 생애 주기를 보이는 어류종들이 또 있다. 칠성장어가 그 중 하나인데, 이들의 번식 행동과 생리는 태평양 연어의 그것과 유사하다. 아메리카 열대지방에 서식하며 아마 다른 곳에도 있을지 모르는 한해살이 어류는, 일시적으로 존재하다가 건기가 되면 사라지는 연못에서 자라고 번식한다. 연못이 다 말라버리기 전에, 이 물고기들은 가뭄에도 잘 버티는 알을 산란한다. 건기 동안 알들은 휴면 상태에 있다가 빗물이 연못을 다시금 채우면 부화하여 다음 건기가 찾아올 때까지 성장한다. 마이어스 (Myers, 1952)는 이들 1년생 어류를 개관하는 논문을 발표하였다. 여기에 속한 종들은 모두 성적 이형성이 매우 높으며 수컷이 아주 밝은 빛깔을 띤다는 특징을 지닌다. 수컷들은 또한 다른 수컷들과의 경쟁에서 대단히 호전적이다. 한해살이 어류들이 호전성과 몸빛이라는 두 측면 모두에서 여러해살이 근연종보다 훨씬 더 극단적이라는 사실은 우리의 이론적 예측과 잘 들어맞는다. 물론, 이렇게 비교하는 과정에서 주관적인 판단이 개입할 우려가 있을 뿐만 아니라 한해살이 어류에 대해 알려진 정보가 불행히도 매우 빈약해서 두 집단 간의 차이를 객관적으로 측정하기란 쉽지 않다.

앞에서도 이야기했듯이, 단 한 번만 번식하는 유기체들은 스펙트럼의 한 극단을 점한다. 반대쪽 극단에는 성체로서의 사망률이 매우 낮고, 번식기를 여러 번 경험하며, 해마다 다산력이 증가하는 종이 위치한다. 양 극단 사이에 개체가 기대할 수 있는 미래의 총 번식 기회에 대비하여 즉각적인 번식 기회의 가치가 폭넓게 달라지는 생애 주기의 여러 형태가 자리 잡는다. 어느 종에서나 번식 노력의 수준은 이 두 수치의 비를 반드시 반영하게 된다. 정식적으로 그 기댓값은 다음과 같다.

$$E = \frac{F_0}{\Sigma_{i=1}^{\infty}(F_i S_i)}$$

여기서 E는 감수해야 할 생리적인 스트레스와 생존 상의 위험으로 가늠할 수 있는 최적의 번식 노력 척도이며, F_i는 i번째 번식 시즌(현재 혹은 당장의 번식기는 숫자 0이 될 것)의 다산력, 혹은 번식 효율성을 나타낼 수 있는 다른 척도이며 S_i는 i번째 번식 시즌까지 생존할 가능성이다.

이 비율은 두말할 필요 없이 종에 따라 매우 다르다. 어떤 어류종은 여러 해에 걸쳐서 다산력이 꾸준히 증가한다. 많은 경우에, 이처럼 다년에 걸친 증가는 선형적인 증가에 근사한다고 가정해도 큰 무리가 없다. 이렇게 가정하면 이 물고기는 첫 번째 산란기에는 약 천 개의 알을, 두 번째 산란기에는 약 2천 개의 알을 낳는 식으로 번식하는 셈이다. 몇몇 종에서는 성체의 연간 생존율이 꾸준하게 0.8 정도를 유지한다는 가정이 잘 들어맞으며, 더 높은 생존율을 보이는 종도 있을 것이다. 이상과 같은 가정이 성립하는 종의 E 값은 성체의 다산력이 일정하고 연간 생존율이 겨우 0.5인 종의 E 값의 고작 4%에 불과하다. 더 극심한 차이도 분명히 일어난다. 단 한 번만 번식하고 죽는 종에서는 분모의 값이 영이 된다는 점에 유의하자. 전술했듯이, 그러한 종에서는 모든 가용한 자원을 단 한 번의 번식 노력에 쏟아 붓는 행동이 자연선택 될 것이다.

어류는 번식 행동과 개체군 구조가 극도로 다양한 변이를 보이기 때문에 이런 부류의 이론을 검증하기에 아주 적합한 분류군이지만, 불행히도 자연 개체군 내의 E, F, 그리고 S 값에 대하여 신뢰할 만한 추정치는 거의 없다. 이들 값에 대해 우리가 가진 정보 대부분은 상업적으로 활용되고 있는 종들로부터 얻어졌는데, 이들은 자연 상태의 원래 개체군에 비하면 매우 이질적인 개체군 구조를 지닌다. 그럼에도 불구하고 나는 어류에서 나타나는 현상들이 이론적인 기대와 잘 들어맞음을 보여주는 몇몇 단서들이 있다고 생각한다. 이러한 단서들은 E, F, 그리고 S 값이 몸 크기와 연관되는 양상으로부터 찾을 수 있다.

요인 F에 대해 살펴보자. 제한 성장, 곧 일단 성체가 된 다음에는 다산력이 거의 일정하게 유지되는 성장 패턴은 극히 소수의 물고기 종에서만 나타나며 이들 모두 몸집이 대단히 작다(Wellensiek, 1953). 수족관에서 흔히 볼 수 있는 작은 물고기들은 성체에 도달한 다음 몸집이 더 커지는 일은 별로 없다. 내가 수집한 통계 자료를 보면, 50밀리미터를 절대 넘기지 못할 만큼 작은 물고기들이 성체가 되었을 때의 몸 크기는 대개 최대 몸 크기의 절반에서 사 분의 삼에 해당한다. 그러나, 500밀리미터를 쉽게 넘기는 물고기들이 성체가 되었을 때의 몸 크기는 대개 최대 몸 크기의 오분의 일에서 절반에 달한다. 큰 물고기들은 작은 물고기들에 비해 제한을 덜 받는 성장 패턴을 지녔다는 것은 하나의 일반 원리로 간주할 수 있을 듯하다. 이는 몸집이 작은 어류종들이 번식에 더 많은 투자를 하리라는 것을 의미한다.

큰 유기체가 작은 유기체보다 더 낮은 사망률을 보이리라는 것은 쉽게 예측할 수 있다. 이러한 예측은 어업 통계 자료를 통해 확증된다. 어업 통계에서는 최대 몸 크기가 몇 센티미터인 물고기들이 서너 살을 넘겼을 때의 생활사에 대해서는 거의 기록되어 있지 않지만, 철갑상어, 동갈치(gar-pike), 넙치(halibut)처럼 큰 물고기들이 자연 상태에서 15년에서 20년에 걸쳐 남기는 생활사에 대해서는 자세한 정보를 종종 제공해준다. 결국 요인 F는 작은 어류종의 번식 노력을 큰 어류종의 그것보다 더 크게 만들 것이다.

다음 문제는 작은 어류종이 큰 어류종보다 번식에 노력을 더 많이 투자하는 경향이 일반적으로 존재하는지 따져보는 일이다. 번식 노력의 정량적인 척도를 얻기는 불가능하지만, 번식 습성의 다채로운 양태들을 검토함으로써 어느 쪽이 더 큰 노력과 희생을 불사하는지 알아볼 수는 있다. 번식에 드는 노력이나 위험은 다음 각 경우에 더 클 것이라고 가정할 수 있다. 즉, (1) 어떤 종의 어미가 자신의 몸 크기에 비해 상대적으로 적은 양의 알보다는 많은 양의 알을 낳을 때, (2) 어떤 종이 일 년에 단 한 번이 아니라 한 번식기 안에도 여러 번 산란할 때, (3) 어떤 종이 번식기 동안 일상적인 몸 색깔을 유지하기보다는 화려한 교미 색깔을 띨 때, 이때 색깔이 화려할수록 신체적인 위험은 더 크다고 가정할 수 있으며, (4) 어떤 종이 산란하기 전에 매우 단순한 행동만 취하기보다는 아주 현란한 구애과시 행동을 취할 때, (5) 어떤 종에서 동성 구성원 간의 관계가 대단히 경쟁적일 때, 특히 특화된 무기를 활용하는 실질적인 싸움까지 경쟁에 동원될 때, (6) 어떤 종에서 영역이 없는 게 아니라 서로의 영역이 분명히 유지될 때, (7) 어떤 종에서 알을 그냥 아무렇게나 뿌리기보다는 잘 보호된 적소에 알을 낳거나 둥지 안의 알을 품는 것처럼 알을 특별하게 보호하는 행동이 나타날 때, (8) 난생이 아닌 태생인 종일 때 번식 노력은 더 클 것이다.

만약 어류학자들에게 여론 조사를 한다면 거의 모든 학자가 위에서 열거한 판단 기준 대다수에 대해서 작은 물고기가 큰 물고기보다 더 큰 번식 노력을 기울인다는 데 동의하리라고 확신한다. 비록 그들 모두가 두드러진 예외를 몇 가지씩 들 수 있겠지만 말이다. 난소의 상대적인 무게를 다룬 문헌들을 간략히 조사한 연구에서 (Williams, 1959), 나는 크기가 작은 종일수록 알의 양은 상대적으로 더 많다는 증거를 찾을 수 있었다. 참치에 대한 광범위한 자료들을 보면 어미의 신체 질량의 5퍼센트를 넘는 알 무더기를 생산하는 종은 어디에도 없었다. 반면에, 아주 작은 물고기들의 경우 난소의 상대적인 무게가 어미 몸의 20%를 넘는 종은 흔히 있다. 시어나 가시고기처럼 작은 물고기에서 자주 발견되듯이, 알의 질량에 의해 신체의 균형이 극도로 뒤틀리는 현상이 큰 물고기에게 나타나는 일은 결코 없으리라고 단언해도 무방할 듯하다.

다른 판단 기준들에 대한 증거도 수집했지만 여기에서 그들을 모두 제시하고 논의한다면 글이 너무 장황해질 것이다. 이 책의 목적에 맞게끔, 나는 어류학자들이 앞에서 제시한 판단 기준 각각에 대하여 몸 크기 편향이 존재한다는, 즉 각 기준에 대하여 작은 종이 더 큰 노력을 기울인다는 주장이 그들의 경험에 비추어볼 때 타당하리라고 일단 가정하겠다. 내가 조언을 구한 어류학자들은 위의 모든 논점에 고개를 끄덕였으며, 심지어 내가 보기에 뒷받침할 만한 증거들이 모호하며 아예 작은 종이 더 노력을 기울이리라는 기대를 배반하는 증거도 있는 것 같은 마지막 두 논점에 대해서조차 그들은 동의를 표시했다. 가시고기나 구라미처럼 정교하게 지은 둥지에 알을 낳아서 다른 포식자로부터 알을 보호하는 아주 작은 물고기들이 많다. 그리고 어미 물고기가 알을 보호하는 행동이 언급되면 조류학자가 가장 먼저 떠올리는 종도 바로 이 작은 물고기들이다. 그렇지만 큰 물고기 중에도 유사한 습성을 지닌 종들이 적지 않게 존재한다. 베스(*black bass*), 보우핀(*bowfin*), 그리고 메기는 미국에 서식하는 큰 물고기 중의 상당수를 차지하는데, 이들은 모두 둥지를 지어 알을 보호한다. 다른 많은 민물고기도 같은 행동을 하며, 이러한 습성은 프로톱테루스(*Proteopterus*)나 아라파이마(*Arapaima*)처럼 보다 원시적인 종들에서 특히 흔하게 나타난다. 둥지를 짓는 물고기 가운데 적어도 한 과(科, *family*), 즉 검정우럭과에서는 큰 종들이 작은 종들보다 자식 돌보기 행동이 더 발달했다(Breder, 1936).

알을 입안에 넣어 부화시키는 구내포육(口內哺育)도 알을 특별히 보호하는 한 방편인데, 그 발생 빈도가 몸 크기에 따라 별로 다르지 않다. 입안에서 알을 기르는 물고기 가운데 가장 작은 종은 아마도 몸 크기가 약 70밀리미터인 베타 브리더리(*Betta Brederi*)일 듯하다. 입안에서 알을 키우는 시클리드와 동갈돔(*apogonid*)류는 평균 크기라고 볼 수 있고, 역시 입안에서 알을 키우는 메기는 몸집이 상당히 크다. 태생에 대해서도 거의 비슷하게 서술할 수 있다. 태반을 지닌 발달한 태생은 대단히 작은 민물고기의 두세 개 과에서 발견되며 이들은 대부분 계통적으로 가깝다. 중간 크기의 바다 퍼치류(*embioticid*), 대단히 큰 상어에서도 이처럼 발달한 태생이 나타난다.

증거들을 요약하자면, 나는 작은 종이 큰 종보다 번식 노력을 더 크게 기울이리라는 예측이 대체로 확증되었다고 말하고 싶다. 그러나 자식들에게 특별한 보호를 제공하는 형태의 번식 노력에 대해서는 예외가 상당히 존재함을 간과하지 말아야 한다. 둥지에서 알을 보호하는 부모의 자식 돌보기 행동이 부모의 몸 크기에 그다지 좌우되지 않는 현상에 대한 잠정적인 설명을 하나 시도하자면, 작은 물고기는 자식들을 특별하게 보호할 필요성은 더 클지 몰라도 몸이 워낙 작아서 자식을 그다지 효율적으로 보호하지 못하리라는 것이다. 구내포육과 태생은 일반적으로 다산력을 얼마간 감소시킨다. 따라서 작은 물고기들에게는 구내포육이나 태생이 그다지 가치 있는 선택지가 되지 못할 것이다.

몸 크기 — 또는 사망률을 추정하게끔 해주는 다른 단서들 — 와 번식 노력 사이에 예측되는 관계가 실제로 존재하는지 검증할 수 있는 또 다른 후보군은 조류다. 우리가 바라는 수준으로 정확한 개체군통계적 정보는 물론 부족하지만, 조류에서도 대체로 예측이 들어맞는다고 할 수 있다. 번식 노력을 가장 적게 들이는 종들은 몸집이 큰 바닷새나 맹금류이며 이들은 성체 사망률이 매우 낮다. 산란 시즌에 알을 낳지 않고서 지나치는 일이 흔히 있고 자식 수도 매우 적으며, 없어진 알을 새로 낳아 보충하는 성향도 거의 없다. 알 수가 매우 적을 뿐만 아니라 성체의 크기에 비교하면 상대적으로 왜소하다. 암수 어른의 몸 색깔이 뚜렷하게 다른 경우도 거의 없으며 정교한 구애 행동도 없다. 그러나 작은 새나 땅 위에서 사는 새들은 정교한 구애 행위를 연출하고 상대적으로 큰 알을 많이 낳으며 잃어버린 알을 즉시 보충하고, 모트람(Mottram, 1915)에 의하면 성에 따라 몸 색깔이 아주 다른 경향이 있다. 이러한 관찰 사실들을 불필요한 가정을 더하는 일 없이 명쾌하게 설명하는 길은 각 개체가 사망률의 확률분포에 맞추어 번식 행동을 적응적으로 조정했다고 보는 것이다. 조류의 번식 생리와 행동에서 나타나는 계통유연상의 다양한 변이는 윈-에드워즈(1962)가 종합 검토하였다. 이러한 변이에 대한 그의 해석은 나와 매우

194

다르다.

번식 노력의 최적 수준은 종에 따라 다를 뿐만 아니라, 시간에 따라 한 종 내에서도 변화할 것이다. 성적 성숙에 도달한 다음에 처음 몇 년 동안은 다산력, 혹은 다산력이 아니더라도 번식 수행 능력을 나타내는 다른 척도가 눈에 띄게 증가하는 적어도 몇몇 종에 대해선 이러한 추정을 할 만하다. 열 번째 산란기를 맞이하는 넙치가 내년에 다산력이 더 늘어나리라는 기대를 할 수는 있지만, 첫 번째 산란기를 맞이하는 넙치의 다산력이 이듬해 증가하는 만큼 많이 기대할 수는 없다. 따라서 번식 노력을 설명하는 앞의 등식에서 노력 E는 연령에 의존하는 변수가 된다. 번식 노력의 강도는 연령에 따라 증가하며, 가장 많이 증가하는 시기는 첫 번째와 두 번째 산란 사이가 될 것이다. 어느 유기체에서나 처음 시도하는 번식은 강도가 낮다고 흔히 보고되며, 이러한 관찰은 위에서 제시한 이론적 기대와 잘 들어맞는다. 나이가 들면서 번식 노력도 증가하리라 예측되는 종에서 번식노력이 실제로 계속 증가하는 양상을 보이는지는 아직 명확하지 않다. 비록 이러한 예측이 몇몇 대형 해양 어류에서는 맞아떨어진다는 증거가 있긴 하지만 말이다. 허더(Hodder, 1963)는 해덕 개체군에서 암컷의 다산력이 개체의 질량에 비하여 더 빠르게 여러 해에 걸쳐 증가함을 입증했고, 다른 종에서도 이러한 경향이 나타나리라는 것을 시사하는 단서들을 망라하였다. 대다수 암컷 물고기에서, 크기에 대한 다산력의 비는 번식 노력을 정확히 나타내는 척도가 되리라 본다.

번식 노력의 최적화는 암수의 상이한 일차적 성 역할과 더불어 이차적인 성 역할의 차이까지 설명할 수 있을 것이다. 수컷이 암컷보다 번식에 더 기꺼이 착수하는 경향이 수많은 종에서 흔히 나타난다. 이는 암컷의 경우가 죽지 않고 살아남는 자식 하나를 만들기 위해서 감수해야 하는 생리적 희생이 더 크다는 사실에 따른 결과로 이해할 수 있다. 포유류 수컷의 본질적인 역할은 교미와 더불어 끝나는데, 이 교미 행위 자체는 수컷으로서는 무시해도 좋을 만큼 미미한 에너지와 물질을 소비할 뿐이며, 수컷의 안전과 행복에 직접적으로 관련되는 문제들을 잠깐만 도외시하면 되는 일이다. 암컷이 처하는 상황은 극명하게 다르다. 암컷에게 교미 행위는 기계적인, 그리고 생리적인 의미의 짐을 오랫동안 짊어지면서 그에 따른 갖가지 스트레스와 위험을 감수해야 함을 의미한다. 그러므로 일차적인 번식 역할로 보면 잃을 것이 없는 수컷은 가능한 한 많은 암컷과 짝짓기에 공격적으로 지체 없이 돌입하려고 한다. 만일 그가 자신의 번식 역할을 수행하여 실패한다고 해도 그는 잃을 것이 거의 없다. 만일 성공한다면, 그는 암컷이 크나큰 신체적 희생을 치르고 나서야 간신히 얻을 수 있는 성취를 아주 적은 노력만 투입하여 얻는 것이다. 암컷에게 실패는 수주 내지 수개월에 걸친 시간의 허비를 의미한다. 임신이 주는 기계적인, 그리고 영양적인 부담으로 말미암아 오랜 기간에 걸쳐 포식자에게 잡아먹힐 우려가 커지고 질병에 대한 저항력이 약해지며 다른 위험에도 더 많이 노출된다. 암컷이 이러한 스트레스와 위험을 성공적으로 견뎌내더라도 만약 새끼들이 젖을 떼기 전에 죽기라도 하면 한순간에 모든 수고가 물거품이 되고 만다. 암컷이 번식 역할을 일단 수행하기로 했다면, 암컷이 최소한도로 투자해야 하는 번식 노력의 양 자체가 매우 높으며 암컷은 이를 고스란히 감수해야 한다. 따라서 자연선택은 암컷의 번식이 성공할 가능성이 정점에 달하여 번식에 따르는 비용을 충분히 능가할 때에만 암컷이 번식이라는 짐을 짊어지게끔 암컷의 번식 행동을 조절할 것이다.

그러므로 통상적으로 암컷이 수컷보다 더 수줍어하는 성향은 암컷이 어미가 되는 부담을 떠안기 적절한 순간과 상황을 잘 가려내게끔 해주는 암컷의 적응적 기제로부터 유래한다고 쉽게 이해할 수 있다. 가장 중요한 상황 변수 중의 하나는 암컷을 수정시키는 수컷이다. 암컷은 자기 자식들을 수정시킬 만한 수컷들 가운데 가장 적합도가 높은 수컷을 고르는 것이 유리하다. 적합도가 몹시 높은 수컷은 보통 적합도가 몹시 높은 자식들을 낳는다. 구애 행위의 기능 중의 하나는 수컷이 자기가 얼마나 적합한지 광고하는 것이다. 일반적인 건강과 영양 상태가 우수해서 이차 성징, 그중에서도 구애 행동을 완전히 다 발현하는 수컷은 응당 유전적으로 적합도가 높기 마련이다. 적합도를 나타내는 다른 중요한 단서들로는 둥지를 짓기 적합한 장소와 넓은 영역을 차지하는 능력, 다른 수컷들을 겁주거나 패퇴시키는 능력 등이 있다. 적합도를 시사하는 이러한 단서들을 지닌 수컷들에게만 복종함으로써 암컷은 자기 유전자의 생존을 도울 수 있을 것이다. 그런데 여기서 어쩔 수 없는 성 간의 진화적 투쟁이 불거진다. 만약 어떤 수컷이 특정한 번식 시즌에 일단 번식을 시도한다면, 그가 실제로 적합한지와 관계없이 일단 매우 적합도가 높은 척하는 것이 자신에게 이득이다. 만약 허약하고 아둔한 수컷이 암컷을 어떻게든 구슬려서 짝짓기했다면, 그가 잃을 건 아무것도 없으며 필시 성공적으로 번식할 수 있게 될 것이다. 그러나 암컷이 적합도가 정말로 높은 수컷과 적합도가 높은 양 겉으로 가장하는 수컷을 판별하는 능력을 지닌다면 암컷에겐 이득일 것이다. 그러한 개체군에서는 유전자 선택이 수컷들을 능란한 세일즈맨으로 만드는 한편 암컷들을 세일즈맨의 입에 발린 말에 넘어가지 않고 우량품을 잘 판별해내는 소비자로 만든다. 암컷 선택의 이러한 진화적 효과는 오도날드(O'Donald, 1962)에 의해 수학적으로 분석되었다. 다른 많은 중요한 통찰들과 마찬가지로 이 문제를 최초로 논의한 선구자 역시 피셔(R. A. Fisher)이다.

수컷은 다수와 성관계하려는 성향이 강하고 암컷은 성관계 상대를 신중하게 판별하려는 성향이 강한 모습은 동물계에서 일반적으로 나타난다(Bateman, 1949). 임신과 수유 같은 암컷만의 특별한 기능이 없는 분류군에서도 암컷이 다음 세대에 더 많은 물질과 음식 에너지를 이바지한다는 말은 거의 언제나 성립한다. 난자를 키움으로써 얻는 이득이 비용을 넘어서지 않는 한도 내에서 암컷은 그저 난자의 질량을 늘리기만 하면 자신의 번식 노력을 쉽게 증가시킬 수 있다. 수컷의 경우, 특히 정자를 매우 경제적으로 이용할 수 있는 체내 수정이 진화한 종에서는, 이 문제가 그리 단순하지 않다. 수컷은 현실적으로 만날 수 있는 모든 암컷을 다 수정시키고도 남을 정자를 아주 쉽게 만들 수 있다. 수컷의 배우자 생산에 드는 번식 노력은 보통 미미하다. 수컷은 번식 노력의 대부분을 수정시킬 수 있는 암컷의 수를 늘린다는 문제에 쏟아부을 수 있다. 그러므로 수컷다움은 구애 행위나 영역성, 혹은 경쟁 수컷들과의 다른 갈등 양상에 초점을 맞추어 발현된다.

　이러한 설명을 검증하는 중요한 수단은 번식에 대한 암수의 접근 방식의 통상적인 차이를 벗어나는 예외 사례가 설명과 정합적인지 확인하는 것이다. 몇몇 종에서 수컷은 암컷보다 다음 세대에 더 많은 물질을 이바지하거나 더 큰 위험을 감수한다. 내가 아는 한 가장 좋은 예는 실고기와 해마가 속하는 실고기과(Syngnathidae)이다. 이 분류군에서 교미 시 암컷은 수컷에 의해 수정되지 않는다. 그 대신 암컷은 난자를 수컷 몸속의 육아낭에 집어넣는다. 여기서 새끼는 수컷의 혈류와 연결된 태반의 도움을 빌려 보다 발달한 단계로 성숙한다. 상황이 이러하다면, 우리는 통상적으로 수컷에서 나타나는 공격적인 구애 행동이나 여러 상대와 무차별적으로 성관계하려는 성향은 암컷의 몫이며, 신중하게 상대를 꼼꼼히 고르는 성향은 수컷의 몫이리라고 기대할 수 있다. 이 예측은 몇몇 종에서 사실로 확인되었으며, 어떤 종에서도 반대의 증거는 나오지 않았다 (Fiedler, 1954).

　그와 유사하지만 강도는 상대적으로 덜한 예를 몇몇 양서류와 곤충에서 찾을 수 있다. 물장군과(Belostomatidae)의 물장군 암컷은 수컷의 등에다 수정란을 부착시키며, 수컷은 알이 부화할 때까지 등에 알을 짊어지고 다닌다(Essig, 1942). 많은 종의 열대 두꺼비가 이와 유사한 행동을 한다. 그러나 이 중 그 어떤 종에서도 수컷이 음식 에너지나 다른 개별적인 희생 측면에서 공헌하는 정도가 실고기과에서 관찰되듯이 성 역할을 뚜렷하게 역전시킬 만큼 막대한 것은 아니다. 다만, 두꺼비는 성 역할의 연구에서 특별한 이점을 제공해준다. 어떤 속(屬)에서는 수컷이 수정란을 몸에 부착시켜 키우지만 다른 속에서는 암컷이 수정란을 담당한다 (Noble, 1931). 이들 속을 서로 비교해보면 대단히 흥미로울 것이다.

몇몇 조류에서는 알을 품고 새끼들을 거두어 먹이는 부담을 통상적으로 수컷이 전부 또는 거의 부담한다. 티나무(Tinamou)[4]나 지느러미발 도요(Phalarope)가 가장 극단적인 예다. 기대와 들어맞게, 두 종 모두에서 암컷이 공격적으로 구애를 하고, 수컷보다 몸 색깔이 더 밝으며, 일처다부제에 경도되어 있다.

이 같은 증거들은 여러 상대와의 난교, 적극적인 구애 행위, 그리고 경쟁자에 대한 호전성이 수컷의 근본적인 특성이 아니라는 결론을 강하게 뒷받침한다. 어떤 성이 난자나 정자를 더 생산하거나 자식에게 먹이를 더 많이 제공하는 등의 물질적인 이바지를 단순히 강화하는 것만으로는 자식 생산을 더는 효율적으로 증대시킬 수 없다면, 그 성이 수컷이건 암컷이건 간에 난교나 구애 행위 같은 공격적인 특성들을 발달시킬 것이다. 어느 종이든지 암수가 거의 비슷한 성체 사망률을 보이고 다산력의 연령 분포도 유사하다면, 각각의 성이 번식 역할에 투자하는 노력의 양은 대략 비슷할 것이다. 만일 한쪽 성이 투자하는 노력의 최적 수준이 다음 세대를 위한 물질 제공에 거의 다 쓰인다면, 그 성이 따로 더 할 수 있는 일은 거의 없다. 물질적 이바지를 상대적으로 적게 하는 반대쪽 성은 다른 방법을 통해 자신이 투자하는 노력을 최적치까지 끌어올릴 것이다. 성공률이 그리 신통치 않은 구애 행위에 긴 시간을 투자할 수도 있다. 경쟁자와의 갈등에 많은 시간과 노력을 쏟아 붓고 그 과정에서 상당한 위험에 노출될 수도 있으며, 이러한 동성 간 경쟁을 위해 특별한 무기나 장식물을 발달시킬 수도 있다. 이러한 형질 발달은 그러한 형질을 보이는 개체들의 번식 노력이 최적화한 결과로 쉽게 이해할 수 있다. 윈-에드워즈(1962)가 주장했듯이 이러한 형질들이 집단의 복지에 이바지할 수도 있

---

4) 중남미산의 메추라기 비슷한 새.

고, 할데인(1932)을 비롯하여 많은 연구자가 지적한 것처럼 종의 적합도를 심하게 감소시킬 수도 있다. 성간 갈등과 영토성은 247∼251쪽에서 더 자세히 논한다.

집단의 생존을 높이게끔 조직화하여 있는 번식 활동이 실제로 존재하는지 확인할 수 있는 최선의 후보는 아마도 동종 개체들끼리 큰 무리를 지어 번식하는 종일 것이다. 그러한 번식 집단을 조사함으로써 이들이 공동의 번식 노력을 위해서 과연 적응적으로 조직화하여 있는지, 아니면 집단을 구성하는 각 개체와 그 적응들의 단순한 통계적 총합에 불과한지 알 수 있다.

어떤 의미에서, 유성 생식에 드는 모든 노력은 그들이 서로 다른 두 개체의 자식이 생존하게끔 투입된다는 점에서 공동의 번식을 위함이라고 할 수 있다. 암소는 송아지에게 젖을 물려주면서 자기 자신의 유전자 생존뿐만 아니라 어느 수소의 유전자 생존도 증진한다. 암소의 유전자의 겨우 절반만 송아지에 전해진다. 그렇지만, 유성 생식은 암소의 유일한 번식 방안이다. 자기 유전자를 생존시키려면 암소는 경쟁 중인 어떤 다른 유전자도 반드시 함께 생존시켜야 한다. 성의 기원과 이처럼 기본적으로 불완전한 번식 유형의 진화라는 문제는 5장에서 다루어진 바 있다. 어쨌든, 수유는 포유류 암컷이 자기 자신이 번식하기 위한 노력을 구성하는 한 요소로 쉽게 해석된다.

어류와 무척추동물을 통틀어, 수생생물 중에는 매우 많은 개체가 함께 모여 산란하는 경우가 흔하다. 그러나 내가 알기로 이러한 집단에서 각 개체의 기본적으로 동일한 이바지들의 단순 총합이 아닌 적응적 조직화가 나타난 예는 없다. 각 개체가 무리에 참여하는 까닭은 정자나 난자를 다른 곳에 배출하는 것보다 무리 사이에 배출하는 것이 수정하거나 수정될 가능성이 더 크기 때문일 것이라고 나는 추정한다.

군서성 포유동물에서 새끼를 낳는 시즌이 되면 무리가 각각의 쌍들로 갈라지는 것이 일반적인 규칙이다. 자식을 돌보는 데 수컷이 이바지하는 정도는 종에 따라 다르다. 내가 아는 한, 모든 종에서 암컷들은 오직 자기 자식에게만 젖을 물려준다. 각기 다른 어미가 낳은 새끼들이 어느 정도 함께 어우러지는 군서성 종에서는, 각각의 어미가 자기 자식만 꼭 집어서 챙기게끔 해주는 개체 인식 과정이 언제나 작동한다. 내가 이 사실을 생생하게 목도한 것은 몇 년 전 어느 섬의 해안가에 몰려 사는 코끼리 물범(elephant seal)의 가족생활을 다룬 다큐멘터리 영화에서였다. 수많은 가족이 빽빽하게 모여 있는 무리 안에는 어미에 의해 버려졌거나 어미가 죽어 외톨이가 된 새끼들이 이따금 있었다. 어미 없는 새끼들이 굶주리면서 격심한 스트레스를 겪고 있음은 한눈에 봐도 명백했다. 불쌍한 새끼들을 대신 돌보아줄 만한 암컷들이 수백 마리나 곁에 있는데도 매정하게 눈길 한 번 주지 않는 광경을 보고 영화 관객들은 크나큰 충격을 받았다. 물범은 종 전체가 아니라 자기 자신을 번식시키게끔 설계되었다는 사실이 영화관 안의 모든 사람에게 분명히 각인되었을 것이다. 나는 인간을 제외한 여타 포유동물의 번식 행동 가운데 부모 한 쌍과 그 자식들 간의 상호작용을 넘어설 만큼 적응적 조직화가 차원 높게 이루어진 사례를 들어본 바 없다.

가족 수준을 초과하는 적응적 조직화가 새의 군락에서 나타난다고 몇몇 사람들이 추정하였다. 제비갈매기들에게 떼 지어 공격당하는 불쾌한 경험을 한 적이 있는 사람이라면 누구나 그들이 힘을 합치면 얼마나 효과적인지 증언할 수 있다. 그러나 그는 팀(team)이나 기동 타격대(task force)보다는 떼(mob)가 적절한 용어임을 인정할 것이다. 제비갈매기 떼에는 조직화한 공격 전략도 없고 임무도 분담되어 있지 않다. 의심할 여지없이 각각의 개체는 다른 제비갈매기들과 함께 공격할 때 더 용감하긴 하지만, 이 때문에 생물상 적응이 굳이 상정되어야 할 필요는 없다.

대형 혹은 중간 크기의 바닷새 군락들은 소형 군락보다 자식들을 더 많이 생산하곤 한다. 이 사실은 사회성으로부터 어떤 일반적인 이득이 얻

어짐을 시사하며, 집단의 생존을 위한 초유기체적 조직화를 엿볼 수 있
는 증거로 해석되었다(Darling, 1938; Allee 등, 1949). 사회적인 둥지 틀
기가 어떻게 기원했는가는 동종 개체들과 인접한 곳이 이러저러한 이유
로 말미암아 둥지를 짓기에 유리한 장소일 것이라 가정함으로써 설명할
수 있다. 이 가정이 성립하는 모든 종에서 선택은 군서성 둥지 틀기를 만
들어낼 것이다. 이는 수많은 둥지를 한 곳에 모여서 짓는 습성이 어떻게
기원하고 진화했는가를 적절하게 설명하는 한 방편이 된다. 둥지들이 적
은 소형 군락의 성공률이 낮은 까닭은 대형 군락이 성공률을 딱히 더 높
여서가 아니라, 둥지가 많이 모였다는 것은 그저 그곳이 둥지를 짓기에
가장 유리한 장소임을 뜻하기 때문이라는 것이 최근의 해석이다(J.
Fisher, 1954; Lack, 1954a). 소형 군락의 새들이 유난히 사회성이 떨어
지는 게 아니라, 그저 둥지를 짓기에 더 유리한 곳을 차지하는 경쟁에서
승리하지 못했기 때문에 인기 없는 곳에 있을 뿐이다. 작은 군락 크기와
낮은 생산성은 열등한 장소에 열등한 새들이 모였기에 나타나는 독립적
인 결과이다.

　사회성 포유류와 마찬가지로 사회성 조류의 각 쌍은 대개 자기 자식들
만 보살피며 여러 개체가 빽빽이 찬 번식지에서도 이를 가능케 하는 특별
한 인식 기제를 지닌다. 이러한 조류종이 예컨대 해안 절벽의 바위 틈새
들에 따로따로 둥지를 만드는 것 같은 새로운 서식 습성을 진화하게 되
면, 부모가 자식을 인식하게 해주는 기존의 기제가 부모와 자식 사이에
만 상호작용이 이루어지게 하는 데 덜 중요한 역할을 하게 되므로 점차
효율이 떨어지고, 그 결과 친자식 대신 남의 자식을 둥지에 집어넣는 실
험에도 잘 대처하지 못한다(Cullen, 1957).[5] 코끼리 물범에서 그렇듯이

---

5) 해안 절벽에 선반처럼 튀어나온 좁은 바위 틈새에 둥지를 짓는 바닷새들은 각
　각의 둥지들이 상당히 서로 떨어져 있으므로 부모가 자식을 굳이 특별히 인식
　할 필요가 적다. "내 둥지 안에 움직이는 어린 개체에게 먹이를 공급하라"는
　간단한 지침에 따라 행동하면 된다. 따라서 이런 바닷새들은 조류학자들이 둥

군락성 새들의 각 쌍은 자기 종이 아니라 자기 자식을 번식시키게끔 효율적으로 설계되어 있다.

한편 부모는 자기 자식만 돌본다는 이 규칙을 벗어나는 예외가 펭귄(Allee 등, 1949; Kendeigh, 1952; Murphy, 1936)과 캘리포니아 딱따구리(Ritter, 1938)에서 나타난다는 주장이 제기되었다. 펭귄 번식지에서 알을 품고 싶어 하는 성체들이 때론 매우 많으며, 몇몇은 알 하나를 차지하려고 서로 다투기까지 하는 광경이 관찰되기도 한다. 다툼에서 승리하여 알을 차지하는 성체는 필시 그 부모는 아닐 것이다. 나중에 새끼들에게 먹이를 줄 때, 성체들 가운데 일부는 물고기를 사냥하러 나가기 때문에 번식지에 남아 있는 성체들의 수는 적다. 이렇게 남아 있는 성체는 밖에서 먹이를 사냥하고 있는 성체들의 아이를 대신 돌보아준다고 추측되었다. 공동으로 책임을 부담하는 이른바 탁아소(crèche) 체계라는 것이다. 자리를 비웠던 성체들이 사냥한 먹이를 들고서 번식지에 돌아왔을 때, 이들은 애타게 배고픔을 호소하는 새끼 펭귄 아무에게나 먹이를 건네주며, 특별히 자기 자식을 더 편애한다는 낌새도 전혀 없는 듯하다. 펭귄 새끼들은 너무 비슷해서 친부모들조차도 제대로 구별하지 못한다는 주장이 나오기도 했다. 그러나 최근의 연구는 겉모습만으로는 진실을 알 수 없음을 입증하였다(Budd, 1962; Penny, 1962; Richdale, 1951, 1957). 알을 서로 품으려 하는 성체들 간의 경쟁은 자기 알을 종종 잃어버리기 때문에 생긴다. 부모는 대개 자기 자식만을 부화시키며, 자기 자식을 잃어버렸을 때만 남의 자식을 받아들인다. 누가 누구 새끼인지 표지하여 실험한 결과, 바다에서 사냥하고 돌아온 성체들은 음성 신호를 통해 자기 자식을 판별하며, 남의 자식에게는 어떻게든 먹이를 주지 않으려 한다는 것이 밝혀졌다.

어떤 새들은 자기 자식이 아닌 새끼를 키우는 행동을 한다는 것을 의심

지안의 자식들을 바꾸어놓아도 자기 자식이 아닌 것을 잘 알아차리지 못한다.

의 여지없이 보여주는 사례들이 있다. 이러한 현상은 캘리포니아 딱따구리에서 특히 두드러지게 관찰되며, 생물상 적응이 실제로 존재하는지 확인하려는 관점에서 보면 이 종은 여러 가지 이유에서 대단히 흥미롭다. 마찬가지로 사회성 곤충의 번식도 크게 주목할 만하며 이 자리에서 응당 논의할 법하다. 그러나 이러한 번식 현상은 이 동물들의 사회적 조직화가 제기하는 다른 논제들과 함께 묶어서 다음 장에서 논의하는 편이 더 나을 듯하다.

이 장 첫머리에 나는 종의 번식 행동과 생리의 다양한 측면들, 다시 말해서 생리 및 행동 기제의 강도, 시기, 개체발생 등의 모든 중요한 특질들은 각 개체의 번식 수행을 최대화하는 방향으로 정교하게 설계되어 있으리라는 믿음을 피력했다. 어느 한 생물종에 대해 이 믿음이 맞는지 다 확인하는 것만도 엄청난 작업이 될 것이다. 이 장에선 번식 생리와 행동의 계통발생적 변이라는 현상을 잘 설명하고 때로는 예측하는 데 내 접근법이 어떻게 활용될 수 있는지를 보여주는 그저 몇 가지 사례들을 살펴보았을 뿐이다. 이러한 한계에도 불구하고, 대다수 자웅이체 동물에서 수컷이 더 공격적이라거나, 군서성 종의 세대 간 상호작용은 유독 부모-자식 관계만이 보편적으로 주로 나타나는 등의 아주 근본적인 현상들에 대한 통찰을 얻는 데 내 접근법이 효과적임이 입증되었다고 나는 감히 말하고 싶다. 특히 나는 번식 기능의 계통발생적 변이를 연령특이적인 다산력과 사망률 같은 개체군통계적 요인들의 변이와 연관시켜 이해하는 것이 강력한 설명력을 지닌다고 믿는다.

제7장

사회적 적응

한 개체와 그 자식 간의 관계에 작동하는 행동 및 생리 기제들은 대개 서로에게 이롭고 협동적이지만, 친족이 아닌 남남 사이의 상호작용은 노골적인 반목, 혹은 기껏해야 관대한 무관심이 대세를 이룬다. 여러 가지 눈에 띄는 예외가 있긴 하지만, 이는 종 내에서 벌어지는 개체 간의 관계를 상당히 정확하게 묘사한다. 자식에게 베푸는 호의와 다른 모든 개체에 대한 적의는 이른바 고등 동물이라는 종에서도 뚜렷하게 나타난다. 어느 동네에서나 볼 수 있는 집 고양이 개체군이 좋은 예가 된다.

이 장 후반부에 논의할 일반적인 군서성을 제외하면, 비(非) 친족 개체들 사이의 주목할 만한 행동 패턴의 대부분은 명백하게 경쟁적이다. 개는 뼈다귀를 남과 공유하느니 기꺼이 싸움에 나서며, 당장 배가 고프지 않다면 나중에 먹기 위해서 뼈다귀를 땅에 묻는다. 개똥지빠귀 수컷은 영토 안에 들어온 침입자에게 위협을 가하며, 배우자와 자식을 제외한 어떠한 동종 개체와도 자원을 결코 나누려 하지 않는다. 개똥지빠귀 수컷의 구애 행동은 잠재적인 배우자라는 제한된 자원의 최적치를 얻어내게끔 분명하게 설계되어 있다. 자기 자신을 위한 이러한 행동 패턴은 동

206

물계 전반에 광범위하게 분포하며, 유전적 생존에서 경쟁 효율성을 높이기 위한 선택에 따른 것으로 쉽게 해석할 수 있다.

영역성과 위협 행동이 궁극적으로는 서로에게 이득을 주는 생물상 적응이라고 해석하는 학자들이 있긴 하지만(예컨대, Allee의 인용 문헌 모두와 Wynne-Edwards, 1962), 나는 이러한 행동이 근본적으로 이기적인 것임을 대다수 생물학자가 받아들이고 있다고 당분간 가정하겠다. 여기서 나는 정말로 협동적이고 유익한 것처럼 보이는 몇몇 비교적 드문 상호작용에 초점을 맞추고자 한다. 이런 행동이 아주 흔하진 않지만 그래도 매우 다양하고 자주 나타나기 때문에 일단 생물상 적응의 증거라고 할 수 있다. 자연선택이 서로 다른 개체들의 상대적인 번식률에 근거할진대, 어떻게 자연선택이 개체로 하여금 유전적 경쟁자에 이득이 되도록 자원을 쓰게 만드는 유전자를 선호할 수 있겠는가? 이 장에서는 이 문제에 답하고자 하며, 다음 두 대답 중의 하나면 언제나 충분하다는 것이 내 주장이다. 물론 둘 중 어느 것이 정답인지는 사안에 따라 다를 것이다. (1) 유전자를 지닌 개체들의 평균 번식 성공도에 궁극적으로 근거하는, 상호대안적인 대립유전자 간의 자연선택은 가까운 혈연 사이에 협동적인 상호작용이 벌어지게끔 할 수 있다. 이때 혈연이라 함은 꼭 부모와 자식 사이에만 국한되진 않는다. (2) 부모와 그 자식 사이에 어떤 행동 기제가 작동할 때마다, 때때로 불가피하게 원래는 친자식에게 가야 하는 도움이 '실수로' 전혀 남남인 개체에 돌아갈 수도 있다.

협동적인 상호작용의 가장 극단적인 사례들은 첫 번째 유형에 해당하는 듯하다. 물론 무성 생식으로 만들어진 '개체들'이 정교하게 협응된 협동적 상호작용을 보이는 예가 많이 있다. 관해파리 군락의 구성원들, 지렁이의 체절들, 후생동물의 세포들이 이에 해당한다. 그러나 진화 이론의 관점에서 보면 '개체'라는 개념은 유전적 독특성을 함축하는데, 위에서 든 예들은 이러한 특성을 지니고 있지 않다. 유전적으로 동일한 개체에 이득을 주는 것은 자기 자신을 이롭게 하는 것이다. 어떤 세포가 발달 과정에서 불임성 체세포의 역할에 묵묵히 헌신한다 할지라도 이를 통해서 유전적으로 동일한 생식 세포에 도움을 줄 수 있다면 여기에는 어떠한 역설도 숨어 있지 않다. 꼭 충족시켜야 할 유일한 요구 사항은 생식 세포가 얻는, "자식이라는 통화"(currency)로 측정되는 이득이 이 체세포를 유지하는 비용과 체세포의 상실된 다산력보다 커야 한다는 것이다.

하지만 유전적으로 다른 개체들 사이에 호의적인 자기희생이 벌어지는 예들은 확실히 문젯거리가 된다. 이러한 행동을 보이는 유기체를 할데인(1932)은 이타적(altruistic)이라 칭했다. 나는 감정이 덜 개입되는 용어인 사회적 공여자(social donors)를 선호한다(Williams & Williams, 1957). 이 문제는 자신을 소지한 개체로 하여금 비용 c를 감수하면서 멘델 개체군 내의 다른 구성원에게 이득 a를 주게 하는 열성 대립유전자 d가 자연선택될 것인지 검토함으로써 쉽게 해결될 수 있다. 우성 대립유전자 D는 소지자로 하여금 그러한 행동을 못하게 만든다. 무작위적인 짝짓기를 가정하면, 각 접합자의 빈도는 다음과 같은 하디-바인베르크 평형을 유지한다.

$$DD:\ p^2$$
$$Dd:\ 2pq$$
$$dd:\ q^2$$

선택이 벌어진 다음 이들의 빈도는 다음과 같이 변한다.

$$DD:\ p^2\ (1+q^2a)$$
$$Dd:\ 2pq\ (1+q^2a)$$
$$dd:\ q^2(1+q^2a)\ (1-c)$$

각 접합자의 빈도에 $(1+q^2a)$가 곱해진 까닭은 이득의 양이 사회적 공

208

여자의 상대적 빈도에 직접적으로 비례한다는 가정 때문이다. 1) 그러나
사회적 공여자의 빈도는 불가피하게 감소할 수밖에 없는데, 이는 열성
동형 접합체가 세대마다 $(1-c)$ 만큼씩 감소하기 때문이다. 이 결론을 피
하고자 라이트가 어떤 시도를 했는지는 128~130쪽에서 논의한 바 있다.

만약 사회적 공여자가 오직 자신의 형제자매들로만 구성된 집단 내에
서 나이가 어릴 때에만 이득을 제공한다고 가정한다면 결과는 달라질 것
이다. 동기로 구성된 이 집단 내에서 각 유전자형의 상대적 생존은 여전
히 같다. 즉, 공여자는 선택에 의해 제거된다. 그럼에도, 공여 유전자가
개체군 내에서 빈도를 높이는 일이 가능하다. 공여 유전자가 극히 드물
어서 가끔 $Dd \times Dd$의 교배에서 생겨나는 자식들을 제외하면 결코 동형
접합이 되지 않는다고 가정하자. 이 경우 가족 구성원 전체의 4분의 3이
공여 유전자를 적어도 이형 접합 상태로 지니고 있는 아주 드문 가족만
공여자(dd)가 주는 이득을 누릴 것이다. 즉, 이득은 개체군에서 무작위
로 추출한 표본 집단이 아니라 공여 유전자의 빈도가 이례적으로 높은 표
본 집단 내에서만 실현된다. 이처럼 공여 표현형의 유전적 기초가 이득
과 유의미하게 연관된다면, 이론적으로 공여자가 비공여자 형제자매와
의 경쟁에서 감수하는 불이익이 상쇄되어 공여 유전자의 빈도가 증가할
수 있다. 공여자가 주는 이득이 공여자가 부담하는 비용의 몇 배 정도가
된다면 공여 유전자 빈도의 지속적인 증가가 보장될 것이다(Williams &
Williams, 1957). 나이가 더 많고 자원이 풍부한 개체가 작고 어린 형제

1) 예를 들어 DD의 경우 DD를 만나면 적합도는 1, Dd를 만나면 적합도는 1,
 dd를 만나면 적합도는 $(1+a)$를 거둔다. 따라서 각 상대의 빈도를 고려하여
 계산하면, $p^2 + 2pq + q^2(1+a) = 1 + q^2a$가 된다. 선택 전의 DD의 빈도는 p^2였
 으므로, 선택 후의 DD 빈도는 $p^2(1+q^2a)$이다.
  dd의 경우 DD를 만나면 적합도는 $(1-c)$, Dd를 만나면 적합도는 $(1-c)$,
 dd를 만나면 적합도는 $(1+a)(1-c)$를 거둔다. 따라서 $p^2(1-c) + 2pq(1-c)$
 $+ q^2(1+a)(1-c) = (1-c)(1+q^2a)$가 되며, 여기에 선택 전의 dd 빈도 q^2를
 곱하면 본문의 값을 얻는다.

자매들을 돕는다면 이 요구조건은 쉽게 충족될 것이다.

　이것이 사회성 곤충이 제기하는 문제에 대한 가장 전망 밝은 설명이다. 이 책이 다루는 중심 논제의 견지에서 보면 곤충 군락의 조직화보다 더 중요한 현상은 없으며, 위에서 서술한 설명이 이러한 조직화를 과연 잘 해명하는가보다 더 중요한 질문은 없다. 사회성 곤충은 마땅히 따로 한 장을 할애해서 다뤄야 하지만, 이 문제가 아주 최근에 해밀턴(1964a, 1964b)에 의해 아주 감탄스럽게 분석되었다. 따라서 이 책에서 나는 그 문제에 대한 개략적인 요약만 서술하겠다. 더 상세한 논의를 원하는 독자는 해밀턴의 논문을 참조하길 바란다. 또한, 그의 논문은 이 책의 다른 곳에서 서술된 여러 논의를 한 발짝 앞서서 제시하고 있다.

　전형적인 사회성 곤충은 하나 혹은 두 부모가 나이가 다른 수많은 자식과 한 군락을 이루면서 산다. 나이 많은 자식은 어린 동생들을 기르는 데 도움을 주거나, 아니면 이 임무를 전적으로 떠맡는다. 가장 눈에 띄는 발전은, 더욱 발달한 사회에서는 자식들의 대부분이(일꾼과 기타 노예 카스트) 영속적으로 불임이라는 것이다. 이러한 사회는 필시 부모가 어느 정도 항구적인 둥지 안에서 나이가 서로 다른 자식들을 동시에 길렀던 가족 집단으로부터 진화했을 것이다. 그런 상황에서는 나이 많은 자식이 어린 동생들을 도움으로써 아주 작은 정도의 자기희생으로도 가족의 성공에 중요한 이바지를 할 수 있다. 이 도움은 대개 같은 유전자를 지닌 다른 개체들을 향하기 때문에, 도움 행동을 증폭하는 유전자는 유리하게 자연선택 될 것이다. 부모의 번식 프로그램에 얼마동안 강제노역 하는가는 중요한 요인이 된다. 상당히 성장한 흰개미 유충이 하루만 더 부모를 도와준다고 해도 군락 내에 수없이 널린 어리고 무력한 구성원들의 목숨을 구할 수 있을 것이다. 이와 같은 시간 요인은 더욱 발달한 사회에서 일꾼과 병정들의 영속적인 불임성이 어떻게 기원했는지 설명하는 데 반드시 필요하다. 하루 더 노역에 종사하게 하는 유전자가 어린 개체의 몸속에 있을 때는 개체의 적합도를 낮출 것이다. 유충의 상태로 하루 더 머무르게 하므로 개체가 어른이 되기 전에 죽을 수도 있고, 자기 자신의 번식을 위해 사용되어야 먹이 에너지나 기타 자원을 다른 곳에 써버리기 때문이다. 그러나 그러한 개체가 일단 어른이 되고 난 다음에는 같은 유전자가 후대에 많이 전파된 덕분에 번식 성공도가 상당히 증가할 것이다.

그러한 유전자들, 그리고 생식능력 있는 자식들을 만드는 속도를 계절적 혹은 기타 생태적 변화에 맞추어 적응적으로 조절하는 다른 유전자들이 함께 축적됨에 따라, 결국에는 다수의 개체가 영속적인 불임성을 띠게 되었을 것이다. 이 유전자들이 모두 힘을 합치면 이들을 포함하는 개체가 생식능력 있는 성체로 자라날 가능성은 고작 백 분의 일 정도로 미미하게 줄어들 수도 있다. 그럼에도 이 유전자들이 다른 생식능력 있는 개체의 성공을 백 배 이상으로 증가시켜준다면 자연선택에 의해 꾸준히 유리하게 선택될 것이다. 이러한 진화적 발달은, 다른 적응적 진화와 마찬가지로, 멘델 개체군 내의 상호대안적인 대립유전자 간의 자연선택에 따른 것이다. 다만 이 문제를 좀더 복잡하게 만드는 요인이 숨어 있는 것을 얼른 파악하기 어려울 뿐이다. 가족 집단 내의 선택에서 감수하는 불리함은 집단 내의 선택에서의 유리함으로 반드시 균형이 맞추어진다. 혹은 이렇게 바라볼 수도 있다. 즉, 개체 발달 초기의 불리한 형질(일꾼이 될 가능성)이 나중 발달 단계의 유리한 형질(높은 번식 성공도)과 균형을 이룬다는 것이다.

이상과 같은 일반적인 그림과 달리, 모든 곤충 사회가 한 쌍의 부모 혹은 수태한 여왕에 의해 다스려지는 "전형적인" 사회인 것은 아니다. 개미의 일부 대규모 군락들은 여러 명의 여왕을 지니는가 하면, 어떤 원시적인 사회성 벌은 성체 암컷 몇몇이 동시에 힘을 합쳐 건설하는 군락 형태를 보인다. 어떤 경우에는 함께 군락을 만드는 암컷들을 여왕이라 부르는 것도 오류일지 모른다. 생식능력 있는 암컷 몇 명이 한 둥지를 점유한다는 사실이 반드시 어떤 진정한 공동체 조직을 이루었음을 의미하는 것은 아니다. 그저 자식을 키우는 다른 암컷들 근처가 둥지를 만들기에 좋은 장소이다 보니 그렇게 된 것일 수도 있다. 당연히 각 개체는 다른 성숙한 암컷과 인접함에 따른 이득과 위험에 적응적으로 맞추어져 있지만, 각각은 또한 다층적인 군락 내에 자기만의 고유한 방을 지니며 보통 자기 자식만 돌본다. 이러한 군락이 군집성 조류가 이루는 군락보다 더 사회적으로 조직화하여 있는 것은 아니다. 여러 창시자가 협력하여 건설한 벌 군락이 정말로 더 진전된 조직화를 보이는 경우, 이는 창시자들이 자매라는 가정으로 설명할 수 있다. 자매 관계는 유전자 선택에 기반을 두어 협동적 행동을 유리하게 선택시키는 한 요인이며, 여왕이나 창시자가 여럿인 경우 이들이 대체로 자매임을 입증하는 증거가 있다(해밀턴이 요약 정리함).

대단히 정교한 곤충 사회가 존재한다는 사실은, 필수적인 진화적 동인들이 갖추어져 있다는 전제하에, 유전자에 기초한 동물 사회성이 아주 발달한 단계의 적응적 조직화까지 성취할 수 있음을 입증한다. 매우 발달한 사회도 가족 집단이 정교해짐에 따라 생겨난 것 같다는 이러한 추측은, 유기체가 자식이라는 통화를 늘리게 해주는 다른 기제들과 더불어 혈연이라는 기제가 근본적으로 중요함을 가리킨다. 친족이 아닌 개체들로 구성된 집단에서는 이에 상응하는 조직화가 존재하지 않는 듯하다는 것은 생물상 적응이 중요하지 않음을 입증하는 설득력 있는 근거이다.

나는 이상이 곤충 사회의 더 일반적인 특징에 대한 타당한 해석이라고 믿는다. 그렇지만 간과해서는 안 되는 난처한 세부사항들이 몇 있다. 이 문제들 가운데 일부는 추상적인 층위에 존재한다. 위에서 제시된 모델을 포함하여 학자들이 주로 논의하는 이론적 모델의 대다수는 유전자형 빈도의 하디-바인베르크 분포처럼 개체군 유전학의 전통적인 정리에 바탕을 둔다. 이러한 가정들 가운데 일부는 사회성 벌목(*Hymenoptera*)에 적용하기에는 무리가 있다. 어떤 면에서 볼 때, 벌목의 짝짓기는 결코 무작위적이지 않으며 언제나 단수성 유전자형과 배수성 유전자형 사이에만 이루어진다.[2] 한 수컷에서 나온 모든 정자는 같은 유전자를 지니므로,

212

그의 자식들은 일반적인 멘델 자손들과 비교하면 상당히 더 높은 유전적 단일성을 보일 것이다. 하지만, 때때로 여왕은 혼인 비행할 때 복수의 수컷들과 짝짓기한다. 아직 그 누구도 이러한 요인이 벌목의 개체군 유전학적 특성에 끼치는 영향을 상세히 연구하지 않았다. 이처럼 까다로운 문제들은 암수 한 쌍이 평생 같이 살며 모든 개체가 배수체인 흰개미에게는 다행히 해당하지 않는다.

또 다른 어려움은 구체적인 행동 관찰 수준에 있다. 한 군락에 속한 개체들 사이의 관계가 정말로 가까운지는 때론 심각하게 의문시될 수 있다. 군락 내의 여러 여왕은 대개 친자매 사이라고 추측되지만, 어쨌든 친자매라 해도 유전적으로는 서로 다를 수밖에 없으며 당연히 유전적으로 다른 자식들을 만든다. 남매-여왕 군락 내의 유전자형 다양성은 단일-여왕 군락 내의 그것보다는 유의미하게 높을 것이지만, 전체 개체군의 그것보다는 낮을 것이다. 만약 서로 비친족인 생식 개체들로 이루어진 군락을 흔히 지니면서 완벽하게 통합된 곤충 사회가 존재함을 입증할 수 있다면, 이야말로 효율적인 집단선택에서 유래한 생물상 적응으로써만 설명될 수 있을 것이다. 생식 개체들 사이의 혈연관계는 원체 이쪽 아니면 저쪽으로 깔끔하게 밝혀지기 어려운 문제이긴 하지만, 어쨌든 대단히 중요한 요소이다.

한 곤충 군락 내의 구성원들 사이의 가까운 혈연관계에 바탕을 둔 선택 모델은 캘리포니아 딱따구리의 비교적 유사한 사회 구조를 설명하는 데도 활용될 수 있다(Ritter, 1938). 이 새들은 단독 또는 쌍으로 발견되기도 하지만, 대개 몇 개체 혹은 십여 개체에 달하는 집단이 어느 정도 영구적인 '정착지'에 모여 지낸다. 정착지에는 딱따구리들이 구멍을 뚫어서 그 안에다 도토리를 보관하는 나무가 하나씩 있다. 정착지 내의 모든 개체는 일종의 공동 작업으로 나무에 도토리를 저장하는 일에 다 함께 참여

---

2) 개미나 말벌, 꿀벌처럼 벌목에 속하는 종들은 암컷은 배수체이고 수컷은 단수체인 단수배수성(*haplodiploidy*)임을 의미한다.

하며 각자 필요하면 저장된 음식을 꺼내 먹곤 한다. 어치새나 다람쥐가 나무를 탈취하려 하면, 딱따구리 하나 혹은 여럿이서 힘을 모아 침입자를 쫓아낸다. 번식도 일종의 공동 작업으로 수행되어, 대개 둘 이상의 개체가 둥지에서 함께 자식을 양육하곤 한다.

이 종에서 유전적 혈연관계가 어떻게 되느냐는 핵심적인 질문에 답하는 증거는 거의 없다. 리터의 관찰에 따르면 캘리포니아 딱따구리는 한 해에 두 번 번식하며 지난번 둥지에서 낳은 자식들이 새로 튼 둥지에 알을 낳을 때까지 떠나지 않고 계속 머무른다. 한 둥지를 돌보는 여러 개체 가운데 일부 개체는 확실히 아직 다 자라지 못한 상태이며 아마도 어린 동생들을 돌보는 나이 든 자식들일 것이다. 나는 이러한 추정이 옳다고 믿으며 캘리포니아 딱따구리 사회나 사회성 곤충의 사회 그리고 이렇게 잘 조직화한 다른 어느 동물 사회도 거의 전적으로 가족 관계에 바탕을 두고 있음이 곧 밝혀지리라고 본다.[3]

한 쌍의 부모가 낳은 자식들 간의 상대적인 유전적 동질성은 하나의 진화적 요인으로서 아마도 근본적으로 중요할 것이며, 이러한 원리는 정교한 사회 구조가 발달하지 않은 사회에도 마찬가지로 적용된다. 알에서 깨어난 어린 새가 자기 형제들을 둥지 밖으로 밀어서 떨어뜨리고 부모의 보살핌을 독차지할 의지와 능력이 있다면 의심할 여지없이 매우 유리할 것이다. 그러나 이 새가 나중에 커서 자기 자식들을 키워야 할 때가 오면, 어릴 때 성공으로 이끌었던 유전적 기초가 어른이 되어서는 해로운 결과를 가져온다. 둥지를 공유하는 친형제자매간의 경쟁이 이토록 극단적인 형태를 띠는 경우는 거의 없지만, 찌르레기 새끼들은 보통 유전적 비친족인 경쟁자들을 둥지 밖으로 밀어내버린다. 피셔(1930)는 형제간의 상대적인 동질성이 가져올 법한 몇 가지 결과들을 지적하고, 이 요인이 '고약한 맛'을 진화시키는 데도 중요하게 작용했음을 보였다. 맛이 고

---

3) 윌리엄스의 예측대로, 이후 동물행동학자들은 모든 복잡한 동물 사회는 혈연 관계에 바탕을 두고 있음을 입증했다.

약한 곤충은 자기 주변에 있는 형제자매들도 맛이 없음을 포식동물에게 '교육'한다. 그 종 전체가 맛이 없음을 교육하게 되는 것은 단지 우발적인 효과일 뿐이다. 피셔는 맛이 없는 곤충들은 알을 한꺼번에 많이 낳으며 형제들끼리 일정 기간 함께 사는 경향이 뚜렷하다는 사실을 그 증거로 들었다.

또 다른 적절한 예는 기생성 말벌에서 찾을 수 있다(Salt, 1961). 어떤 종의 경우 어미는 한 숙주 안에 알을 여러 개 낳는다. 그 결과 나온 유충들은 아주 평화롭게 함께 자라난다. 다른 종의 경우, 어미는 숙주 하나에 오직 알 하나만을 낳는다. 만약에 한 숙주에 두 명의 암컷들이 각각 자기 알을 낳았을 경우, 유충은 자기 경쟁자를 처단하고 숙주를 독차지한다.

이 모든 예에서 우리는 친형제자매로 이루어진 집단의 행동을 유전적 관계가 없는 다른 유사한 집단의 행동과 비교함으로써 그 중요성을 가늠할 수 있다. 이러한 비교가 불가능한 경우일지라도, 멘델 자손들 간의 상대적인 유전적 동질성이 형제자매들 사이의 경쟁적 상호작용을 뚜렷하게 완화하는 요인이라고 합당하게 가정할 수 있다.

집단의 과업 수행 시 관찰되는 협동과 자기희생의 극단적인 사례들은 유전적으로 유사한 집단 내에서만 나타나긴 하지만, 가깝게 연관되지 않은 개체들 사이에서도 때때로 이러한 행동이 관찰되기는 한다. 이러한 예들 가운데 일부, 예컨대 원시적인 인간 사회 구조나 몇몇 포유류들의 독특한 사회적 상호작용은 개체들이 개인적인 우정과 원한 관계를 맺을 수 있는 능력을 지님에 따른 진화적인 효과로 설명할 수 있다. 이 문제는 4장에서 다룬 바 있다. 비친족 간의 협동적인 상호작용을 설명하는 남은 가능성은 세 가지다. 이러한 행동은 생물상 적응일 수도 있고, 잘못된 대상을 향한 번식 기능일 수도 있고, 아니면 각 개체 수준의 조정이 합쳐짐에 따른 통계적 효과라고 할 수 있다. 나는 잘못된 대상을 향한 번식 기능이 특정한 개체 간의 상호작용을 설명하는 올바른 해석이라고 믿는다.

나의 이러한 해석이 타당한지는 다음 두 요점에 얼마나 긍정적인 답변을 내놓을 수 있는가에 달렸다. ⑴ 번식 기능이 실은 정상적인 맥락에서 벗어나서, 종종 관여한 모든 이들에게 손해를 끼치면서 실행되고 있는가? ⑵ 한 개체가 비친족을 적극적으로 돕고 있을지라도, 그 개체는 통상적으로 가족 간의 관계에서 사용하는 행동 패턴만을 사용하고 있을 뿐인가? 유전적 관련이 없는 개체에 대한 자비로운 행동은 자식에 대한 같은 행동보다 결코 강도가 더 높아서는 안 되며, 대개는 더 낮아야만 한다.

첫 번째 요점을 뒷받침하는 보고들은 무수히 많다. 번식에 연관된 구조는 번식기에 갑자기 나타났다가 끝나면 순식간에 사라지는 것이 아니다. 성체 물고기의 생식선은 산란기가 다가오면 크게 부풀어 오르긴 하지만, 생애 초기부터 계속 존재하며 산란기가 끝났다고 해서 아주 없어지는 것도 아니다. 만일 경제성과 효율을 완벽하게 구현할 수만 있다면 번식 구조는 필요할 때 갑자기 나타났다가 필요가 없어지면 바로 사라질 것이다. 부수적인 번식 구조의 경우도 마찬가지다. 예를 들어, 이차 성적 이형은 첫 번째 번식기가 오기 훨씬 전부터 뚜렷하게 발달하며 산란기 사이의 휴지기에도 계속 존재한다. 이차 성적 이형이 주로 발달해서 사용되는 시기는 번식기이지만 말이다. 행동에 대해서도 똑같은 결론을 내릴 수 있다. 인간 아이들을 포함하여 어린 동물들의 발달 과정을 관찰한 사람이라면 누구나, 번식이 실제로 가능하기 훨씬 전부터 성적 갈등이나 무산된 구애 행위가 나타남에 동의할 것이다. 봄철에 새에서 관찰되는 특징적인 행동인 혼인 노래나 영역성 등은 그보다 강도는 낮지만 때때로 다른 계절에도 나타난다. 또한 거북이의 경우, 알에서 깨어나자마자 거의 바로 초보적인 성행동을 시작한다(Cagle, 1955).

시기 조절이 불완전한 점 외에도 번식 기능이 종종 느슨하게 통제됨을 보여주는 예는 더 있다. 동성애는 매우 다양한 종류의 동물들에게서 아주 흔히 관찰되는 현상이다. 가축에서 빈번히 나타나며, 유제류(Koford, 1957)와 야생 원숭이(Altman, 1963)에서도 보고되었다. 프리드먼과 로

(Freedman & Roe, 1958, p. 468) 는 "동성애 행동은 지금껏 관찰된 모든 포유류, 영장류, 인간 집단에서 일어나는 듯하다"고 주장했다. 동성애는 핀치새와 큰가시고기에서도 볼 수 있다(Morris, 1955). 큰가시고시 수컷은 가끔 "암컷의 짝짓기 행동 패턴 전부를" 보인다고 알려졌다. 의심할 여지없이 그 밖의 다른 예도 여럿 들 수 있다. 동성애와 같은 맥락의 기능부전으로, 수컷이 종종 임신 중이라서 교미할 수 없는 암컷을 상대로 구애 행위를 벌이고 교미를 시도하는 행동을 들 수 있다. 알트만(1962)이 이를 관찰하여 기록하였다.

경험 많은 애견가라면 발정기에 수정이 이루어지지 않은 암캐가 상상임신을 하는 경우가 잦다는 것에 고개를 끄덕일 것이다. 상상임신을 하는 암캐는 안락한 보금자리를 마련하는 행동 등 임신 때 나타나는 모든 행동 증후군을 보인다.

잡종 개체가 만들어지는 것도 번식 기제의 기능부전에 의한 또 다른 예이다. 대개 종간의 교잡은 포획 상태에서는 빈번하지만, 야생 개체군에서는 드물게 연출되는 비정상적인 상황이다. 서식처의 극단적인 변형은 종종 자연 상태에서 잡종이 갑자기 출현하는 결과를 가져온다. 특히 어류에서 이러한 사례가 많이 보고되고 있지만, 비정상적인 상황이라고 전혀 볼 수 없는 경우에도 잡종 어류가 상당히 나타난다고 한다(Hubbs, 1955).

그러므로 번식 기능은 다른 적응들에 비해 시기 조절의 불완전성이나 작동 상의 오류 수준이 상당히 더 높다는 점이 특징이다. 위의 모든 실례에서, 각 행동에 관여하는 모든 개체는 명백히 진화적인 손실을 감수한다. 그나마 가장 나은 상황에서도 개체들은 건설적으로 활용될 수 있었던 시간과 음식물 에너지를 헛되이 낭비한다.

하지만 제대로 수행된 번식 기능은 한 개체가 시간과 에너지를 들여서 다른 개체(짝이나 자식)에 명백하게 도움을 주는 결과를 가져오기 마련이다. 불가피하게, 여기에 동원되는 부차적인 번식 행동의 일부는 때로는 맥락을 벗어나서 나타나기도 한다. 어떤 토끼나 사슴은 도망을 칠 때 일부러 꼬리를 들어 눈에 잘 띄는 무늬를 과시한다. 이처럼 꼬리를 드는 행동이나 시선을 끄는 무늬는 부분적으로는 어린 자식들에게 위험이 닥쳤음을 경고하며, 주로 포식자의 주의를 끌기 위한 것이다. 그러한 종의 성체들은 일생의 상당 기간을 어린 새끼들과 함께 다닌다. 원칙적으로만 본다면 보호해야 할 어린 자식이 없을 때에는 꼬리를 드는 행동이나 이채로운 무늬가 일절 없는 편이 나을 것이다. 실제로는, 그처럼 기가 막힌 조절을 하는 데 필요한 정보들까지 굳이 생식질에 집어넣을 까닭은 별로 없다.

결과적으로, 이 동물들이 번식기가 아닌 때에도 도망칠 때 드러내는 경계 신호 덕분에 사슴과 토끼 개체군에 대한 포식 빈도는 어느 정도 감소한다.

이는 동종 개체들이 가까이 있는 편이 포식자에 맞서는 방어 수단으로 유용하며, 틀림없이 그러한 종에서 군서성을 유리하게 진화시킨 선택압으로 작용했으리라는 것을 의미한다. 그렇지만 여기에 생물상 적응은 전혀 개입되지 않는다. 생태적 환경에 맞추어 개체 수준의 조정이 이루어진 것뿐이다.

위와 유사한 경계 신호가 조류에서도 발견된다. 부모들은 새끼를 보호하고자 포식자의 주의를 딴 데로 돌리는 과시 행동을 하는데, 어떤 종에서는 꼬리에 난 하얀 깃털 덕분에 이 행동이 특히 더 효과가 있다. 새들이 달아날 때 이 하얀 깃털들은 유난히 도드라지며, 비행 역학상 이러한 과시를 하지 않을 도리가 없다. 조류에서 선명한 빛깔의 꼬리 깃털이 번식기 사이의 휴지기에도 사라지지 않는 것은 포유류에서 하얀색 엉덩이 부위가 항상 유지되는 것과 같은 맥락으로 설명할 수 있다. 경계음을 내는 기제도 비슷하게 설명할 수 있다. 정교하게 발달한 자식 돌보기 행동이 없는 종에서 위와 같은 경계 신호가 나타나는 사례를 나는 들어본 적 없다.

어떤 특정한 유형의 개체군 구조가 작용하여, 유년기가 지난 후에도 자식이 부모 가까이에서 함께 지내는 종에서는 경계 신호가 계속 유지되게끔 하는 약한 선택압이 작동할 것이다. 예를 들어, 겨울에 형성되는 사슴 무리는 종종 여러 가족이 뭉쳐서 이루어진다. 부모가 엉덩이 부위를 과시하는 행동은 자식들에게 위협을 알림으로써 무리 내에서도 계속 부모의 번식적 이득을 높여줄 것이다. 자식의 동일한 행동도 역시 형제나 부모에게 도움이 된다. 그러나 대규모 무리 안에서 행해지는 과시 행동은 주로 유전적 경쟁자들을 돕는 사태를 초래하기 때문에 가까운 혈연에 경계 신호를 보내게 하는 선택압은 상당 부분 상쇄될 것이다.

새끼를 낳아 키우는 한 쌍의 새가 때때로 하나 혹은 여럿의 조력자 (helper), 즉 둥지를 짓거나 기타 잡일들을 도와주는 아직 짝짓기하지 않은 개체를 두는 모습이 관찰되곤 한다. 앞에서 지적했듯이, 이러한 현상은 캘리포니아 딱따구리에게서 보편적으로 나타난다. 다른 종에서도 이따금 조력자가 있으며, 스커치(Skutch, 1961)는 이 현상을 잘 정리한 총설 논문을 발표한 바 있다. 조력자는 아주 다양한 분류군들에서 광범위하게 존재하며 모든 연령대에 걸쳐, 암수 모두가 될 수 있다. 대개 어느 한 지역에서 번식하는 새들 가운데 아주 낮은 비율의 둥지에서만 조력자가 발견된다. 조력자는 자기 자신의 번식이 좌절되는 바람에 부모로서의 본능을 어떤 식으로든 배출하려는 새다. 때때로 이러한 좌절은 곧 해소되어 조력자로 잠시 일했던 새는 곧 자기 짝을 찾아서 자신의 가정을 이루는 데 성공한다. 예상되는 바와 같이 이처럼 번식이 일시적으로 혹은 영구적으로 좌절되는 새들의 상당수는 둥지를 만들어 새끼를 돌보는 게 어떤 일인지 평생 처음 경험하는 젊은 개체들이며 그중 일부는 누가 봐도 아주 어리다. 다른 종의 새끼를 돌보는 조력자도 가끔 보고되었다.

이 현상에 대한 진화적 설명은 명약관화하다. 동성애나 잘못된 대상을 향한 자식 돌보기처럼 빗나간 번식 행동을 할 법한 부류의 개체들만이 조력자가 된다. 조력자가 보이는 행동은 그 종의 정상적인 번식 행동의 레

퍼토리들 가운데 일부, 즉 둥지 짓기나 먹이 모으기 같은 행동에 국한된다. 조력자 현상은 부모의 자식 돌보기 행동의 몇몇 패턴들을 유지해야 하다 보니 종종 시기 조절에 실패하여 엉뚱한 시기에 행동들을 일으키는 선택압 때문이라고 설명할 수 있다.[4]

위에서 살펴본 예들은 모두 개체들 사이의 상호작용에 대한 예이며, 왜 한 개체가 자원을 희생하거나 위험을 무릅쓰면서까지 다른 개체를 도와주려고 하는가에 대한 검약적인 설명을 찾는 데 초점을 맞추었다. 개체들이 꼭 특정한 상대를 위해서가 아닌 주위에 있는 불특정한 동종 이웃에게 폭넓은 이득을 주는 행동을 하는 사례도 많이 있다. 이러한 행동은 적어도 세 명 이상의 비친족들이 모인 집단 내에서만 일어날 수 있다. 먼저 해결해야 할 중요한 문제는 왜 동물들이 몇몇 또는 다수의 개체로 된 무리를 이루는가이다.

내가 보기에 두 가지 근본적인 오해가 동물들이 무리를 짓는 현상에 대한 연구를 심각하게 지체시켰다. 첫 번째 오해는 학자들이 어떤 생물학적 과정이 이득을 발생시킴을 입증하고 나서, 그 과정의 유일한 기능(the function), 아니면 적어도 여러 기능 가운데 하나(a function)를 밝혀냈다고 은연중에 가정하는 것이다. 이는 심각한 오류이다. 이득을 입증하는 것은 기능을 밝히는 데 있어서 필요조건도 충분조건도 아니다. 비록 다른 방식으로는 얻을 수 없는 유용한 통찰을 때때로 주긴 하겠지만 말이다. 어떤 생물학적 과정은 바로 그 기능을 수행하게끔 설계되었음을 보이는 것이야말로 필요조건이자 충분조건이 된다. 여기에 관련된 예를 앨

---

4) 윌리엄스는 여기서 조력자를 부모의 본능이 잘못 방출되는 부적응으로 해석했지만, 이후 행해진 수많은 행동생태학 연구결과들은 조력자의 행동이 사실은 어린 동생들을 돌봄으로써 자신의 포괄적합도를 높이기 위한 적응임을 입증하였다. 이 책이 쓰인 1966년은 아직 행동생태학이 제대로 정립되기 이전이다.

리(1931)가 기술하고 있다. 그는 대개 여럿이 모여 무리를 이루는 해양 편형동물들을 저장성 용액에 넣으면 모두 죽는다는 것을 관찰했다. 한 마리 혹은 몇 마리가 아니라 매우 많은 수의 편형동물들을 한꺼번에 용액에 집어넣었을 때는 피해가 그리 크지 않았다. 이는 편형동물, 특히 시체들로부터 나오는 미지의 물질이 용액 속에 방출되기 때문이다. 이 물질은 삼투적인 측면에서 그 자체로는 별로 중요하지 않지만, 어쨌든 저장성으로부터 편형동물들을 보호해준다. 앨리는 자신의 관찰이 대단히 중요하다고 생각했으며, 환경의 화학적 조성을 유리하게 바꾸는 것이 바로 편형동물이 무리짓는 행동의 한 기능임을 입증했다고 간주했다. 이 결론이 왜 잘못되었는지는 염분을 함유한 소규모의 물에 많은 편형동물을 집어넣는 실험을 상상하면 바로 알 수 있다. 다음과 같은 사항들이 실제로 확인된다면 앨리의 결론을 뒷받침하는 증거라고 할 수 있다. 즉, 용액이 점차 저장성이 되거나 화학적으로 해로운 다른 변화가 진행됨에 편형동물 개체들의 사회적 응집도가 증가하든지, 해로운 변화를 감지하여 외피에서 특정 물질을 분비시키는 기제가 활성화하든지, 아니면 분비 물질이 저장성을 단순히 막아줄 뿐만 아니라 이러한 방어를 대단히 효율적으로 수행하는 속성을 지니는 것 등이다. 이러한 가상적 상황들 가운데 한두 개라도 사실로 확인된다면, 기능적 설계를 입증하는 데 필요한 증거를 얻었다고 할 수 있으며 저장성으로부터의 보호는 편형동물의 무리 짓기 행동의 기능이지 단순한 효과가 아님을 명백히 증명하게 되는 것이다.

두 번째 오해는 집단의 기능적 측면을 설명하려면 반드시 집단 수준의 기능을 찾아내야 한다는 가정이다. 인간 행동에 빗대어 설명하면 왜 이 가정이 잘못인지 이해하는 데 도움이 될 것이다. 화성에서 온 외계인이 불타는 극장으로부터 대피하고자 허둥대는 한 무리 군중의 사회적 행동을 관찰한다고 하자. 만일 이 화성인이 두 번째 오해에 빠져 있다면, 화성인은 군중이 집단 전체의 이득을 얻기 위한 일종의 적응적 조직화를 보이고 있다고 가정할 것이다. 나아가 화성인이 이 가정에 너무 깊이 함몰

되어 있다면, 자신이 관찰한 행동이 거두는 전체적인 생존 성공률은 상상할 수 있는 다른 수많은 행동이 거둘 성공률에 못 미치리라는 자명한 결론조차 놓치고 말 것이다. 화성인은 집단이 화재라는 자극에 대하여 신속한 '반응'을 보이고 있음에 깊은 인상을 받을지 모른다. 사람들이 띄엄띄엄 넓게 흩어져 있다가 갑자기 빽빽한 무리를 이루는 바람에 출구까지 효과적으로 막아버린 그 '반응' 말이다.

그러나 인간 본성에 더 정통한 사람이라면 집단의 기능 수행이 아니라 개체의 기능 수행에서 답을 찾을 것이다. 한 사람이 극장 안에 갑자기 큰 불이 났음을 알게 된다. 만약 그가 출구 가까이에 앉아 있다면, 즉시 출구를 통해 빠져나갈 수 있다. 만약 출구에서 꽤 밀리 떨어져 앉아 있다면, 다른 사람들이 이미 출구로 내달리는 광경을 볼 것이다. 그는 인간 본성을 알기에, 어쨌든 바깥으로 대피할 마음이 있다면 자기도 지금 즉시 서둘러야 함을 깨닫는다. 따라서 그도 역시 출구로 돌진할 것이며, 이는 똑같은 행동을 하도록 다른 사람들을 한층 더 자극한다. 이 행동은 개체의 유전적 생존이라는 관점에서 보면 명백히 적응적이며, 군중의 행동은 개체 적응의 통계적 총합으로 쉽게 이해할 수 있다.

이는 적응적 행동의 사회적 결과로 손실이 일어나는 하나의 극단적인 예이다. 그러나 의심할 여지없이 이러한 상황은 실제로 일어나며, 어떤 종에서는 매우 흔하기까지 하다. 대형 우제류에서 무리의 선봉에 선 개체들이 뒤에서 밀어대는 바람에 절벽 아래로 떨어져 죽는 참사가 여러 번 보고되었다. 사회적 무리 짓기에 따른 피해로서 이보다 덜 극적인 사례들이 아마도 더 중요할 것이다. 사회적 행동이 가져오는 가장 중요한 피해는 전염병의 전파이다.

나는 적응적인 개체 반응의 통계적 총합이 모든 집단 활동의 토대가 된다고 본다. 이 총합이 반드시 해로운 것은 아니다. 그러긴커녕, 어쩌면 해롭기보다 이로운 경우도 많을 것이다. 그러한 이득의 한 예가 추운 날 포유류나 조류 무리가 가까이 밀착하여 체온을 유지하는 행동이다. 그러나 동물 무리가 전염병을 옮기게끔 설계되었다고 가정할 이유가 없듯이, 무리가 체온을 유지하게끔 설계되었다고 가정할 이유도 없다. 추운 날씨에 쥐들이 옹송그리며 모이는 행동은 집단 전체가 아니라 각자 자신의 열 손실을 최소화하게끔 설계되었다. 이웃들로부터 따뜻함을 얻으려 애쓰면서 각 개체는 집단에 자기 체온을 이바지하게 되고, 결과적으로 이렇게 모인 온기의 총체가 다른 개체들로부터 동일한 반응을 이끌어내는 한층 더 강한 자극이 된다. 극장 안에서 극심한 공황에 빠진 사람도 마찬가지 방식으로 전체적인 공황 자극에 이바지한다. 무리에 속한 사람이건 쥐건 전염병의 전파를 알게 모르게 촉진한다. 그러므로 효과가 좋든 나쁘든 어떤 효과가 있다고 해서 달리 더 입증되는 건 아무것도 없다. 적응을 입증하려면 반드시 기능적 설계를 보여야 한다.

사회적 집단이 어떻게 기원하고 진화했는지 살펴보기 위해 내게 가장 친숙한 사례인 물고기의 떼 짓기 행동을 예로 들겠다. 물고기들이 밀집하여 이루는 물고기떼는 매우 주목할 만한 현상이다. 물고기떼의 강한 응집성과 하나의 단위로 이동하는 운동방식은 대단히 이채롭다. 잘 준비된 군사 훈련이 그렇듯이, 여기서 우리의 관심을 불러일으키는 것은 집단의 규칙성과 정밀성이지 각 구성원의 행동이 아니다. 만일 개체에 눈길을 돌린다면, 개체들은 모두 같은 종에다가 거의 똑같은 크기이며 각각은 바로 옆의 이웃들과 거의 같은 속도와 방향으로 항상 헤엄친다는 것을 알 수 있다. 이런 개체에 대해서는 흥미를 쉽게 잃기 마련이다. 하나를 보았다면 전부 다 본 것이나 다름없다. 우리의 호기심을 유발하는 주체는 바로 하나의 전체로서의 고기떼이다.

그러나 나는 떼 짓기 행동에 대한 올바른 이해는 이러한 직관적 반응을 거부함으로써만 얻을 수 있다고 본다. 가장 먼저 개체에 집중하여 그 행동의 적응적 측면들을 이해해야 한다. 만일 이 작업이 성공적이라면, 그 다음에 떼 짓기 현상 가운데 얼마나 많은 부분이 개체 적응의 통계적 총합으로 단순하게 설명될 수 있는지 따져 보아야 한다.

떼 짓기는 천적으로부터 숨을 은폐물이 딱히 없는 서식처에 사는 어떤 종에서나 쉽게 일어나리라 예상 가능하다. 비사회적인 집단을 이루는 성향이 있어야 한다는 것도 또 다른 선결 조건이다. 동물성 플랑크톤이 수면에 밀집하는 경우처럼, 이러한 비사회적 집단은 먹이가 한 곳에 밀집해 있을 때 자연스레 형성된다. 먹이 공급원에 대한 끌림으로 인하여 이처럼 느슨한 집단이 형성되었을 때, 포식자로부터 제일 처음 포착되어 공격받기 쉬운 개체는 집단의 주변부에 있는 개체들이다. 그러한 상황에서는, 되도록 동료를 제치고 집단의 중심부에 있으려는 유전적 성향이 있는 개체들이 유리하게 자연선택 될 것이다. 자신을 집단 내에 위치시킴으로써 물고기는 포식자라는 위협과 자기 자신 사이에 다른 개체들을 집어넣는 셈이다. 물고기는 두 가지 방식으로 자신을 보호하는데, 하나는 적극적으로 무리 안에 위치하는 것이고 다른 하나는 같은 종끼리 인식 가능한 표지를 써서 동종 개체들을 불러 모으는 것이다. 그러므로 떼 짓기는 적극적인 행동 패턴과 소극적인 표지 과시 행동에 기반을 둔다. 동료들의 곤경이나 도피 낌새를 알아차리고 그러한 반응이 실제로 감지되었을 때 방어적으로 행동하는 능력도 마찬가지로 진화할 것으로 추정할 수 있다. 고기떼 중심부의 먹이가 집중적으로 바닥나는 것 같은 반대 요인들이 고기떼의 밀도 증가에 따른 방어력 상승과 균형을 이루는 지점이 오기까지 떼 짓기 경향은 계속 증가할 것이다.

브레더(1959)는 포식자가 고기떼를 공격하는 모습을 관찰한 결과를 다수 보고하였다. 포식자의 공격은 언뜻 보면 고기떼 전체를 향하는 것처럼 보이지만 대개 물고기 한 마리를 낚아챌 뿐이다. 그러한 상황에서 피식자들에게 가장 안전한 장소는 아마도 고기떼 깊숙한 내부일 것이다. 포식자가 주변부에 있는 고기들을 여러 마리 놓치고 나서야 안쪽에 있는 물고기들도 위험에 처할 것이며, 이때 안에 있는 개체는 다른 개체들의 반응을 통해 공격이 개시되었음을 알 수 있다. 이러한 피습 상황이 종의 진화 역사를 통해 끊임없이 계속되었음을 고려하면, 개체는 각 고기떼의 바깥으로 내몰리는 것을 피하는 방향으로 적응적으로 반응할 것이다. 다른 모든 개체도 똑같은 반응을 획일적으로 취함에 따라 고기떼의 밀집도가 증가한다. 만일 한 개체가 유별나게 행동하여 혼자서 대열에서 이탈했다고 가정해보자. 이탈하자마자 그 개체는 포식자의 눈에 포착되어 바로 습격당할 가능성이 가장 크다. 이처럼 대세를 따르지 않는 행동은 자연선택에 의해 도태되며, 따라서 고기떼를 이루는 행동은 종의 특징적인 형질로서 계속 유지될 것이다. 이 결론은 떼 짓기 행동의 효과가 집단 전체에 대한 포식압에 끼치는 효과와 무관하게 성립한다. 피식자가 행하는 떼 짓기 행동이 때로는 포식을 용이하게 만들 가능성이 매우 높다. 포식자로서는 여기저기 산재한 개체들을 수색하기보다 큰 고기떼를 쫓는 편이 더 쉬울 것이다. 브레더(1959)가 묘사한 대다수 예는 이러한 추측에 부합한다. 핑크(Fink, 1959)의 연구를 필두로 하여 포식자의 행동을 관찰한 몇몇 기록들은 포식자들이 피식자 고기떼를 마치 양 떼를 치듯 잘 몰아서 고기떼가 흩어지지 않게끔 함을 시사한다. 황새치(Rich, 1947) 등에서 보이는 몇몇 행동 패턴과 구조들은 피식자의 떼 짓기 행동을 이용하게끔 설계된 적응으로 해석할 수 있다. 때때로 어떤 종은 떼를 짓는 바람에 포식자에게 속수무책으로 착취당하기도 한다. 인간의 고기잡이도 마찬가지다. 어떤 물고기 종을 상업적으로 이용할 수 있으려면 몸집이 아주 커서 한 번에 한 마리씩만 잡아도 경제적인 이점이 있거나 아니면 고기떼를 이루는 습성이 있어서 어부들이 한 번만 출하해도 수많은 개체를 한꺼번에 포획할 수 있어야 한다. 떼 짓기 습성이 없는 작은 물고기들로는 수익성 있는 어장을 결코 만들 수 없다. 불리스(Bullis, 1960)는 여기에 알맞은 사례를 보고한 바 있다. 그는 큰 상어가 실청어들이 촘촘히 모인 고기떼를 잡아먹는 모습을 관찰했다. 상어는 마치 사람이 사과를 베어먹듯이 고기떼를 한 입씩 뜯어 먹었다고 한다. 실청어들이 만약 따로따로 떨어져서 다녔다면 상어에게 거의 발견되지 않았을 것이다.

이러한 관찰기록들이 고기떼가 적응적으로 조직화하여 있지 않음을 반드시 입증하는 것은 아니다. 또한 집단 수준의 이득은 고기떼의 본질적 기능이 아님을 반드시 확증하는 것도 아니다. 그러나 이 관찰들은 고기떼가 집단 전체의 생존을 위한 설계를 드러내리라고 강력하게 예측되는 상황에서 그러한 설계를 보여주지 못하고 있음을 분명히 확인시켜준다. 때로는 떼 짓기 행동이 포식에 의한 피해를 정말로 낮추어줄 가능성도 있다는 것도 짚고 넘어가야 한다. 브록과 리펜버그(Brock & Riffenburgh, 1960)는 그런 가능성이 현실화될 수 있는 상황을 하나 제안하였다.

떼 짓기 행동의 기원과 기능에 대한 이상의 설명은 오직 유전자 선택에만 의존하며 오직 유기적 적응만이 가능하다고 주장한다. 떼 짓기 행동(개체의 활동)은 적응적이지만, 고기떼(그 통계적 총합)는 적응적이지 않다고 상정하는 것이다. 고기떼와 그것의 모든 특성은 개체 반응의 통계적 총합으로 설명된다. 많은 고기떼가 극단적으로 밀집된 현상은 구성원들이 주변부로 내몰리기 꺼리는 성향 때문이라고 설명할 수 있다. 운동 행동이 일치단결하는 현상은 각 개체가 동료들 가까이에 계속 남아 있으려 하기 때문이다. 각 개체의 크기가 거의 동일하며 다른 종의 물고기는 고기떼에 들어오지 않는 현상은 포식자 눈에 잘 띄는 것을 최소화하려는 노력 때문이다. 다른 물고기들에 비해 생김새가 다르거나 아주 다르게 행동하는 물고기는 그 누구라도 포식자에게 알맞은 목표물로 자기 자신을 내놓는 꼴이 된다. 이는 왜 떼 짓기 행동이 위험에 대처해야 할 때나(Breder, 1959) 은폐물이 없을 때 (Williams, 1964) 특히 더 뚜렷이 나타나는가를 잘 설명해준다. 이는 지금껏 알려진 모든 경우에서 떼 짓기 행동이 밤만 되면 거의 완전히 자취를 감추는 까닭도 설명할 수 있다.

어떠한 고기떼에서라도 실제로 존재함이 입증된다면, 내가 여기서 제안하는 어떤 이론으로도 도저히 존재의 이유를 설명할 수 없을 가상의 특성이 하나 있다. 바로 경계 신호가 존재할 가능성이다. 포식자에 놀란 어떤 물고기가 그냥 저 혼자 놀라다 보니까 예기치 않게 유발된 것이라고

226

볼 수 없는 어떤 유의미한 행동을 하고, 이 행동이 다른 물고기들에게도 경계 반응을 유발함이 입증되어야 한다. 그러한 경계 신호는 신호를 낸 당사자에게는 어떤 식으로도 이득이 되지 않을 것이다. 즉, 생물상 적응으로 합당하게 간주할 수 있다. 그런 신호가 잘못된 대상을 향한 번식 기능일지도 모르는 가능성을 배제하려면, 신호를 내는 당사자의 도움을 받는 대상이 주로 그 자식들이 아닌 종에서 경계 신호의 존재가 입증되어야 한다. 나는 물고기떼에서 시각적 혹은 청각적 경계 신호가 존재한다는 어떤 근거도 들어본 적이 없다. 다만 화학적 신호가 존재할 가능성은 다른 곳에서 언급한 바 있다(Williams, 1964: pp. 377~378).

그 굉장한 규칙성에도 불구하고, 물고기떼는 조직화하지 않은 사회 집단이 어떤 것인지 생생히 보여주는 예이다. 유제류 떼나 늑대 무리에서는 대개 개체들 간 연령 차이가 눈에 띈다. 일종의 리더십이 있기도 하고, 우열 순위제가 있기도 하다. 그러한 개체 간 식별이 전형적인 고기떼에서는 존재하지 않는다는 사실은 자못 이채롭다. 두 고기떼가 이렇다 할 저항 없이 서로 합쳐서 섞일 수 있으며, 마찬가지로 한 고기떼가 아주 쉽게 둘로 나뉠 수도 있다. 이러한 특성은 자연선택에 의해 만들어진 적응이 지닐법한 표지가 아니다. 고기떼의 규칙성은 불필요한 중복에 따른 통계적 귀결에서 유래할 뿐, 적응적 조직화에서 유래하는 것이 아니다.

구성원의 동질성과 활동의 일치단결이라는 측면에서 가히 고기떼에 필적하는 다른 집단이 있다. 오징어, 고래류, 바다뱀의 무리, 그리고 번식기가 아닌 시기에 형성되는 새의 무리가 바로 그들이다. 고기떼의 진화와 기능에 대한 앞의 논의를 약간만 수정하면 이 집단들을 설명하는 데 바로 적용할 수 있다. 그렇지만, 란드(Rand, 1954)는 포식자로부터의 방어가 조류의 군서성이 갖는 중요한 기능이 아님을 보여주는 증거들을 수집했다. 그는 섭식을 쉽게 만드는 것이 더 중요한 기능이라고 믿었다. 그는 또한 군서성이 집단에 손실을 가할 수 있음을 시사하는 몇몇 흥미로운

예들을 제시했다. 그래도 나는 유제류의 큰 무리는 고기떼와 기능적으로
유사하리라고 추측한다. 단, 포유류는 번식이라는 드라마에서 자신의 배
역을 몽땅 포기하는 법은 없다. 수소의 행동이 계절에 따라 주기적으로
변하긴 하지만, 어느 때라도 그 난폭한 성격은 일정 부분 그대로 유지한
다. 송아지는 여러 계절에 걸쳐 어미의 보살핌을 받아야 하므로, 어미와
새끼는 큰 무리에 합류한 후에도 여전히 끈끈한 애착을 유지한다. 가족
조직에서 유래하는 이러한 복잡한 문제들이 포유류의 무리에 상존하는
반면, 어류의 고기떼는 그런 문제에 시달리는 일 없이 완벽한 균일성을
보인다. 어류의 떼 짓기 행동을 야기하는 진화적 동인과 유사한 힘에 의
해서 초식 포유류의 계절적인 무리 짓기가 생긴다고 나는 제안하지만,
동시에 포유류 특유의 끈끈한 가족 조직으로 말미암아 무리 짓기 행동의
효과가 심각히 축소되리라는 점도 잊지 말아야 한다. 늑대 무리의 군집
성은 아마도 큰 동물을 공격하는 늑대 특유의 성향으로 인해 부가적인 중
요성을 띠게 될 것이다. 엘크5)를 먹고 사는 늑대는 비슷한 식성을 지닌
다른 늑대들과 함께 엘크를 집단 공격해야만 사냥에 성공할 수 있다. 하
지만 나는 늑대 무리에서 기능적 조직화가 존재한다는 어떤 증거도 들어
보지 못했다.

　늑대를 비롯하여 매우 다양한 부류의 척추동물과 절지동물에서 발견되
는 우위-열위 순위제는 기능적 조직화가 아니다. 순위제는 각 개체가 먹
이, 배우자, 그리고 기타 자원들을 차지하기 위한 경쟁에서 서로 절충한
끝에 나오는 통계적 결과이다. 각각의 절충은 적응적이지만, 그 통계적
총합은 적응적이지 않다. 결과 앨리(Guhl & Alle, 1955)는 정반대의 관
점을 주장했다. 그들은 여러 암탉이 처음 무리를 이룰 때 격렬한 싸움과
노골적인 경쟁이 벌어짐에 주목했다. 이처럼 심한 행동은 얼마 후 우열
순위제가 확립되어 경쟁이 더 의례적으로 변함에 따라 점차 잦아든다.

---

5) 북아메리카와 동아시아에 서식하는 매우 큰 사슴종.

이러한 변화와 더불어, 음식 소비량이나 알 낳는 빈도 등으로 측정할 수 있는 각 개체의 평균적인 복지 수준은 향상한다. 이는 말할 나위 없이 각각의 암탉이 노골적인 경쟁에 쏟는 시간과 에너지가 감소한 덕분이다. 결과 앨리는 순위제 조직화 그 자체가 이러한 변화를 초래했음에 틀림없다고 믿었다. 윈-에드워즈(1962)도 우열 순위제가 적응적이라고 보았는데, 그는 순위제가 번식이나 음식 소비량을 증가시켜서가 아니라 오히려 감소시키기 때문에 적응적이라고 주장했다(243~254쪽 참조).

포유류들이 비번식기에 형성하는 무리가 기능적 조직화를 이루었음을 암시하는 증거가 몇 가지 있다. 사향 소 무리가 적으로부터 위협 받으면, 성체 수컷들은 마치 더 약한 구성원들을 보호하려는 것 마냥 무리의 가장 바깥쪽 면에 방어진을 친다(Lydeckker, 1898; Clarke, 1954, p. 329; Hall & Kelson, 1959). 이러한 행동은 노동의 기능적 분업의 일환으로서 생물상 적응을 입증하는 증거처럼 보이지만, 다른 설명도 가능하다. 무리를 지키는 수소들은 잘못된 대상을 향한 번식 행동을 보이는 중일지도 모른다. 무리가 대개 소규모임을 고려할 때, 만약 방어 중인 수소의 자식들이 무리 안에 높은 비율로 존재한다면, 방어 행동은 번식에 직접적으로 관련된 유기적 적응으로 간주할 수 있다. 아니면, 순전히 통계적인 효과가 나타나고 있는 것뿐일지도 모른다. 무리 안의 각 구성원은 위협에 맞서 싸울지 혹은 도망을 칠지 결정하게 해주는 자극의 역치를 지닐 것이다. 아마도 이 역치는 각 개체가 속한 부류가 지니는 전투력의 효율에 적응적으로 맞추어져 있을 것이다. 당연히 수소는 송아지보다 겁을 덜 먹을 터이다. 그러므로 위협 자극이 취할 수 있는 모든 강도 가운데 어떤 특정한 범위에 해당하는 자극들은 어른 수소에겐 맞서 싸우는 행동을 불러일으키지만 무리 내의 약하고 힘없는 개체들에겐 도망치거나 숨는 행동을 불러일으킬 것이다. 이러한 통계적인 분급은 어쩔 수 없이 일어나기 마련이며 마치 생물상 적응처럼 보이는 허상을 심어줄 수 있다. 소 떼는 우왕좌왕 흐트러진 형태로 도망을 치는데, 이때도 어른 수소들은 상대적으로

약한 강도로 도망가기 때문에 다른 개체들보다 뒤처지게 된다. 뮈리 (Murie, 1935) 는 카리부6) 에서 이러한 현상을 관찰하였다. 큰뿔양 무리가 흩어질 때, 암양과 새끼 양들은 고지대의 암석 피난처로 이어지는 탈출로 가까이에 계속 머무르지만 숫양들은 저지대의 위험한 평지 쪽으로 이동한다. 이러한 행동이 숫양들이 암양과 새끼 양을 보호하기 위한 기능적 노동 분업이 아니라는 사실은 두 집단 간의 거리만 보아도 알 수 있다. 숫양들은 하나의 집단을 이룬 다음, 그들의 소심한 가족 집단으로부터 몇 마일이나 떨어진 곳까지 이동한다(Blood, 1963). 만약 적이 나타났을 때 숫양들이 우연히 암양과 새끼 양들 가까이에 있었고 난폭하게 적에게 맞섰다면, 이는 마치 강한 개체가 약한 개체를 방어하려고 애쓰는 것처럼 보일지도 모른다.

포유류 집단에서 기능적 조직화가 존재하는 듯한 일화를 기록한 보고들이 많다. 이 중 대부분은 신중한 관찰보다는 낭만적인 상상력의 산물일 것이다. 홀(Hall, 1960) 은 비비 원숭이에서 그러한 조직화가 존재한다는 것을 강하게 부정했다. 특히 개체가 집단을 위해서 "보초" 노릇이나 다른 봉사활동을 한다는 가설이 비판의 대상이 되었다.

그러나 군서성 동물이 어떤 식으로든 기능적 조직화를 보일지도 모른다는 것은 대단히 중요하므로 연구자들이 이 가능성을 주의 깊게 검토할 만하다. 생물상 적응이라는 개념을 시험할 만한 후보 집단들이 있다. 알트만, 홀, 랙, 그리고 리치데일의 연구처럼 야생 개체군을 상세하고 객관적으로 조사한 연구들이 이 문제에 대한 중요한 증거를 제공할 것이다. 대규모 집단에 기능적 조직화가 이루어져 있음을 뚜렷이 입증하는 연구가 아직껏 나오지 않았다는 사실 자체가 대단히 무거운 함의를 지닌다고 할 수 있다.

---

6) 북아메리카에 서식하는 순록.

제8장

집단선택에 의해 만들어진 듯한
다른 적응들

이 장의 대부분과 5~7장은 개체들 사이의 상호작용과 개체군 내에서 개체가 차지하는 역할을 다룬다. 생물상 적응을 나타내는 증거를 찾을 가능성이 가장 큰 곳이 바로 개체군이라는 현상이며, 달리 말하면 그러한 증거의 부재가 가장 큰 울림을 가지는 곳도 바로 개체군일 것이다.

나는 지금껏 개체들 사이의 상호작용에서 유기적 적응을 나타내는 증거들을 수없이 많이 찾을 수 있음을 논증했다. 그러나 유기적 적응이 단일한 유기체 내의 생리 기제에서 가장 두드러지게 발견된다는 점 또한 부인할 수 없다. 목표를 성취하기 위한 수단으로서 정교한 적응이 설계된다는 원리는 분자에서 지역에 이르기까지 생리학자가 관심을 두는 모든 수준에 스며들어 있다. 가장 작은 원생생물조차 끝없이 복잡한 하나의 기계이며, 그 구성부품들은 유전자의 생존이라는 궁극적인 목적에 조화롭게 이바지한다. 이처럼 각각의 개체들은 예외 없이 유전적으로 동일할 것이다. 유전적으로 서로 다른 개체들이 협력하여 하나의 단일한 신체를 이루는 모습을 상상하기란 어렵다. 왜 그러한가에 대한 설명은 앞에서 유전적으로 다른 개체들 사이에 기능적인 사회 조직화가 일반적으로 존재치 않는 이유에 대한 설명과 같다. 즉 집단 간의 선택만이 그러한 기능적 조직화를 만들 수 있는데, 이 집단 간 선택이라는 요인은 유전자 선택과 무작위적인 진화 과정이 지배하는 현실 세계에서는 힘을 발휘하지 못한다.

신체 내부의 유전적 동질성은 몸을 성장시키는 체세포 분열에 의해 확보되며, 이러한 체계가 어긋나지 않게끔 해주는 부수적인 장치들의 도움도 받는다. 척추동물에서 면역 반응은 유전적으로 서로 다른 조직들이 기능적인 연합을 이루지 못하게 한다. 버넷(Burnet, 1961, 1962)은 이러한 면역 거부성은 원래 돌연변이 체세포를 거부하기 위한 기제라고 해석했다. 돌연변이는 유전적 다양성을 만드는 한 원천이다. 개체 간의 경계가 모호하고 널리 퍼져 있던 태초의 원시적인 유기체에서는, 가까이서 자라나던 두 덩어리가 하나로 융합하는 것도 유전적 다양성의 또 다른 원천이었을 것이다(151~155쪽 참조). 오늘날 현존하는 원시 동물들은 유전적으로 다른 부분들이 하나로 융합하는 것을 억제하는 기제를 가지고 있다(Knight-Jones & Moyse, 1961). 해면동물이나 강장동물에서 같은 종에 속하는 두 플랑크톤 유생이 가까운 곳에 정착하여 성장 초기 단계부터 접촉하게 되면, 두 유생이 융합하여 하나의 기능적인 신체 관계에 돌입하는 것이 상례인 듯하다. 하지만 더 진전된 성장 단계에서 접촉한 경우, 유전적으로 다른 두 덩어리가 단일한 신체 기구를 협력하여 만들기는커녕 각자 자신을 단단히 밀봉하여 개인적 정체성을 유지한다. 융합을 꺼리는 경향은 조직의 특수화 수준이 상승할수록 더 뚜렷해진다. 태형동물이나 해초류처럼 유전적으로 상이한 동물 군락이 서로 융합하는 것은 설혹 발달상의 최초 단계일지라도 매우 어려운 일이다.

식물은 동물보다 외부 조직을 훨씬 더 잘 견뎌내며, 이는 접붙이기 기법만 봐도 알 수 있다. 같은 속에 속한 구성원들이 융합하여 종종 하나의 생리 체계로 변모할 수 있다는 사실을 원예사들은 관행적으로 활용해왔다. 접목을 하면 마르멜로[1] 뿌리계는 사과나무 몸통에 물과 영양분을 제공하게 된다. 즉, 사과의 유전적 성공에 이바지하는 것이며 이 관계가 지속하는 한 자기 자식은 전혀 만들지 못한다. 물론 이는 마르멜로에겐 역사적으로 유례가 없이 처음 접하는 상황이며 자연선택이 직접적으로 만들어낸 결과가 아니다.

그러나 유전적으로 다른 식물들이 융합하는 경우가 자연 상태에서 일어나기도 한다. 보만(Bormann, 1962)은 소나무를 비롯한 몇몇 나무들의 두 뿌리계가 서로 인접하면 융합되기도 함을 입증했다. 두 나무가 자라면서, 더 힘 있는 개체가 자신에게 연결된 개체의 성장을 억제하면서 그 뿌리계를 자기 뿌리계로 편입시킨다. 이런 식으로 하여 성숙한 나무 한 그루가 지표면 위는 유전적으로 동일하지만, 뿌리계는 유전적으로 다양할 수 있다.

중요한 질문 한 가지는 그러한 관계가 착취당하는 개체의 번식 기간을 단축하는가 혹은 연장하는가이다. 또 다른 질문은, 혹시 접목되는 두 개체가 서로를 단단히 지지해줌으로써 둘 다 이득을 보지는 않는가이다. 그리고 이보다 훨씬 더 중요한 질문이 있다. 바로 억류된 뿌리가 유전적으로 다른 나무의 새싹을 움트게 하는 일에 적극적으로 참여하는가, 아니면 더 힘센 개체에 밀려서 어쩔 수 없이 하고 있을 뿐인가 하는 것이다. 양자 관계의 초기 단계에서는, 아마도 어느 쪽이 이득을 얻고 어느 쪽이 착취당하는지 불확실할지도 모른다. 그러나 둘 다 상대방의 조직을 착취하기 위해 노력하며, 그러한 다툼에서 누군가는 패자가 되는 수밖에 없다. 뿌리를 서로 접목하는 두 나무 사이의 관계를 호르몬이나 영양, 그리고 다른 측면에서 규명하는 작업은 현재의 논의에서 말할 필요도 없이 크나큰 중요성을 지닌다.

서로 다른 개체들이 하나의 조직화한 신체로 융합되는 일은 세포성 점균류에서 자주 일어난다. 벅홀더(Burkholder, 1952)는 그러한 현상을 자

---

1) 모과 비슷한 열매.

극적인 용어들을 동원하여 기술했다. 아메바 세포들로 구성된 개체군은 토양에 서식하는데, 각 개체가 독립적으로 섭식하고 생활하면서 이분법으로 번식한다. 그러다가 여기저기 흩어진 개체들에서 유인 자극(attraction stimuli)이 나와서 아메바 세포들이 중심부를 향해 일제히 이동하게 된다. 세포들이 서로 연합하여 단단한 고체 덩어리를 이루고, 이는 다시 분화하여 기부(base), 자루(stalk), 그리고 말단의 자실체(fruiting body)의 세 부분으로 구성된다. 자실체에서 포자가 생산되며 기부와 자루를 이루는 세포들은 포자형성 후에 모두 죽는다. 서로 협력하여 '신체' 구조를 만든 세포들은 자신을 희생함으로써 말단의 자실체에 있는 세포들이 더 효율적으로 번식하게끔 도와준 것이다. 생물학자들은 실험을 통해 형태적으로 다른 세포들 — 즉 아마도 유전적으로 다른 세포들 — 이 합쳐져 하나의 통합된 신체를 만들 수 있으며, 이렇게 유전적 모자이크인 개체가 생산한 포자로부터 처음의 각기 다른 형태들이 복원될 수 있음을 입증했다(Filosa, 1962). 이러한 사실을 해석하는 데 핵심적인 질문은 하나로 합쳐지는 아메바 세포들 간의 유전적 다양성이 어느 정도나 되며, 얼마나 흔히 일어나는가이다. 자실체 구조가 유전적 다양성을 띠는 일은 정기적으로 일어나는가, 아니면 아주 드물게 일어나는가? 만일 유전적 다양성이 일반적이라면, 서로 협력하는 아메바 세포들은 기껏해야 둘 또는 세 클론이 융합한 결과인가, 아니면 유전적으로 다른 수많은 클론이 융합한 결과인가? 만약 많아야 두세 클론이 융합하여서 한 자실체를 만든다면, 체세포 역할을 수행하는 자루 세포는 자기 자신과 유전적으로 동일한 개체들이 높은 빈도로 들어 있는 세포 집단의 번식을 돕는 셈이다. 따라서 유전적으로 동질적인 체계보다는 덜 효율적이겠지만, 체세포들의 희생은 자연선택에 의해 유리하게 선택될 것이며 아메바의 행동은 어디까지나 유기적 적응의 한 예로서 해석할 수 있다. 만일 유전적으로 동일한 세포들의 빈도가 대개 낮다면, 생물상 적응의 증거로 해석 가능하다. 하나의 신체 안에 극도로 높은 유전적 다양성이 보편적으로 존재하리라고 생각하기 어려운 정황들이 몇 있다. 아메바에서 유성 생식은 극히 드물거나 아예 없으며(Bonner, 1958), 번식 시 다른 곳으로 넓게 분산하지도 않는다. 보너는 바람이 포자를 별로 잘 분산시키지 못하며 포자는 주로 토양 속의 수분이나 동물들의 힘을 빌려서 분산된다고 밝혔다(개인적 의사소통). 이러한 요인들은 하나의 신체로 융합되는 아메바들이 종종 동일한 한 클론에서 유래하게끔 해준다.

자연 상태에서 유전적으로 이질적인 신체가 형성되는 빈도나 기타 이에 연관된 문제들은 몇 가지 측면에서 생물학 이론에 큰 중요성을 지니며, 고등 식물이나 세포성 점균류, 혹은 이러한 현상이 일어날 법한 다른 생물종들을 연구하는 생물학자들이 상세히 연구해볼 만한 문제이다.

바이즈만(1892)에 의해 처음 제기되었고 최근에 에머슨(1960)이 재차 주장했듯이, 많은 생물학자가 나이가 많이 들어 죽는 현상을 생물상 적응으로 본다. 노쇠는 늙고 병약한 개체들을 제거함으로써 젊은 개체들이 살 자리를 마련해주며, 또한 세대 시간을 단축해 빠르게 변화하는 환경에 대한 진화적 반응을 촉진하므로 개체군에 이득을 준다는 추측이다. 이 이론은 근래 들어 컴포트(1956)를 비롯한 여러 학자에 의해 혹독하면서도 타당한 비판을 받았다. 여기서는 그러한 비판들을 요약하는 것으로 충분할 듯하다. (1) 노쇠는 모든 기관의 일반적인 퇴보 경향이며 나이가 듦에 따라 사망률을 증가시킬 따름이다. 진화된 적응으로서의 면모를 보여주는 "사망 기제" 따위란 없다. 컴포트가 서술하듯이, "노쇠는 어떤 기능도 없다. 그저 기능이 전복된 것이다." (2) 최대 수명이 비교적 확실하게 알려진 생물종들에서, 야생 개체군의 연령 구조를 살펴보면 순전히 나이가 많아서 자연사하는 경우는 거의 없다. (3) 세대의 길이가 노쇠에 의해 강하게 영향을 받기는 하지만 세대 길이가 진화의 속도에서 제한 요인으로 작용한다는 증거는 없다. 그러기는커녕, 적어도 동물계에서는 오히려 긴 수명과 신속한 진화가 종종 연관되곤 한다(예: 코끼리, 곰, 사람). ⑷ 세대 길이가 단축되면 진화적 이득을 얻는다고 가정하더라도, 그리고 그런 가정을 하지 않으면 더욱 명백하게, 노쇠가 그 자체로서 어떻게 유리하게 선택될 수 있는지 상상하기란 쉽지 않다. ⑸ 노쇠를 유기적 적응의 결과로 더 단순하고 타당하게 설명하는 대안 이론이 있다.

그 대안 이론은 메다워가 처음 규명했듯이 선택압이 연령, 더 정확히 말하면 번식 확률의 분포와 맺는 관계에 기반을 둔다. 극단적인 경우를 생각하면 쉽게 이해할 수 있다. 성적인 성숙기 이전에 나타나는 적합도의 모든 변이는 각 개체가 성공적으로 번식할지를 결정하는 데 아주 중요한 역할을 한다. 그와 대조적으로, 거의 어떤 개체도 살아남지 못할 만큼 많은 나이가 되어서야 나타나는 적합도의 변이는 누가 번식에 성공하고 실패할 것인가에 아주 미미한 영향만 끼칠 것이다. 그러므로 어떤 유전자가 개체가 늙었을 때는 상당히 해로운 효과를 끼칠지라도 젊었을 때는 적합도를 조금이나마 증가시켜준다면, 선택은 이러한 유전자를 유리하게 택할 것이다. 다른 곳에서(Williams, 1957) 나는 이러한 이론적 견지에서 노쇠 현상을 종합적으로 설명하는 이론을 상세히 제시했다.

고등 식물을 주로 논하면서 레오폴드(Leopold, 1961)는 노쇠가 지니는 진화적, 생태적 중요성에 대해 새로운 논변을 주창했다. 그가 발표한 바에 따르면 노쇠는 식물 생애 주기에 관여하는 적응의 일면이며, 나는 그의 추론 대부분이 타당하다고 생각한다. 예를 들어 그는 잎이 노쇠한 현상은 식물에게 그 잎이 얼마나 쓸모 있는가에 적응적으로 연관되어 있음을 설득력 있게 입증했다. 잎이 처음 돋아났을 때는 활력이 넘치고 빛깔도 선명하지만, 새싹들이 점점 더 성장하면서 예전의 잎들은 새로 나온 잎에 가려져서 광합성을 그리 효과적으로 하지 못하게 된다. 그러면 식물은 늙은 잎보다 영양분을 더 잘 활용하는 젊은 잎에게 영양분을 더 많이 공급하게 되고, 이에 따라 늙은 잎의 효용은 더욱더 떨어진다. 결국 이파리 하나로 얻는 이득이 그 이파리를 유지하는 데 드는 비용에 미치지 못하게 되면, 식물은 아직 유용한 자원을 있는 대로 동원하고 이제 쓸모

없어진 부분들은 과감하게 버린다. 그러나 리오폴드가 내린 결론은 잘못되었다. 그는 위에 서술된 전 과정을 노쇠라고 칭하고 있기 때문이다. 얻을 수 있는 효용이 최대화되게끔 자원을 적재적소에 배치하는 것은 명백히 적응적이며, 이러한 과정을 노쇠라고 칭한다면 노쇠라는 단어의 일상 용법과 어긋난다. 늙은 잎들이 퇴화하여 떨어지는 현상 그 자체는 노쇠이며 적응적이지 않다. 노화한 잎의 탈리(脫離)는 자원과 에너지의 상당한 손실을 뜻하며, 자원의 적응적 배치를 통해 잎을 떨어뜨리는 손실 이상의 이득을 얻기 위해 치르는 비용이다.

똑같은 말을 전체 식물 신체의 노쇠에 대해서도 할 수 있다. 리오폴드는 한 식물 전체의 노쇠가 그 식물이 계절적으로 특수화하게끔 적응적으로 이루어진다고 주장했다. 맞는 말이긴 하지만, 일년생 풀이 특정한 계절에 일제히 사망하는 현상은 어떤 능동적인 목표를 성취한다는 의미에서의 적응이 아니다. 이는 단지 형태형성을 지극히 빨리해야 하다 보니, 그리고 겨울을 나는 종자 단계의 생존율을 최대화해야 하다 보니 치러야 하는 대가일 뿐이다.

그러므로 내 해석에 따르면 어떤 종류의 노쇠라도 당사자 개체에겐 손실일 뿐이다. 생애 주기에서 노쇠가 존재하는 현상은 노쇠가 그에 따르는 비용을 기꺼이 치를 만한 가치가 있는 발달을 만들어낸다는 견지에서 설명해야 한다. 노쇠를 적응적이라고 부른다면, 이는 오직 어떤 측면의 긍정적인 이득은 노쇠 없이는 얻을 수 없다는 의미에만 국한되어야 한다. 예를 들어 만일 다년생 식물이 가을이 되어 잎을 떨어뜨리는 적응을 발달시킬 수 없다면, 그 식물은 심각하게 불리한 상황에 부닥칠 것이며 번식에 성공할 확률은 많이 감소할 것이다. 어떤 생물학적 목표를 성취하기 위해 유기체가 생리적 희생에 기댈 가능성을 고려하는 분석 절차는 매우 중요하다. 그러나 이때 반드시 목표와 희생을 신중하게 구별해야 한다.

어떤 생물학자들은(예컨대, Norman, 1948) 독이 있는 조직이 생물상 적응이라고 가정했다. 독소의 기능은 독을 지닌 개체가 죽은 다음에야 비로소 실현되므로, 당사자는 결코 이득을 얻지 못한다. 따라서 독소는 종 전체의 천적을 파괴하게끔 설계되었다는 것이다. 그러한 설계를 입증하려면 더 단순한 대안 가설들을 제거하는 작업이 반드시 필요하다. 이를테면 독성 물질은 기본적으로 기피제의 기능을 수행하며 그저 우연히 독성을 띠게 되었다거나, 아니면 독성 물질은 전적으로 우연의 산물이라는 등의 대안 가설이 기각되어야 한다.

독소가 외피에 존재한다는 사실은 포식자의 기피 행동을 유발하는 기능을 강력하게 시사하며, 이 가능성은 포식자의 반응을 관찰하여 쉽게 검증할 수 있다. 포식자에게 자신이 불쾌한 맛임을 학습시켜 포식자의 기피 반응을 유도하는 행동은 양서류와 곤충에서 흔히 존재하는 듯하며, 매우 효과적이어서 곤충에서 의태를 따로 진화시켰을 정도다.[2] 기피 반응을 유도하는 화학물질이 독성을 띠는 것은 쉽게 설명할 수 있다. 독성 화합물을 꺼리는 행동은 동물에게서 일반적으로 기대할 수 있는 적응이다. 유독한 물질이라면 무엇이든지 불쾌한 맛이라고 느끼는 성향이 포식자에게 강하게 존재하며, 따라서 불쾌함을 불러일으키게끔 설계된 물질은 종종 그에 수반하는 독성을 지니게 될 것이다.

독소가 내부 기관에만 들어 있거나 불쾌한 맛이 나지 않는 독소를 지닌 유기체에 대해서는 또 다른 설명이 필요하다. 여러 물고기나 해양 무척추동물이 아무런 맛이 나지 않는 독소를 체내에 지니며, 그에 따른 해로운 효과는 포식자가 이들을 잡아먹은 뒤 한참 후에야 생긴다. 몇몇 독성 식물에서도 상황은 마찬가지다. 심지어 치명적인 일부 독버섯들은 맛이 좋기까지 하다.

해양 어류나 많은 무척추동물이 독소를 체내에 지니는 까닭은 그들이

---

2) 어떤 곤충이 자기를 먹어 봤자 아주 불쾌한 맛이라는 것을 포식자에게 학습시켜서 포식자가 이 곤충을 기피하게 되면, 다른 곤충이 이 곤충의 외형을 똑같이 흉내 내서 자기도 포식자로부터 기피를 받게 됨을 뜻한다.

섭취하는 먹이 때문이라고 생각된다. 할스테드(Halstead, 1959)는 독을 지니는 물고기 문제를 상세히 연구한 끝에 가장 치명적인 어류종의 독성 수준조차도 계절과 지역에 따라 변한다는 것을 발견했다. 독성의 이러한 가변성은 독성이 음식물에 따른 효과임을 시사한다. 물고기의 먹이가 되는 식물성 플랑크톤, 특히 몇몇 와편모충(dinoflagellate)들이 갑자기 대량 발생하는 것이 물고기 몸속에 독을 축적하는 주범임을 알려주는 증거들이 있다. 식물성 플랑크톤처럼 미세한 식물들이 개체군의 이득을 위해서 독소를 생산한다고 주장한다면 터무니없는 일이 될 것이다. 독소를 만드는 식물을 먹는 초식동물들에게도, 이 초식동물을 잡아먹는 물고기에게도 이 독소는 아무런 영향도 끼치지 않는 듯하다. 해양 와편모충이 육상 포유류에게만 이토록 강한 독성을 내는 현상에 대해 유일하게 가능한 설명은 이러한 관계는 순전히 우연적이라는 것이다. 고등 식물의 조직에 나타나는, 동물에게 치명적인 독소 대다수에 대해서도 같은 설명이 가능하다.

독액은 독성 물질의 특별한 유형이다. 독액이 파괴적인 효과를 내게끔 설계되었다는 것에는 의심할 여지가 없다. 이러한 설계는 그 약리적 특성에서, 그리고 독액을 상대방의 몸속으로 주입하는 특별한 장치가 존재한다는 점에서 확인할 수 있다. 어떤 독액은 육식동물에서만 있는 공격 무기다. 강장동물과 뱀의 독액은 피식자를 제압하는 데 도움이 되게끔 정교하게 사용된다. 다른 독액들은 순전히 수비용 적응이며, 상대에게 아주 신속하게 통증을 유발하게끔 기능한다. 결과적으로 유독성을 띠는 것은 그저 부수적인 효과에 지나지 않는다. 그렇지만 통증을 일으키는 가장 확실한 방도는 조직 손상을 일으키는 것임을 고려할 때, 주입된 지점에서 신속한 조직 손상을 일으키게끔 설계된 물질이라면 나중에 몸 전체로 넓게 확산된 다음에는 일반적인 독성을 일으키리라는 것도 쉽게 이해할 수 있다.

내가 아는 한 모든 방어용 독액은 매우 빠르게 통증을 일으키며 따라서 기피제로 쉽게 설명된다. 그러한 독액이 남을 죽이게끔 설계된 것이라고 추정할 필요는 어디에도 없다. 쐐기풀의 독액은 히스타민 용액이다(버넷, 1962). 동물에게 국소적인 통증을 일으킬 만한 물질로 이보다 더 적합한 것은 상상하기 어렵다. 가오리류(Halstead & Modglin, 1950), 쑥치류(*stonefish*) 3) (Smith, 1951), 동미리류(*weaverfish*) 4) (Carlisle, 1962) 그리고 전갈(수많은 논문에서 보고됨)의 독액은 모두 순식간에 심한 통증을 일으킨다. 사회성 곤충의 방어용 침도 마찬가지이며, 적어도 그들의 몸 크기에 비해서는 통증이 심한 편이다. 그중에서도 말벌의 침은 아주 강력한 기피제로 널리 알려졌다. 이상의 고통스러운 관찰 결과들은 모두 독액은 적에게 불쾌한 효과를 빠르게 일으켜서 독을 품은 개체나(사회성 벌목에서는) 군락을 보호하게끔 설계되었다는 이론을 잘 뒷받침한다. 벌목 곤충이 포유동물에게 침을 쏜 다음에 흔히 죽음에 이르는 현상은 곤충이 의도한 바는 아마도 아닐 것이다. 이러한 죽음은 포유동물의 피부 안에 다량의 콜라겐 섬유가 단단히 배열되어 있기 때문에 생기는 불행한 사고이다. 침 속의 가시가 콜라겐에 박히는 바람에 곤충이 침을 억지로 빼내려다 치명적인 상처를 입게 된다.

낭만적으로 채색된 여러 논의에 따르면(이들은 가장 활발히 연구에 몰두하는 시기의 젊은 생물학자들의 사고에 영향을 줌), 방울뱀의 꼬리에 달린 딸랑이는 동물 일반에게 방울뱀이라는 무서운 존재가 있음을 경고하게끔 설계되었다. 현대의 파충류학자들의 견해(Klauber, 1956; Schmidt & Inger, 1957, p. 273)는 다윈을 충실히 따르는 듯하다. 딸랑이가 확실히 일종의 경고이긴 하지만, 이는 "자기보다 더 큰 동물들이 경계하며 뒤로 물러서게 함으로써 뱀을 밟거나 괴롭히지 않게 만드는 선전 도구"(《종의 기원》, ch. 6)로 기능하여 뱀에게 이득을 주게끔 설계되었다고 파충류학

---

3) 열대 인도양-서태평양 지역의 얕은 바다에 서식하는 어류. 건드리면 등지느러미의 가시에 있는 홈을 통해 많은 양의 독을 방출한다.

4) 습관적으로 모래 속에 몸을 묻는 긴 어류로, 아가미 뚜껑 위에 독을 품은 날카로운 가시가 있어 통증이 심한 상처를 입힌다.

자들은 주장한다. 이 기제는 큰 동물들이 뱀에게 물리면 해롭다는 것을 학습하는 능력에 달려 있다고 추정된다. 그러나 이보다 훨씬 더 나은 설명이 있다고 나는 생각한다. 딸랑이는 방울뱀을 공격하는 동물의 관심을 위험하지 않고 별로 중요치 않은 꼬리 부분으로 돌려서, 정작 중요한 무기들이 위치하는 뱀의 머리 부위에는 관심이 가지 않게 만든다. 개와 독사가 맞붙은 싸움의 결과는 개가 처음에 독사의 머리를 쥐느냐 꼬리를 쥐느냐에 따라 대단히 크게 좌우된다.

보이스카우트 문헌이나 자연사를 다룬 민속 문헌을 살펴보면 언뜻 보기에 생물상 적응으로 생각되는 예들을 많이 접하게 된다. 개구리가 동료들이 물을 찾는 것을 돕기 위해서 개굴개굴 소리를 낸다는 설명도 그러한 예의 하나인데, 최근에는 새롭고 신선한 발상으로서 전문적 연구 문헌에도 포함되었다.

생물상 적응으로 보이는 갖가지 사례들을 앞에서 다루면서 나는 그 현상들이 가설이 주장하는 방식대로 정말로 작동하고 있는가, 그리고 상호 대안적 대립유전자들 간의 자연선택 외에 다른 어떤 창조적인 진화적 동인이 있음을 시사하는가 하는 문제에만 초점을 맞추어 논의하였다. 개체군 적합도를 판별하는 객관적인 혹은 폭넓게 인정되는 기준이 없는 실정에서 (120~125쪽 참조), 적응으로 추정되는 형질이 집단의 복지에 이바지하는지를 밝히려 했던 저간의 시도는 무의미했던 듯하다. 생물상 적응을 주창하는 학자들은 그것의 개체군통계적 효과라는 근원적인 질문에 대해 의견 일치를 이루지 못했다. 라이트(1945)는 생물상 적응이 개체군 크기를 증대시켜서 외부로의 이출 속도를 높인다고 가정하였다. 여기서 그는 이출 속도가 개체군 간의 경쟁에서 승리하는 중요한 요인이라고 보았다. 브리리턴(1962), 스나이더(Snyder, 1961), 윈-에드워즈(1962)와 또 다른 이들은 생물상 적응이 개체군이 어떤 최적 수준 이상으로 성장하는 것을 방지하는 기능을 하며, 여기서 이출은 가능한 여러 기제 가운데 하나일 뿐이라고 가정하였다. 에머슨(1960) 같은 이들은 진화적 가소성

이나 기타 요인의 견지에서 최적의 상태인 연령 분포를 만드는 것이 생물
상 적응의 또 다른 기능이라고 했다. 많은 경우에 연구자들이 어떤 종류
의 궁극적 기능을 속으로 가정하고 있는지 명쾌하게 파악하기 어렵다.
한 개체가 다른 개체를 돕는 행동에 대한 기존의 논의들이 이런 점에서
애매한 것과 마찬가지로 말이다.

그러나 한 측면에 대해서는 연구자들 간에 일반적인 합의가 이루어져
있다. 생물상 적응이 추정될 때마다, 그 적응의 근접 혹은 궁극적 효과는
전통적인 미학적 관점에서 상황을 개선하는 것임에 의견이 일치한다. 다
음의 사항들이 가정된다. (1) 심한 포식압 아래서는, 원기 왕성한 개체들
로 구성된 개체군이 병약하고 만성적으로 굶주리는 개체들로 된 개체군
보다 더 적응적이다. (2) 각 개체의 안정적인 영역에 자원이 비교적 균등
하게 나누어진 개체군이 자원에 대한 쟁탈전이 마구잡이로 혼란스럽게
진행되는 개체군보다 더 적응적이다. (3) 이웃들 간의 개체 인식과 의례
적인 위협-과시 행동으로 영역이나 사회적 지위를 유지하는 개체군이 강
력한 무기를 동원한 싸움을 빈번히 행하여 사회 구조를 유지하는 개체군
보다 더 적응적이다. (4) 밀도, 연령 분포, 그리고 다른 요인들을 안정되
게 유지하는 개체군이 이러한 요인들이 심하게 변동하는 개체군보다 더
적응적이다. (5) 자식을 적게 낳고 유년기의 사망률이 낮은 개체군이 자
식을 많이 낳으며 유년기의 사망률이 높은 개체군보다 더 적응적이다.
(6) 지위가 높은 늙은 개체들이 앞날이 창창한 젊은 개체들에게 활발하게
자리를 양보하는 개체군이 소수의 개체가 오랜 기간 높은 지위를 안정적
으로 독점하며 자식들을 꾸준히 많이 낳는 개체군보다 더 적응적이다.
(7) 일벌에서 보듯이, 종종 대의를 위하여 자신의 복지를 기꺼이 희생하
는 개체들로 구성된 개체군이 한결같이 자기 자신의 당장의 이득을 위해
서만 행동하는 개체들로 구성된 개체군보다 더 적응적이다. (8) 대개 평
화롭게 살면서 서로 적극적으로 도와주고 협력하는 개체들로 구성된 개
체군이 개체 간의 노골적인 갈등이 흔한 개체군보다 더 적응적이다. (9)

한편 적극적인 상호 파괴가 굳이 행해져야 한다면, 새끼를 죽이는 것이 동료를 죽이는 것보다 낫다. 이상의 가정들에서 유일하게 찾을 수 있는 공통점은, 이들 모두가 유기체라면 마땅히 이러해야 한다는 관례적인 미학 개념을 따른다는 점이다.

브리리턴(1962a)은 생물학 논의에 깃든 이러한 미학적 요소를 흥미롭게 드러내고 있다. 그는 생물상 적응의 목표라는 문제는 다음과 같이 상상함으로써 해결될 수 있으리라고 제언했다(80~81). "…개체군 내의 개체들이 주위를 둘러보고 각자 마음을 다잡는다. '우리들의 숫자가 너무 많아지고 있어. 사망률을 높이거나, 출생률을 낮추거나, 아니면 둘 다 해야만 해. 그렇게 하지 못한다면, 생활수준은 급격히 추락할 것이고 우리는 서로 살아남기 위해 이전투구를 벌여야 할 거야.'" 브리리턴은 이러한 상상은 어디까지나 은유에 불과하다고 강조했으며, 의식적인 공동체 정신은 동물 개체군 생태에 영향을 끼치는 요인이 결코 될 수 없다고 일축했다. 그럼에도, 개체군을 조절하게끔 진화한 듯 보이는 기제들을 열거하면서 그가 제시한 생물상 적응의 후보들은 각 개체가 마치 사람처럼 음식물이나 기타 자원들을 풍부하게 누린다는 의미에서 생활수준을 높여 준다는 공통점을 모두 지닌다. 이는 물론 그 자체로서 바람직한 심미적 목표일 테지만, 그만큼의 진화적 중요성을 지닌다고 믿을 까닭은 어디에도 없다.

브리리턴의 논의는 개체군 크기의 적응적 조절을 진화된 적응의 목표로서 간주하는데, 이는 물론 생물상 적응이 지니리라고 흔히 가정되는 목표들 가운데 하나이다. 여기서 조절이란 안정성에 이바지하는 음성 되먹임(negative feedback)을 의미한다. 자연 상태의 개체군 크기는 개체군 밀도의 안정화에 전혀 도움을 주지 않는 독특하고 무작위적인 사건들에 의해 흔히 영향을 받음을 그 누구도 부인하지 않는다. 또한 양성 되먹임이 일어나서 개체군 크기가 급증하거나 돌이킬 수 없이 급감하여 절멸에 이르는 사례들도 종종 보고된다. 하지만 자연 개체군의 크기는 여러 세대에 걸쳐 어느 정도 일정하게 유지되는 일반적인 경향이 있음을 거의 모든 학자가 인정할 것이다. 또한 대다수 생물학자는 이러한 일관성은 지속적으로 혹은 적어도 이따금, 안정화 영향이 작동하기 때문이라고 설명한다.

이러한 안정화는 실험실 개체군의 매우 단순화된 생태를 활용해 쉽게 입증할 수 있다. 예를 들어 실험실에서 물을 담은 용기를 하나 설치하고 원생동물을 약간 넣어준 다음, 단위 시간당 먹이 공급량을 일정하게 유지하며 키운다. 원생동물의 수는 계속 증가하여 먹이가 공급되는 속도에 따라 그 수가 일정 수준까지 도달하게 된다. 특별한 재난이 없다면 그 후 개체군은 장기적인 개체군 평균 크기 근처에서 아주 조금만 무작위로 변하거나 혹은 주기적인 변동을 보인다. 이러한 평형은 개체들을 더하거나 덜어냄으로써 둘 중 어느 방향으로든지 교란될 수 있으며, 교란된 다음 개체군은 빠르게 원래 수준으로 되돌아간다. 이러한 체계는 음성 되먹임에 의해 안정 상태가 유지되는 현상을 명쾌하게 실증한다.

생물학자가 접하는 안정된 평형의 상당수는 진화된 적응의 기능이다. 포유류의 체온이 큰 폭의 환경적 변동에도 안정성을 보이는 현상이 그 예이다. 이러한 안정성이 가능한 까닭은 체온의 안정성이 자연선택 됨에 따라 다수의 음성 되먹임 기제들이 생겨나 효율적으로 작동하기 때문이다.

마찬가지 방식으로 우리는 실험 개체군이 보이는 안정성의 기저 요인들을 탐색할 수 있다. 개체군의 크기가 증가함에 따라 개체군을 더 증가시키는 요인들은 약해지고 개체들을 제거하는 요인들은 더 강하게 작용하게 된다. 예컨대, 개체군 밀도가 증가함에 따라 개체의 발달 속도는 많은 요인에 의해 지체되기 마련이다. 이런 요인들에는 음식물이 감소하거나, 배양액이 유독해지거나, 경쟁 중인 개체들이 섭식을 방해하는 등이 있다. 동일한 요인이 성체의 번식 활동에 지장을 줄 수도 있다. 동족 포식이나 다른 적극적인 상호 파괴 행동이 개체 수가 밀집함에 따라 급격히 증가하기도 한다. 이러한 부정적 영향은 사망률이 번식률과 일치하여 개체군이 안정화할 때까지 계속 강화된다.

이러한 종류의 안정화는 흔히 "개체군이 음식 공급량에 자신을 맞춘다"거나 심지어 "개체군은 환경이 감당할 수 있는 정도를 넘어설 만큼 많은 개체를 생산하지 않기 위하여 자신의 번식을 조절한다"는 등의 문구로 서술된다. 이 표현들은 밀도 조절은 하나의 전체로서의 개체군이 진화시킨 적응이며 그러한 적응이 없이는 수적 안정성이 불가능함을 암시한다.

이러한 해석은 결코 정당화될 수 없다. 일정한 수의 원생동물, 혹은 다른 그 어떤 유기체를 유지하려면 공급된 먹이로부터 에너지를 소비하는 전형적인 과정이 요구된다. 만일 개체들을 유지하기에 먹이량이 부족하다면 개체군 크기는 새로운 수준으로 무조건 감소할 수밖에 없다. 이는 그야말로 물리적 필연이다. 한 개체군의 크기가 현재 환경이 감당할 수 있는 수준을 초과하여 증가하는 일은 물리적으로 불가능하기 때문이다. 단순히 물리적으로 불가능한 일이 일어나지 않는 현상을 두고 이를 진화된 적응이 만들어낸 결과라고 판단해서는 안 된다.

그러므로 앞에서 본 바와 같은 단순한 실험 개체군의 밀도 조절은 개체군이 애써 성취한 성과가 아니라 시간이 지나면 개체군이 짊어질 수밖에 없는 부담이다. 물론 그러한 밀도 조절을 상세히 분석하려면 음식 제한과 개체군 제한을 연결하는 인과적 사슬이 되는 적응들을 광범위하게 검토해야 한다. 하지만 그러한 모든 적응은 적응을 담지한 개체의 유전적 생존을 최대화하게끔 설계되었다. 그들이 개체군 크기에 미치는 효과는 통계적 부산물일 뿐이다. 만약 어떤 동물이 몸의 조직들을 간신히 유지할 만큼의 먹이만 아슬아슬하게 구한다면, 그는 둘 중 어느 한쪽으로 반응하리라 생각할 수 있다. 먼저 그는 먹이 공급량의 일부를 사용하여 난자나 정자를 만든 다음에 굶어 죽을 수도 있다. 이 동물의 죽음은 다른 개체들에게 더 많은 먹이가 돌아가게 할 것이며 따라서 다른 개체들의 사망률은 감소한다. 또 다른 가능성은 먹이 공급량에 맞추어 다산력을 적응

246

적으로 조정하는 것이다. 간신히 생존할 수만 있을 만큼의 먹이량에 맞추어 이 동물은 번식을 완전히 중단하고 그냥 근근이 살아갈지도 모른다. 이는 물리적 필연에 연관된 문제로서, 두 방안 모두 개체군의 크기 제한을 초래한다.[5] 먹이 공급량에 맞추어 다산력을 조정하는 방안이 개체의 관점에서는 적응적이다. 동물이 계속 살아남게 해주므로, 나중에 자원이 풍부한 시기가 찾아오면 자원을 넉넉히 누릴 수 있다. 하지만 개체군의 관점에서는, 이러한 적응이 물리적으로 불가피한 개체군 조절을 촉진하거나 저해시키기 위해 하는 일이라곤 아무것도 없다.

　포식 같은 부가적인 요인들을 도입하면 세부 사항들이 더 복잡해질지 몰라도 결과 자체는 크게 뒤바뀌지 않는다. 슬로보드킨(1959)은 실험실에 설치되어 같은 양의 먹이를 공급받는 여러 물벼룩 개체군들이 포식압이 각기 매우 다른 조건들 아래서도 거의 동일한 개체군 크기를 유지한다는 것을 입증했다. 포식자(이 경우에는 실험한 과학자)를 피해 살아남은 피식자의 수가 먹이를 모두 소비할 수 있을 만큼 넉넉하다면, 먹이의 공급 덕분에 피식자가 새로 생겨나는 속도가 피식자들이 포식에 의해 제거되는 속도와 얼추 비슷해질 것이다. 개체군의 전체 생물량은 어느 정도의 포식에 의해서는 거의 영향을 받지 않지만, 그 연령구조와 각 개체의 생존 조건은 크게 변한다. 이처럼 포식까지 고려한 체계라 할지라도, 이 실험 개체군의 생태는 자연 군집에서 보통 발견되는 개체군의 생태에 비하면 극히 단순하다. 그렇지만 대양의 플랑크톤 개체군처럼 매우 단순하고 아주 동질적인 자연 개체군 몇몇은 슬로보드킨의 실험 모델에 꽤 정확하게 근사하리라고 나는 추측한다.

　대다수 고등 식물의 개체군 크기는 연구하기 어려운데, 이런 분류군에서는 한 개체가 무엇을 의미하는지 정의하기가 쉽지 않기 때문이다. 그

---

5) 첫 번째 방안은 동물이 굶어 죽는 대신 어린 자식을 새로 낳는 것이고, 두 번째 방안은 동물이 번식하지 않은 채 계속 살아남는 것이다. 두 방안 모두 개체군의 크기를 증가시키지도 감소시키지도 않은 채 현 수준을 유지한다.

러나 그 일반적인 문제 틀은 동물 개체군과 수학적으로 동일하다. 개체
의 총수와 생물량은 일종의 물리적 필연에 관한 문제로서 자원의 결핍에
의해 제한되며, 이러한 제한은 생물상 적응을 암시하지 않는다.

위에서 논의한 예들에서 개체군 크기는 궁극적으로 에너지가 계(系)에
유입되는 속도에 의해 제한되었다. 그러나 에너지는 공급이 부족할 수도
있는 많은 필수 자원들 가운데 하나일 뿐이다. 파랑새가 둥지를 지으려
면 나무 둥치에 난 구멍, 혹은 이와 유사한 대체물이 필요하다. 만일 다
른 자원이 더 심하게 제한되지 않는다면, 파랑새 개체군은 알맞은 둥지
구멍의 풍부도에 의해 결정될 것이다. 특정한 형태와 규격을 지니는 구
멍이 필수 자원이라는 전제를 생각한다면 이러한 제한은 피할 수 없다.
마찬가지로, 개개비의 어떤 종은 영역성을 지니며 한 쌍 당 적어도 1에이
커[6]의 삼림 지대가 필요함을 고려하면 삼림지대의 에이커 수보다 개개
비의 번식 쌍이 결코 더 많을 수는 없을 것이다. 이런 종류의 제한이 논리
적으로 불가피하긴 하지만 물리 법칙으로부터 직접적으로 도출되는 것은
아니다. 부족하게 공급되는 자원이 굳이 필요한 까닭은 특정한 진화적
발달이 유기체가 그 자원을 필요로 하게끔 만들었기 때문이다. 만약 생
물학자가 가능한 최대치의 풍부도를 유지할 수 있는 새를 창조하려 한다
면, 그는 아마 이 새에게 잎을 먹는 습성, 셀룰로스 분해효소, 작은 몸
집, 장소를 크게 가리지 않고 둥지를 트는 습성, 그리고 전염병에 대한
강한 면역성을 선사할 것이다. 그는 이 새가 서로의 영역을 따지게끔 하
지 않을 것이다. 일부 조류들은 육식하는 습성, 특수한 장소에서만 둥지
를 트는 습성, 영역성, 그리고 다른 특성들을 획득하면서 어쩔 수 없이
개체군 밀도가 감소하였으며, 몇몇 생물학자들은 이렇게 새로이 출현한
습성들, 특히 사회적 상호작용에 관련된 습성들의 상당수는 개체군을 제
한하기 위한 목표를 지닌다고 해석하였다. 이러한 경향은 앨리(여러 연

---

6) 약 4,050평방미터.

구), 에머슨(1960), 브리리턴(1962a, b), 스나이더(1961), 윈-에드워즈(1962), 그리고 다른 많은 일급 생물학자들의 논문에 분명히 나타난다.

지금 우리의 논의는 적응이라 추정되는 형질의 결과에 특히 초점을 맞추고 있다. 즉, 개체군 크기의 조절이 물리 법칙이 작동한 덕분이 아니라 유기체에 내재한 어떤 속성 덕분에 실제로 가능할 수 있는지 밝히고자 한다. 그렇지만 증거를 검토하기 이전에 개체군 조절의 두 가지 측면을 구별해야 한다. 첫째, 조절의 수준(level), 곧 개체군 크기의 장기적 평균의 절댓값이다. 둘째, 조절의 **정확성**(precision), 곧 실제 수치가 장기적 평균값에 가까운 정도이다. 한 생물학자가 영역성이 어떤 생물종을 제한시켜 1제곱마일 당 100쌍이라는 평균 수준을 유지함을 입증했다고 가정해 보자. 이 발견은 영역성의 존재가 개체군의 안정성을 높임을 의미하지 않는다. 오직 증명된 것이라곤 조절의 수준은 영역성이 없을 때보다 영역성이 있을 때 더 낮다는 것이다. 만약 영역성이 개체군을 제한하지 않았다면 다른 무언가가 개체군을 더 높은 수준에서 제한했을 수도 있으며, 이 "다른 무언가"가 개체군에 가하는 제한은 더 정확하거나 혹은 덜 정확할 것이다.

영역성처럼 개체 간의 사회적 간격을 유지하는 기제들은 음식이나 기타 자원들과는 독립적으로 작동하는데, 이런 기제들이 개체군 밀도를 제한할 수 있다고 믿을 만한 근거가 있다(Lidicker, 1962). 이는 그러한 기제가 없는 경우에 비하여 개체군 크기가 더 낮은 수준에서 조절됨을 뜻한다. 하지만 우리가 어떤 종에 대하여 다른 특질들은 건드리지 않고 특정한 사회적 특질만 변화시킬 수 있을 때까지는, 사회적 간격 기제가 제거되었을 때 조절의 수준이나 정확성이 어떻게 될지 결코 알 수 없을 것이다. 우리가 아는 것은 몇몇 종에서 이러한 요인이 없으면 개체군 조절의 수준은 더 높으리라는 정도이다. 랙(1954a)은 영역성이 있는 다수의 조류종이 면적에 대한 요구에서 매우 융통성이 있으며, 실제 개체군 밀도도 각 개체가 최소한으로 필요한 영역 크기로부터 산출된 개체군의 최대

가능 밀도보다 한참 아래임을 증명하였다. 사회적 간격 설정이 개체군을 제한할 수는 있겠지만 그것이 구체적인 상황에서 밀도의 수준을 실제로 규정하는지는 입증하기 매우 어렵다는 것이 명백한 듯하다. 어떤 상황에서 그러한 효과가 입증되었다 할지라도 밀도 조절이 꼭 사회적 간격에 의한 결과만은 아닐 것이다. 만일 우리가 영역성이 하나의 유기적 적응이라고 해석한다면, 밀도 조절은 하나의 예기치 않은 통계적 부산물이라고 간주해야 할 것이다.

영역성이 개체에게 이로울 수 있음은 랙(1954)의 연구에서 확연히 드러나는데, 그는 적어도 한 종에서 높은 개체군 밀도(그리고 그에 따른 영역 당 크기 축소)는 평균 번식 성공도를 감소시킴을 입증했다. 밀도가 낮은 곳에서 둥지를 트는 것이 아마도 번식에 유리하며, 이는 한산한 곳이 다른 측면에서는 별로 우수하지 못하다는 단점을 부분적으로 보완해준다. 영역 과시 행동, 그리고 과시 행동에 대한 다른 개체들의 반응이라는 서로 맞물린 두 적응이 밀도가 낮은 지역에서 둥지를 튼다는 목표를 이루게 해준다. 영역 과시 행동은 특정 지역이 이미 점유되었음을 광고하는 의례적인 행동이다. 어떤 새가 둥지를 틀 장소를 찾고 있는데 다른 개체들이 하는 영역 과시 행동을 계속해서 마주친다면, 그는 확실히 개체군 밀도가 높은 지역에서 둥지를 찾고 있었던 셈이다. 이때의 적응적 반응은 덜 밀집한 지역으로 이동하는 것이다. 이 새가 여러 면에서 바람직한 곳을 찾고 먼저 이곳을 차지했음을 광고하는 경쟁자도 없다면, 그곳을 자기 영토로 결정하게 된다. 이렇게 하고 난 다음엔 낮은 개체군 밀도가 주는 이점을 계속 유지하는 것이 중요하다. 이를 위하여 이번엔 그 새가 영역 과시 행동을 시작하며, 그 결과 잠재적인 경쟁자들이 자기가 선점한 영역의 그 어떤 부분도 마음대로 이용하지 못하도록 한다. 새가 한 장소를 상당 시간 점유하게 되면 유독 그곳이 자신에게는 특별한 가치를 지니게 되는 기득권을 얻는다. 새는 그곳에 머무르는 동안에 해당 영역의 지형에 관련된 중요한 특성들, 피난처나 물, 먹이 자원의 상세한 위치 그리고 유사시 둥지를 틀 수 있는 예비 장소 등을 알게 된다. 또한 둥지를 만들면서 시간과 노력을 투자한다. 결과적으로 어떤 영역의 주인이 그곳을 계속 사용하고자 하는 욕구가 새로운 침입자가 그 영역을 탈취하려는 욕구보다 클 것이다. 따라서 영역의 주인은 침입자와의 갈등에서 거의 항상 승리한다. 지금까지 추측된 바로, 영역 과시 행동이 얼마나 효율적인가는 과시 행동이 경쟁자에게 위압을 주는 데 실패했을 경우 효과적인 무기를 즉시 활용할 가능성에 달려 있을 것이다. 이는 물론 큰 피해를 주지 않는 의례적인 형태의 갈등 유형을 효과적으로 유지하는 데 중요한 요인이다. 명금류의 작은 새들조차 때때로 일어나는 싸움에 휘말려 부상을 당하거나 죽곤 한다(Smith, 1958, p. 238). 그렇지만 기존 거주자와의 갈등이 자칫 큰 부상을 당할 수 있는 수준으로 격화될 가능성이 전혀 없다고 하더라도, 침입자들의 입장에선 한산한 곳에서 둥지를 트는 이점을 고려해볼 때 의례적인 과시 행동으로 방어되는 영역에 대해서는 조금 침입을 시도하다 이내 퇴각하는 편이 나을 것이다.

개체군 밀도와 영역 크기가 조류가 둥지를 틀어 번식하는 데 정확하게 어떤 식으로 영향을 끼치는지는 아직 확실하지 않다. 랙(1954a, ch. 22)은 넓은 영역은 새끼 새들을 부양할 먹이를 더 많이 포함하므로 유리하다는 전통적인 관점에 의문을 제기했다. 그는 먹이가 워낙 풍부해서 가장 좁은 영역에까지 먹이가 많이 있는 상황에서도 영역 크기가 번식 성공도에 영향을 끼침을 입증했다. 반면에 틴버겐(Tinbergen, 1957)은 먹이의 최소 요구량이 충족되는 것이 장기간에 걸쳐 평균 먹이량이 풍부한 것보다 더 중요하다고 지적함으로써 전통적인 관점을 옹호했다. 비 내리는 추운 날, 먹이 공급량은 최소가, 수요량은 최대가 되기 쉽다. 그런 날이 하루만 계속돼도 둥지의 성공에는 대단히 심각한 영향을 끼칠 것이다. 따라서 한 영역의 가치는 그 영역에서 얻는 평균 자원량보다는 최소한으로 요구되는 먹이량을 안정적으로 공급하는 능력에 좌우된다. 자식들에게 먹이를 물어다주고자 영토 내에서 섭식 활동을 하지 않는데도 영역성을 유지하는 동물들 — 예컨대 다수의 어류, 기각류, 7) 해양 조류 등 —
의 행동은 둥지를 지을 적소나 하렘 같은 다른 자원을 지키기 위한 것으
로 해석 가능하다. 암컷에게 구애를 위한 과시 행동을 하는 수컷 간에 경
쟁을 할 필요가 없다는 점도 넓은 영역을 방어함에 따른 또 다른 잠재적
인 이득이다.

  나는 6장에서 잘 적응한 유기체라면 감수해야 할 위험에 비했을 때 번
식에 성공할 가능성이 높을 때에만 부모라는 부담을 떠맡을 것이라고 주
장하였다. 생리적인 건강, 둥지를 지을 적당한 장소를 구할 가능성, 적
절한 해발인(解發因) 8) 을 보이는 다른 개체의 존재 등은 높은 번식 성공
률을 의미한다. 질병, 영양실조, 필수 자원의 결핍 등은 번식에 대한 노
력을 최소화하거나 아예 연기해야 함을 의미할 것이다. 드는 비용에 비
하여 성공할 가망이 낮음을 보여주는 또 다른 단서는 불리한 사회적 환경
이라고 할 수 있다. 만약 어떤 동물이 공격적인 경쟁에 지속적으로 노출
된다면, 그가 지금 건강하고 영양 상태도 좋을지라도, 번식에 대한 노력
을 줄이거나 연기하는 편이 적응적이다. 경쟁자들과 자주 마주친다는 사
실 자체가 번식하려면 단순한 신체적 생존 이상의 노력과 위험을 감수해
야 함을 알려주는 신빙성 있는 신호가 된다. 또한 장차 태어날 자식들도
다른 어른들과의 경쟁적인 상호작용으로 말미암아 자원 부족을 겪거나
뜻하지 않은 죽음에 이를 수 있다. 그러므로 개체들이 밀집한 상황에서
는 번식에 노력을 그다지 기울이지 않는 편이 적응적일 것이다. 예상되
는 반응은 번식을 연기하고 나서 비교적 한산한 지역을 찾아 나서는 것이
다. 윈-에드워즈나 다른 학자들이 제안했듯이, 번식을 자제하는 행동이
개체군이 자원을 낭비하지 않게끔 설계되었다고 추측할 만한 근거는 전

---

7) 바다코끼리, 물개, 물범 등 지느러미발을 가진 해양 포유류.
8) 동물의 생득적인 행동을 유발시키는 자극을 뜻하는 동물행동학의 용어. 예를
   들어 새끼새의 붉은 입천장 색깔은 어미새가 먹이를 새끼에게 공급하게 만드
   는 해발인이 된다.

혀 없다. 한 개체가 번식을 시도했을 때 예상되는 결과에 맞추어 자기 행동을 조절하는 적응이라고 설명하는 편이 타당하다.

모든 생리 기제는 스트레스가 너무 심하면 고장이 나기 마련이며, 따라서 극도로 불리한 사회적 환경에 오랜 기간 지속적으로 노출되면 당연히 병적인 증상이 나타날 수 있다. 억압적인 사회적 상황이 계속되고 이로부터 탈출하는 것이 불가능하다면(아주 넓은 지리적 범위에 걸쳐서 개체들이 밀집해 있거나 개체수 과밀이 인위적으로 유지된다면) 심리적인 손상을 초래할 수 있다. 이러한 현상은 아주 좁은 공간에서 인위적으로 밀집되어 사육되는 개체군이나 자연 상태의 몇몇 밀집한 개체군에서 나타난다. 이따금 폭발적인 이주 행동을 보이는 레밍 개체군이 후자에 해당하는데, 레밍의 이 유명한 이주 행동은 개체군을 안정화하기 위한 생물상 적응이라고 앨리 등(1949)은 해석했다. 나는 그에 대한 대안 가설을 위에서 제시하였다. 즉, 이주하는 레밍들은 정신적으로 타격을 입은 개체들이며, 생물상 적응이 아니라 과도한 밀집 상태가 초래한 심리 부전을 보일 뿐이다. 많은 사실이 이러한 해석을 뒷받침한다. 이주자들이 거의 다 수컷이라는 점은 개체군 크기를 효과적으로 통제하려면 암컷을 제거해야 한다는 이론과 배치된다. 이주자들의 신체 조직 조사로써 이들이 내분비 장애를 겪고 있음을 쉽게 입증할 수 있으며, 이러한 증상은 실험실에서 극도로 밀집해 지내는 설치류들의 증상과 유사하다. 대중 저술가들이 떠드는 바와 달리, 이주하는 레밍들이 하는 행동을 보면 자살 의도를 전혀 찾아볼 수 없다. 레밍들은 물을 만나면 길을 돌아서 가거나 헤엄쳐 건너려는 시도를 한다. 그러다가 물에 빠져 죽을 수도 있겠지만, 강기슭에 운 좋게 도달할지도 모른다. 살기 좋은 환경에 다다르면 이들은 이동을 멈추고 그곳에 정착한다. 이 현상에 대한 보다 상세한 논의로는 엘튼(Elton, 1943), 프랭크(Frank, 1957), 톰슨(Thompson, 1955)을 참조하라.

개체군 밀도가 사회적 행동에 의해 적응적으로 제한된다는 이론 가운

데 가장 정교하게 발전한 것은 윈-에드워즈(1962)의 이론이다. 영역성이
나 이와 연관된 현상들은 그의 책에서 많은 부분을 차지한다. 그의 주장
의 대부분은 (1) 먼저 어떤 사건이(예컨대, 죽음) 개체군 내에서 일정한
상대적 빈도로 일어난다고 상정하며, (2) 그러한 발생 빈도는 어떤 조절
기능이 요청됨을 의미하며, (3) 이 개체군 수요는 각각의 구성원들이 일
정한 번식적 제한을 실행하는 덕분에 충족된다는 식으로 이루어진다. 그
런 이론들 모두에 대해서 완벽하게 대응이 되는 대안이론을 다음과 같이
만들 수 있다. 즉, (1) 모든 사건에 대해 그 사건이 단위 시간당 한 개체에
게 일어날 가능성을 상정할 수 있고, (2) 특정 연령에서의 기대 수명 같은
요인들이 어떠한 종류의 번식 행동을 할 것인가에 영향을 끼치며 이 때 번
식 행동은 개체의 번식 최대화라는 측면에서 적응적일 수도 있고 적응적
이지 않을 수도 있다는 것이다. 예를 들어, 번식 생리를 논한 이전의 장에
서 나는 독수리 같은 몇몇 종들은 한 번식기에서 다음 번식기 사이의 사망
률이 낮아서 번식 노력의 강도도 낮아진다고 주장했다. 이와 대조적으
로, 같은 현상을 두고 윈-에드워즈는 낮은 개체군 사망률로 말미암아 벌
어질지도 모르는 개체군 과밀을 막기 위해서 출생률이 낮아진다고 설명
할 것이다. 검약의 원칙은 윈-에드워즈의 설명보다는 내 설명의 손을 들
어주며, 그 밖에도 윈-에드워즈의 해석을 기각할 만한 부수적인 이유가
있다. 예컨대, 그는 성 갈등의 기능은 한 번식기에 번식하는 개체의 수를
제한하기 위함이라고 주장했다. 그러나 그가 인용한 종들 대다수에서 성
갈등에 의해 큰 영향을 받는 변수는 번식하는 수컷의 숫자밖에 없다. 번
식하는 암컷의 수나 새로 출산하는 자식의 수는 성 갈등의 강도에 거의 영
향을 받지 않는다. 정자, 난자 같은 배우자를 필요 이상으로 과도하게 생
산하는 성이 어차피 성 갈등, 영역성, 그리고 구애 행동에서 중심적인 역
할을 수행한다는 사실은 이러한 행동 패턴이 개체군 크기를 조절하기 위
한 적응이라는 이론에 의문을 제기하는 강력한 반대 논거가 된다. 6장에
서 지적했듯이, 이러한 기능들을 주로 수컷이 점유하고 있다는 사실은 유

기적 적응으로 쉽게 설명된다. 윈-에드워즈의 이론을 반박하는 추가 논증으로서 브래스트럽(Braestrup, 1963)과 아마돈(Amadon, 1964)을 참고하라.

앞에서 생물상 적응으로 제안된 예들의 상당수는 한 종에 속하는 구성원들 간의 상호작용, 혹은 한 집단으로 설정된 어떤 종과 포식자처럼, 같은 이해관계를 지니는 환경 요인과의 상호작용에 대한 것들이었다. 그러나 제안된 예 가운데 일부는 조직화의 단계에서 종의 수준을 넘어선다. 두 종이 서로에게 이로운 관계를 맺는 예가 다수 존재하는데, 지의류에서의 조류-곰팡이 공생, 흰개미와 그 장내 생물군과의 공생, 곤충과 속씨식물의 특이적인 상호 의존관계, 산호초처럼 환경을 구조적으로 크게 변형시키는 유기체에 대한 절대적인 편리공생(*commensalism*)⁹⁾ 등이 그 실례이다. 이러한 현상은 종-복합체(*species-complex*)가 선택의 단위이자 적응적 진화의 단위임을 가리키는 것으로 해석되었다. 이는 어떤 의미에서 확실히 옳다. 흰개미나 그의 장내 공생자 중 어느 한 쪽이 멸종한다면 다른 쪽도 멸종이라는 운명을 그대로 맞이할 수밖에 없다. 마찬가지로 상대방이 없었더라면 두 당사자 각각의 진화는 매우 다른 경로를 밟았을 것이다. 그러나 중요한 질문은, 상호대안적인 대립유전자 간의 선택이 그러한 공생 관계의 생성과 유지를 단순하고 설득력 있게 설명할 수 있는가이다.

나는 모든 사례에 대하여 이를 타당하게 설명할 수 있다고 믿는다. 두 종간의 관계에서 각각이 상대방의 생존을 돕는 중요한 원천이 된다면 어디에서나 협력적인 공생 기제가 생겨나리라고 기대할 수 있다. 종 *A*와 종 *B* 사이에 우연히 생긴 이 관계는 서로 가깝게 위치하면서 상대방에게 도움을 주는 편이 양자 모두에게 적응적임을 의미한다. '*A*를 돕기'는 *A*뿐

---

9) 생물의 공생 중 한쪽만 이익을 받고, 다른 쪽은 이익이나 불이익을 받지 않는 관계를 말함.

만 아니라 B에게도 적응적이라는 것이다. 이렇게 되면, A와 B는 서로 연합하여 협동하는 같은 전략을 구사할 것이다. 그러나 공생의 정말 좋은 예가 비교적 드물다는 사실은 이러한 선결 조건을 다 만족시키는 경우가 별로 없음을 시사한다. 만약 A가 B에게 이득을 주는 과정에서 자신은 손실을 본다면, 두 종은 서로 어긋난 방향으로 행동할 것이다. 즉, B는 공고한 관계를 맺으려고 지속적으로 애쓰지만 A는 이를 피하고자 끈덕지게 노력할 것이다. 사냥개와 토끼, 혹은 사냥개와 벼룩의 상호작용은 이런 부류의 관계를 명쾌하게 보여주는 대단히 흔한 사례이다.

생태계 그리고 때로는 지구상의 모든 생물상이, 하나의 잘 적응된 단위로 간주되곤 했다(Alle, 1940). 동물이나 다른 종속영양생물들은 식물을 직접 소비하든지 초식동물을 잡아먹든지, 먹이를 얻기 위해 독립영양생물인 식물에 전적으로 의존한다. 반면에 독립영양생물은 원료 물질을 신속히 돌려주는 종속영양생물들 덕분에 이득을 얻는다. 이 전체적인 그림에서 균형과 상호 의존은 분명히 포착되지만, 결코 적응이나 기능적 조직화는 포착할 수 없다. (야생) 당근 같은 식물의 주근(主根)을 아무리 살펴봐도 그것이 토끼나 다른 어떤 동물의 먹이로서 설계되었음을 암시하는 단서는 찾을 수 없다. 주근의 구조를 잘 살펴보면, 주근은 자신이 속한 식물 개체가 먹이를 저장하게끔 설계되었다는 결론을 내릴 수밖에 없다. 마찬가지로 토끼의 신체구조와 행동은 포식자에게 먹이로 제공되기 위한 것이라기보다 포식자로부터 탈출하려는 수단으로 해석하는 것이 합당하다. 생태계를 하나의 기계로 간주하는 시각으로 보면, 그저 한 가지 이유만 놓고 보더라도 생태계는 매우 비효율적인 체계이다. 한 영양단계에서 그 상위 단계로 에너지가 전달될 때 막대한 에너지가 상실된다는 것이 바로 그 이유다. 이처럼 자명한 논증을 장황하게 늘어놓는 것 자체가 어리석은 일일지 모르지만, 어쨌든 이는 군집의 조직화라는 개념이 어떤 식으로든지 유기체의 조직화와 유사하다는 발상을 논박하는 결정적인 증거다.

이 논점을 다룬 대다수 논의는 저자가 진화된 적응을 주장하는지 아니면 우연한 효과를 주장하는지 가려내기 어려운 언어로 쓰여 있다. 우리의 시각에서 보면 광합성이 진화한 것은 확실히 다행이며 꼭 필요한 일이었다. 만약 광합성 기제가 출현하지 않았다면 오늘날 지구는 생명이라곤 거의 찾기 어려운 황무지였으리라는 것도 분명하다. 그러나 광합성의 이러한 중요성을 그저 인정하면 그만이지 굳이 한 걸음 더 나아가 광합성이 자기 임무를 완벽히 수행하는 데 묵묵히 도움을 주는 것이 바로 무수히 많은 종속영양생물들의 역할이라고까지 제안할 필요는 없다. 적응에 대한 다른 모든 논점과 마찬가지로, 여기서도 우연한 이득과 기능을 구별하는 것이 긴요하다.

위에서 언급한 해석상의 어려움이 포착되지 않는 몇몇 주목할 만한 예외가 있다. 어떤 학자들은 군집의 조직화는 그 군집을 구성하는 개체군과 개체들의 적응에 덧붙여 군집 수준에서 진화된 적응을 보여준다고 아주 명백하게 제안하였다. 최근의 대표적인 사례가 던바(Dunbar, 1960)의 논문이다. 그는 먼저, 극지방의 군집에서 종종 발견되듯이 개체군의 크기가 크고 변덕스럽게 요동치는 현상은 군집이 잘 적응하지 못했다는 암시라고 가정했다. 반대로, 열대지방의 군집에서 발견되듯이 개체군 크기가 높은 안정성을 보이는 현상은 군집이 잘 적응했다는 암시이다. 극지방 군집은 생긴 지 얼마 되지 않았기 때문에 적도 지역에서는 흔하리라고 생각되는 안정화 기제들을 미처 진화시킬 시간이 없었다고 던바는 주장했다.

안정화를 만드는 요인에 대한 던바의 분석은 물리적 환경의 변이성이 중요하다고 지적한다. 계절 간의 변이뿐만 아니라 연간 변이도 저위도 지방보다는 고위도 지방에서 훨씬 더 높다. 그러므로 이러한 변이에 따른 개체군 크기의 변동도 적도 지방보다 극지방에서 더 심하다. 또 다른 요인은 따뜻한 지역에 비하여 북극의 생물상이 전반적으로 빈약하다는 것이다. 이는 북극의 생물상에서는 두 종이 서로에게 강력하게 의존하는 관계가 더 많이 존재한다는 의미다. 눈덧신토끼[10]를 덮친 전염병은 북극 여우 개체군에 막대한 영향을 끼치겠지만, 열대에서는 초식동물 개체군 어느 하나가 급격히 감소하더라도 육식동물에게 그다지 큰 피해를 입히지 않는다. 열대의 육식동물은 잡아먹을 수 있는 피식자의 종수가 많기 때문이다. 한 편, 초식동물도 뜯어먹을 수 있는 식물의 종수가 많으므로 식물 개체군에 일어난 변화로 말미암아 개체군 크기가 큰 변동을 보일 가능성이 적다.

지금까지의 설명에 군집을 안정화하기 위한 적응의 존재를 암시하는 단서는 없다. 나는 왜 이러한 설명이 합당한 고려 대상이 되지 않는지 이해할 수 없다. 그러나 던바는 한 걸음 더 나아가 제안하기를 낮은 번식률이 군집의 조성을 안정화하는 데 이바지하므로 좋은 번식률을 낮추는 방향으로 진화한다고 했다. 다산력의 전반적인 감소가 군집을 안정화하는 효과를 정말로 가져오는지도 논란의 여지가 있지만, 각 개체가 자식이라는 통화를 최대화하게끔 설계된 적응이 할 수 있는 범위를 넘어설 정도의 번식 감축은 마땅히 유전자 선택이 아닌 다른 어떤 요인에 의해 설명되어야 한다. 그렇지만, 더 적은 수의(그렇지만 크기는 더 큰) 알을 생산하거나 자식에게 먹이를 많이 공급할 수 있는 계절에만 새끼를 낳는 행동처럼, 던바가 다룬 예들 모두는 북극이라는 특수한 조건에 맞춘 유기적 적응에 해당한다. 6장에서 언급했듯이, 이러한 행동들은 번식 생리와 행동에 가해진 유전자 선택의 결과로 해석할 수 있다. 그러한 적응을 굳이 군집 안정화라는 부가기능을 들어 설명하는 것은 쓸데없고 불필요하다.

---

10) 북아메리카의 캐나다 및 알래스카의 산림에 사는 토끼.

제9장

적응의 과학적 연구

앞선 논의는 자연선택에 대한 하나의 관점을 설명했으며 이 관점이 적응의 기원에 대해 우리가 받아들일 수 있는 유일한 이론이라고 주장했다. 자연선택은 멘델 개체군 내의 개체들 사이 그리고 궁극적으로는 유전자들 사이에 벌어지는 번식 경쟁에서 유래한다. 유전자는 다음 세대에 그 유전자를 재현할 확률을 최대화하는 개체를 얼마나 평균적으로 잘 생산할 수 있는가에만 근거하여 선택된다. 이 과정에서 일어나는 실제 사건들은 끝없이 복잡하며 그 결과 만들어지는 적응은 극도로 다양하지만, 그 본질적인 특질은 어디에서나 동일하다.

멘델 개체군이 중요한 까닭은 선택이 벌어지는 환경에서 그것이 주요한 부분을 담당하고 있기 때문이다. 개체군의 유전자풀은 모든 유전자의 유전적 환경이다. 각각의 개체들에게 개체군은 다양한 방식으로 중요한 생태적 요인이 된다. 개체들에게 중요한 자원들을 제공하기도 하고, 다른 자원들을 차지하기 위한 경쟁의 터전이 되고, 특정한 사회적 적응을 보유한 개체에게 유리한 사회 구조를 만들기도 한다. 개체군 매개변수는 (1) 사망률, (2) 번식률, (3) 특정 유형의 스트레스 발생률, (4) 사회적 접촉의 성비 그리고 ⑸ 공간적 혹은 생태적 이동능력 등의 연령 특이적 확률 분포를 각 개체들에게 부여한다. 개체군 통계적 환경의 이러한 특성들은 유기체가 그에 맞춰 정교하게 적응하게 되는 요인들이다. 그러나 진화 연구에서 이러한 적응들은 종종 논의에서 배제된다. 이는 개체군을 유기체가 적응하는 하나의 환경으로 보기보다는 개체군 자체를 하나의 적응한 주체로 보는 경향 때문이다.

현존하는 생물종은 유전적 재조합을 가로막는 내재적인 장벽이 형성된 결과로 다른 개체군들과 돌이킬 수 없이 격리된 하나 혹은 여러 개체군으로 정의된다. 그러므로 종은 분류학적이고 진화적인 개념으로서 매우 중요하지만, 적응의 연구에 특별한 의의를 띠는 것은 아니다. 종은 하나의 적응 단위가 아니고, 종의 생존을 위해 기능하는 기제는 어디에도 없다. 확실히 존재하는 유일한 적응은 유전적으로 경계 지워진 개체들 내에서 발현되며 이러한 적응들은 단 하나의 궁극적인 목표, 즉 적응적 기제를 담당하는 유전자를 최대한 영속시킨다는 목표를 지닌다. 이 목표는 바로 해밀턴(1964a)이 '포괄 적합도'라고 부른 것에 상응한다. 개체가 지니는 중요성은 그 개체가 이러한 목표를 실현하는 정도와 동일하다. 다시 말해, 개체의 중요성은 전적으로 개체군의 동태 통계치의 한 측면에 개체가 이바지하는 정도에 달려 있다.

위의 결론을 수용한다는 것은 곧 우리가 폭넓게 사용하는 몇 가지 개념들이 실은 타당하지 않으므로 마땅히 폐기해야 함을 내포한다. 어떻게 그토록 많은 오해가 존속할 수 있었느냐는 피할 수 없는 의문이 생겨난다. 나는 생물학자들이 "그것의 기능은 무엇인가?"라는 질문을 해결하는 데 사용할 수 있는, 논리적으로 합당하고 폭넓게 인정된 절차와 원칙들이 없었다는 것이 그런 오해들을 존속시킨 주된 요인이라 본다. 현재 가지각색의 판단기준에 따라 이 질문에 답하고 있는데, 그러한 판단기준 가운데 어떤 것들은 꽤 가치가 있긴 하다. 하지만 이러한 기준들조차 연구자의 기호와 직관에 따라 종잡을 수 없이 마구 적용되고 있으며, 용어상의 불일치로 인해 그 가치가 떨어지는 실정이다.

자주 채택되는 유용한 절차로는 생물학적 적응을 인위적인 인공물에 비유하는 것이 있다. 이를테면 포유류의 난관 같은 구조는 난자와 초기 배아를 자궁으로 수송하는 기제라고 이해할 수 있다. 또 다른 비유들을 통해 우리는 자궁이 배아나 태아를 보호하고 영양분을 공급하게끔 설계되었음을 쉽게 이해한다. 마찬가지로 암수 모두에서 관찰되는 복잡다단한 번식 기제들은 건강한 자식을 낳기 위한 목표를 가진다는 것을 알 수 있다. 하지만 자식은 왜 만들어지는가? 흔히 말하는 종의 영속을 위함인가? 아니면 앞에서 내가 주장했듯이, 부모의 유전자가 다음 세대에 계속 전달될 가능성을 최대화하기 위함인가? 이는 포유류의 번식에 대한 가장 중요한 질문 중 하나이지만 이 질문에 답하는 절차는 아직 제대로 확립되지 않았다.

생물학적 현상을 인간 세상일에 비유하는 것은 개체들로 이루어진 집단 수준에서도 유용할 수 있겠지만, 우리에게 어디에서 멈추어야 하는지 알려주는 단순하고 믿을만한 지침은 없다. 확실히 인간의 가족 조직과 동물의 가족 조직 사이에는 흥미로운 유사점이 있으며 특히 다세대로 구성된 인간의 대가족과 사회성 곤충의 군락 간의 비교는 우리의 눈길을 끈다. 더 높은 수준에서도 흥미로운 유사성이 있는 듯하다. 종은 개별적인 구성원들의 삶을 넘어서는 연속성이 있다. 국민으로 구성되는 국가도 마찬가지다. 하지만 종이 애국심과 비슷한 그 무언가를 지니는가? 뉴 프런티어(New Frontier)?[1] 5개년 계획(Five-Year Plan)?[2] 종은 절멸을 피하려는 집단적 의지, 아니면 그러한 집단적 이해관계와 유사한 어떤 무언

---

1) 미국의 제35대 대통령 존 F. 케네디가 1960년 대통령선거전에서 내세운 정치 표어. 개척자 정신의 상징인 프런티어에 새로운 의미를 부여하자는 것으로, 국내문제의 개선과 해외의 후진지역에 대한 민주주의 추진을 목표로 했다.

2) 구소련에서 1920년대부터 시작되어 1991년 소련 붕괴까지 계속된 일련의 경제개발 5개년 계획. 이 책의 출간 시기는 미국과 소련이 한창 냉전 중이던 1966년이다.

가를 지니는가? 현대의 생물학자 중에 그러한 요인들이 종의 역사에서 중요한 역할을 하리라고 명시적으로 제안한 사람은 아무도 없다. 그러나 내가 보기에 생물학자들은 이러한 사고에 무의식적으로 영향을 받는 경향이 있으며 몇몇 유능하고 저명한 대가들조차 종종 이런 실수를 저지른다.

한 종에서 "덜 가치 있는" 구성원들은 눈에 잘 띄는 빛깔을 띠고 도드라지는 행동을 하는 경향이 있다는 코트(Cott, 1954)의 진술이나, "수컷은 암컷만큼 많이 있을 필요가 없으므로" 일처다부제 조류의 수컷들은 아주 위험한 생활을 한다는 아마돈(Amadon, 1959)의 진술을 나는 달리 해석할 도리가 없다. 개체의 "가치"에 대한 코트의 언급이 그 개체 자신에 대한 가치를 뜻하는 것이 아님은 명백하다. 아마돈이 어떤 특정한 수컷 유전자형이 얼마나 흔한가를 뜻한 것이 아님도 확실하다. 또한 가치와 필요라는 개념의 이와 같은 용법이 남성의 경제적 혹은 미적 이해관계라는 시각에서 논의되는 것도 아니다. 이 개념들은 마치 종의 관점에서 반드시 지켜야 할 어떤 집단적인 이해관계가 있는 것처럼 논의되고 있는 것이다.

생명 현상을 의식적인 인간 조직에 무비판적으로 비유하는 관성 외에도, 유기체로 이루어진 집단을 부지불식간에 인간화하는 흐름을 만든 또 다른 요인이 있다. 자연에서 단순한 질서 이상의 도덕적 질서를 찾으려는 욕망 — 많은 경우 무의식적이지만 경우에 따라 명시적으로 표출되기도 하는 — 이 바로 그것이다. 인간 세상에서 자신의 이득을 희생하고 개인을 초월하는 대의명분에 헌신하는 행동은 칭찬받아 마땅한 것으로 여긴다. 만약 어떤 다른 유기체에서도 집단 전체의 복지를 신경 쓰면서 자기 영리만 막무가내로 추구하지 않는 행동이 존재한다면 이 유기체 그리고 자연 일반은 보다 윤리적이라 받아들일 만하다. 대다수 종교 체계에서 창조자는 자애로운 존재임이 틀림없으며 그의 이러한 자비심이 창조물에서 현현되어야 한다. 만약 자연이 악의로 차 있거나 도덕적인 면에 전혀 무관심하다면, 이는 창조자도 악의적이거나 무관심하다는 뜻일 것이기 때문이다. 두 가지 결론 가운데 그 어느 쪽도 도저히 받아들일 수 없다고 많은 사람이 생각하겠지만, 개인적 좋고 나쁨이 생물학에서 결론을 도출하는 근거가 될 수는 없다.

자연이 결국에는 혹은 평균적으로는 자애로운 속성을 지니며, 아주 엄밀한 도덕·윤리적 관점에서 보아도 충분히 도덕적이라고 인정할 만함을 입증하려는 저서나 에세이들이 꾸준히 나오고 있다. 자연은 윤리 체계를 구축하고 인간 행동을 판단하기에 적절한 길잡이라고 암암리에 함축되는 것이다. 어떨 때는 공생이 기생보다 자연계에 더 광범위하게 존재하는지 여부에 따라 "네 이웃을 사랑하라."는 철칙의 정당성이 판가름나기라도 하는 것 같다. 자연의 자애로움을 입증하려는 시도는 흔히 이름 바꾸기의 형태를 띤다. 사자가 사슴을 잡아먹는 행동은 한 세대를 풍미했던 "사회 다윈주의자"에게는 "이빨과 발톱이 피로 물든 자연"을 의미했다. 최근 세대의 학자들은 이 행동을 사슴이 지나치게 많아져서 기근이나 질병으로 몰살하지 않게끔 자연이 친절을 베푸는 것으로 해석했다. 그러한 과정에 "장엄함"이 깃들어 있다고 본 다윈 자신도 장엄함이라는 단어를 애매하게 사용한 셈이다. [3] 단순 명백한 사실은 이렇다. 사자에게 잡혀 먹히는 것이나 굶어 죽는 것이나 사슴에게는 둘 다 끔찍한 불상사이며, 사자의 운명도 별로 부러워할 만큼 호사스럽지 않다는 것이다. 아마도 유대-기독교 신학과 낭만주의 전통이 득세한 문화가 아니었다면 생물학이 더 빠르게 자리를 잡을 수 있었을 터이다. 석가모니가 바라나시에서 최초로 설법을 전한 초전법륜이 득세하는 문화였다면 더 유리했을 것이다. "태어남도 괴로움이다. 늙음도 괴로움이다. 병도 괴로움이다. 죽음도 괴

---

3) 찰스 다윈의 《종의 기원》 마지막 문장을 의미한다. "생명이 그 여러 능력과 함께 맨 처음에 하나 혹은 그저 몇 개의 형태로 불어넣어졌다는, 그리고 이 행성이 확고한 중력 법칙에 따라 회전하는 동안에 그토록 단순한 발단에서 극히 아름답고 극히 경탄할 수많은 형태가 진화했고, 지금도 진화하고 있다는 이 생명관에는 장엄함이 깃들어 있다."

로움이다 ….”(Burtt, 1955에서 석가모니의 발언을 인용)

　용어상의 문제들 가운데 ‘조직화한’(organized)과 ‘조직화’(organization)
는 특히 골칫거리다. 생물학자가 어떤 한 체계가 조직화하였다고 말할
때 그는 그 체계가 유전적 생존을 위하여, 혹은 성공적인 번식에 궁극적
으로 이바지하는 어떤 하위 목표를 위하여 조직화하였음을 의미해야 한
다. 유기체에 대해서, 우리는 생존의 문제를 풀기 위한 해결책들을 쉽게
찾을 수 있다. 예를 들어 회충은 말의 내장 안에서 생존하게끔 조직화해
있다. 회충은 그러한 생활양식에 따르는 손실을 최소화하고 장내 기생의
이점을 누리는 데 도움이 되는 적응적 기제들을 지닌다. 동물의 각 부분
은 자신의 유전자 생존이라는 궁극적인 목표에 복무하는 여러 기능을 수
행하게끔 조직화하여 있다.

　집단을 위한 조직화도 같은 방식으로 그 타당성을 검토해야 한다. 둥
지를 짓는 새의 가족은 명백하게 유전적 생존을 위해 조직화해 있다. 이
를 위한 중대한 한 기능, 즉 빠르고 효율적이고 정확한 형태형성은 새끼
새들이 담당한다. 부모는 장차 자식으로 자라나는 생식 세포를 만들고,
배(胚)의 성공적인 발달을 위해 필요한 체온을 제공하고, 출산 후에는 자
식들에게 먹이를 먹인다. 암수 부모는 노동을 분담하기도 하며, 이 역시
각 부모의 유전적 생존을 증진하게끔 설계되었다. 인간이 아닌 동물의
사회 조직에서 가장 정교한 형태 — 열위 개체의 수나 노동 분업의 복잡
성 면에서 — 는 사회성 곤충에서 발견된다. 이러한 동물 사회는 배의 선
원들, 구기운동 팀, 혹은 다른 인간 조직과 유사성을 보인다. 물론 인간
조직은 합리적인 계획과 문화적 전승이라는 이점을 누린다.

　생물 조직이 보이는 근본적으로 기능적인 속성은 아주 명백해 보이지
만 ‘조직화’라는 용어의 뜻이 애매하게 변동하는 탓에 그 중요성을 놓칠
수 있다. 극단적인 혼돈에 빠져서 전혀 조직화하지 않은 체계조차도 통
계적으로는 정밀한 조직화를 지닐 수 있다. 혼돈이나 무작위성을 다루는
통계학은 통계 일반의 기준이자 표준이다. 실체들이 어떤 집합을 이루는

가와 관계없이 그 집합을 기술하는 매개변수들로서는 정교하게 특정 가능한 산술 평균, 개체군의 중심 경향을 나타내는 그 밖의 다른 척도들, 정교하게 결정되는 분산, 왜도(skewness), 첨도(kurtosis) 등이 있다. 그러한 개체군 매개변수들이 정교하게 결정된다고 해서 반드시 기능적으로 정교함을 의미하는 것은 아니다. 그저 통계적 불변성을 의미할 수도 있는 것이다. 이를테면 유기체들로 이루어진 한 집합, 그것이 곤충의 멘델 개체군이건 버팔로 무리건 땅콩 한 파운드건 간에, 정교한 평균 몸집, 몸무게, 돌연변이율, 연령 분포 등등을 가진다는 사실은 이러한 매개변수들이 통계적으로 조직화하여 있음을 의미한다. 이는 기능적으로 조직화하여 있음을 의미하진 않는다.

기능적으로 조직화한 유기체들의 집합에 대한 예는 앞에서 언급했다. 그러나 7장에서 주장했듯이, 모든 집단이 그러한 조직화를 지닌 것은 아니다. 집단의 각 유형을 하나씩 검토하여 그 특성들이 기능적으로 의미가 통하는지 확인해야 한다. 새나 벌 같은 가족 집단을 이 방식으로 조사하면 기능적 조직화가 실제로 존재함을 명백하게 확인할 수 있다. 램프에 모여드는 나방 무리나 말뚝에 달라붙은 홍합 무리 같은 다른 집단을 마찬가지 방식으로 조사하면 결코 같은 결론이 도출되지 않는다. 물론 어떤 집단은 너무나 섬세해서 관찰자의 개념적, 기술적 장비로는 제대로 판독할 수 없을 만큼 오묘한 기능적 조직화를 지니고 있을 수도 있다. 그러나 검약의 원칙을 고려하면, 기능적 조직화를 의미하는 결정적인 증거가 없는 상황에서 기능적 조직화가 있다고 판단하면 안 된다는 것을 알 수 있다. 통계학만으로 충분한데 군이 생물학적 원리를 들먹이면 안 된다. 8장에서 나는 군서성이나 다른 집단 현상에 대한 예들의 대다수는 개체 적응의 통계적 총합으로 설명할 수 있으며, 따라서 집단의 기능적 조직화를 뜻하는 증거로 간주해서는 안 된다고 주장했다.

이 책의 목표 하나는 적응의 일반적 속성에 대한 이해가 중요하며, 적응에 대한 연구는 흔히 생각되는 정도보다 더 엄격하게 확립된 절차를 밟아야 한다는 점을 독자들에게 일깨우는 것이다. 사실 나는 적응이 워낙 중요하기 때문에 그를 탐구하는 생물학의 특수한 갈래를 창설해야 한다고 믿는다. 이 장의 나머지에서 나는 그러한 전담 탐구 분야를 만드는 데 도움이 될 몇 가지 제안들을 하고자 한다.

어떤 과학이든지 성공을 거두기 위해 가장 시급한 필요조건은 이름을 부여받는 것이다. 피텐드리히(1958)는 생명 체계의 기능적 조직화를 명시적으로 밝혀내고자 하는 연구분야를 목적학(teleonomy)이라 명명했다. 이 용어는 아리스토텔레스의 목적론(teleology)과의 명백한 연관성을 암시한다. 그러나 목적학에서는 아리스토텔레스가 말하는 최종 원인이 자연선택의 물질적 원리로 대체된다는 중요한 차이가 있다. 나는 적응의 연구를 지칭하는 데 피텐드리히의 용어를 쓸 것을 제안한다.

목적학은 진화 일반을 연구하는 세부분야는 아니다. 생물학적 현상에 대한 목적학의 일차적인 관심은 "그것의 기능은 무엇인가?"라는 질문에 답하는 것이다. 피텐드리히의 말을 인용하면, 이는 다음과 같은 가정으로 시작한다. "유기체의 어떤 특질 — 형태적, 생리적, 혹은 행동적 … 들은 근접한 목표(음식 획득, 피신, 등등)를 성취하고자 하며, 관찰자는 이런 근접 목표를 그 유기체의 역사를 참조하지 않더라도 직접적인 관찰에 의해 온전히 파악할 수 있다고 믿는다". 눈은 그냥 우연히 사물을 보기에 적합하게끔 만들어졌다는 제안에 대한 페일리(Paley, 1836)의 다음 답변은 내가 아는 한 기능적 설계의 인지 과정을 가장 잘 설명한 구절이다.

… 눈이 [순전히 우연에 의해서] 다음의 요소들로 구성되었다는 주장, 다시 말해 첫째, 일련의 투명한 렌즈들이 저절로 생겨났고(이 렌즈들은 신체의 나머지 부분을, 적어도 일반적으로는, 이루는 불투명한 재료들과는 그 구성성분부터 매우 다르며 자기 자신이 위치한 부위를 제외하고서 눈의 표면 전체를 다 덮는다), 둘째, 렌즈를 투과해서 들어오는 빛들이 만드는 상이 맺히게끔 렌즈 뒤에 넓게 드리워지는 검은 천 혹은

캔버스(신체에 있는 모든 세포막 가운데 유일하게 검은 막이다)가 생겨났으며 특히 이들은 굴절된 빛들이 한곳에 모여서 또렷한 상을 만들 수 있는 바로 그 기하학적 거리에 정확하게 위치하는 막으로 생겨났고, 셋째, 이 세포막과 두뇌를 소통시켜주는 큰 신경 다발이 우연히 생겨났다는 ⋯ 주장은 그야말로 손을 쓸 수 없을 정도로 터무니없다.

어떤 목표를 성취하게끔 만들어진 설계를 설득력 있게 입증한다면 바로 목적학자의 가장 중대한 질문에 대한 해답을 얻는 것이 된다. 목적학자의 다음 과제는 왜 그가 연구하고 있는 기제가 퇴화되지 않고 종의 정상적인 특질로서 존속하고 있는지 설명하는 것이다. 첫 단계는 그 기제가 적절한 유전적, 신체적, 생태적 차원(생태적 차원은 사회적 차원과 개체군통계적 차원을 포함)의 환경하에서 상호대안적 대립유전자들 간의 자연선택에 따른 불가피한 결과라고 설명한다. 여러 번 지적했듯 나는 이 단계가 거의 언제나 성공적으로 수행되리라고 믿는다. 그러나 만일 실패한다면 그제야 목적학자는 집단선택이나 혹은 그가 원한다면 신비주의적 요인 같은 다른 가능성을 정당하게 추구할 수 있는 것이다.

생물학자가 한 적응의 근접 목표를 "직접적 관찰에 의해 완전히 파악할 수 있다"는 피텐드리히의 가정은 너무 낙관적인 지도 모른다. 물고기의 옆줄과 새의 노랫소리는 수백 년 동안 직접적으로 관찰됐지만 그 근접 기능은 온전히 규명되지 않았다. 어떤 경우에는 근접 목표가 밝혀지긴 했는데 알고 보니 틀린 것이었다. 쭉지성대('flying' gurnard)[4]의 발달한 가슴지느러미를 날개로 오인한 사례가 이에 해당한다. 덧붙여, 인간의 피부가 햇빛에 노출되면 멜라닌을 많이 생산하는 목적은 무엇인가? 너무나 명백하게 마음속에 바로 떠오르는 해답은, 자세하게 분석해보면, 기껏해야 부분적으로만 옳다는 것이 판명되었다(Blum, 1961).[5] 더욱 먼 목표

---

4) 가슴지느러미로 활공하는 바닷물고기의 일종.

5) 블룸(1961)은 멜라닌을 많이 함유한 검은 피부가 흰 피부에 비해 피부암을

268

들도 목적학적으로 중요하긴 하지만, 밝혀내기는 더욱더 어려울 것이다. 새의 노랫소리는 영역을 유지하는 데 도움을 주는 기능을 한다. 그러면 영역의 기능은 무엇인가? 최근 문헌들을 살펴보면 이에 대한 여러 대답이 다양하게 경합을 벌이고 있음을 알 수 있다.

궁극적으로, 한 생물학적 기제의 기능을 어떻게 규명할 수 있을까? 관례적으로 그래왔듯이 나는 이 책에서, 기능적 설계는 연구자가 직관적으로 이해할 수 있으며 다른 사람들에게 설득력 있게 전할 수 있는 것이라고 가정했다. 이러한 가정이 흔히 잘 들어맞기는 하지만, 나는 목적학이 발전을 거듭함에 따라 적응을 입증하는 판단기준을 표준화하고 적응을 기술하는 용어들을 정식화하는 작업이 반드시 필요해지리라 생각한다. 이러한 필요가 부상하면, 목적학자들은 적응을 연구하는 바로 그러한 판단 기준들과 상징체계를 제안한 좀머호프(1950)의 논문으로부터 유용한 제안을 많이 발견할 것이다. 나는 좀머호프의 체계를 이 책에서 사용할까 진지하게 고려했지만 그 체계가 널리 알려지지 않았다는 점이 너무 큰 단점으로 여겨졌다. 또한 좀머호프의 체계는 임의적인 개체 반응에 사용하기에는 좋지만, 고정적인 적응에 사용하려면 개선이 필요하리라 생각한다.

아마도 생물학자들이 기능적 관계를 규명하는 정식 체계를 아직껏 확립하지 않은 주된 이유는 문제들 대다수가 직관으로 매우 쉽게 해결되기 때문일 것이다. 눈이 시지각 기제인지 판정하기 위해 심오한 추상적 개념들이 필요하진 않다. 또한 자연적인 기제와 인공적인 기제 사이에 유용한 유사성이 많이 존재하며, 이 유사성이 너무나 명백한 나머지 용어도 거의 공통으로 사용하는 것이 때론 불가피하기까지 하다. 카메라의 렌즈와 눈의 렌즈 사이의 밀접한 유사성으로 말미암아 우리는 렌즈(lens)라는 용어

예방하고 햇볕에 타는 일을 방지해주는데 이점이 있긴 하지만, 더운 지역에서 흡수하는 태양열의 양은 오히려 증가시켜준다고 지적하였다. 따라서 검은 피부가 흰 피부에 비해 명백하게 더 좋은지는 확실치 않다는 것이다.

를 두 곳 모두에 사용한다. 목적학자의 관점에서 보면 인간의 추론(과 시행착오)이 만들 수 있는 것과 자연선택이 만들 수 있는 것 사이에 진정한 기능적 유사점이 존재할 때만 이러한 용어 이전이 가능하게끔 감독하는 작업이 가장 중요하다. 어떤 효과가 우연이 아니라 설계에 의해 만들어졌음을 명확히 입증할 수 없다면, 그 효과를 기능이라고 함부로 암시하는 일이 절대 있어서는 안 된다. 이런 시각에서 혹은 저런 시각에서 보면 어떤 효과가 이득을 준다는 단순한 사실 자체는 적응의 증거로 받아들여질 수 없다. 이러한 규칙에 따르면, 거북은 알을 낳기 위해 바다를 떠난다고 결론을 내리는 것은 어느 모로 보나 받아들일 만하지만, 레밍은 자살하기 위해 바다로 뛰어든다고 결론을 내리는 것은 적절하지 않다.

검약의 원리는 가능한 설명으로 우연을 온전히 배제할 수 있을 때에만 어떤 효과를 기능으로 간주할 것을 요구한다. 하나의 유기체에서 어떤 효과가 바로 그것을 만들게끔 설계된 기제에 의해서 만들어짐을 보여주는 확실한 증거가 없다면, 그 효과는 순전히 물리 법칙의 결과이거나 다른 무관한 적응의 우연한 효과라고 가정해야 한다. 유기체들로 이루어진 집단에서 어떤 효과가 바로 그것을 만들기 위한 조직적인 협동작업에 의한 것임을 보여주는 증거가 없다면, 또는 각 개체가 자기희생을 통해 집단의 이득을 생성하는 기제를 입증할 수 없다면, 그 효과는 각 개체의 개별적인 활동들이 모인 우연한 총합에서 전적으로 기인한다고 가정되어야 한다. 사실이 요청하는 것보다 더 높은 수준의 적응을 상정해서는 안 된다.

유기적 적응을 판별할 때, 그 적응에 대한 유전자 선택적 설명은 몇 가지 유형 가운데 하나가 된다. 적응은 유기체의 고정적인 특질일 수도, 아니면 임의적인 것일 수도 있다. 일반적으로 우리가 설명하고자 하는 관찰 내용을 잘 따져보면 둘 중 어느 것이 옳은지 분명하게 알 수 있지만, 다른 특별한 증거가 없다면 검약의 원리에 따라 고정적 반응 쪽이 우선권을 지닌다. 정성적인 형질의 평균값은 두 가지 다른 방식으로 적응적일 수 있다. 먼저 평균값은 어느 일정한 최적치에 대한 근삿값을 나타낼 수 있다. 예를 들어 조직액의 삼투압은 어떤 정해진 최적치를 유지해야 한다. 다른 경우에는 최적치가 무한 혹은 영이며, 이때 실제로 관찰되는 형질값은 선택에 반하는 대항 요인들이 존재하고 다른 적응들에 드는 수요에 맞춰 타협까지 해야 하는 상황에서 그나마 그 형질에 대한 선택압이 달성할 수 있는 최선이다. 빠른 주력과 돌연변이율은 각각 무한과 영에 대한 근삿값으로 받아들여진다. 중간 정도의 값이 최적치인 경우, 적절한 설명은 둘 중 어느 한 방향으로 이탈을 초래하는 돌연변이가 선택에 의해 제거됨을 보이는 것이다. 영이나 무한이 최적치인 경우, 한 방향으로의 이탈이 언제나 선택에 의해 제거된다는 것만 보이면 된다. 이때에는 형질값을 가능한 한 높게 혹은 낮게 유지하게끔, 혹은 적어도 어떤 역치 이상이나 이하로 유지하게끔 설계된 기제가 있을 것이다. 그러한 적응들은 아마도 많은 듯하다. 인간의 먼 조상으로 하여금 되도록 가장 단 과일을 고르게 했던 본능이 결과적으로 영양분이 많고 잘 익은 과일은 섭취하고 상하거나 설익은 과일은 회피하게끔 조상들을 이끌었을 것이다. 바로 이 본능이 오늘날 현대인들로 하여금 잘 익은 과일보다는 사탕을 더 많이 먹게 하고 있다. 암컷 큰가시고기는 정상적인 상황에서 구혼자들 가운데 가장 활동적이고 배 부분이 붉은 수컷을 받아들이게끔 잘 적응해 있다. 그 때문에 암컷은 정상적인 붉은 빛깔을 띤 정상적인 크기의 수컷 모형보다는 터무니없이 불타는 빛깔을 한 커다란 수컷 모형을 더 선호한다. 지나친 최적 자극에 대한 이러한 반응들을 일별해 보면(틴버겐, 1951), 에너지가 더 드는 '비싼' 적응을 굳이 만들 필요 없이 경제적인 적응만으로도 충분한 상황에서는 경제적인 적응이 진화한다는 것을 알 수 있다.

　적응들 간의 위계 순서를 보편적으로 정립함으로써, 혹은 적어도 한 기능과 다른 기능과의 우열 관계를 밝히는 방법론을 찾음으로써 목적학적 이해는 한층 더 깊어질 것이다. 그러한 체계로서 추구하는 목적의 속성과 일반성에 근거하여 본능들을 위계적으로 분류했던 틴버겐의 제안을 고려해볼 만하다. 가장 일반적 범주에 놓이는 적응들은 거의 모든 유기체에 존재할 만큼 아주 기본적인 것들이다. 모든 유기체는 자신의 영양 섭취를 위한 기제를 지닌다. 모든 유기체는 형태형성 적응들, 즉 생애 주기를 구성하는 성장, 분화, 번식, 그리고 기타 단계들에 관여하는 적응들을 지닌다. 모든 유기체는 방어 기제를 지니며, 이는 적어도 영양 기구와 형태형성 기구에 대한 손상을 막아주는 큰 틀에서의 방어 장치를 모두 지닌다는 의미다. 즉, 수축성 액포,[6] 눈, 가시 등은 모두 방어 기제라고 볼 수 있다.

생물학적 현상을 완전하게 설명하려면 반드시 그 진화적 발달에 대한 탐구까지 함께 이루어져야 하며, 따라서 목적학의 분석은 역사적 데이터를 활용하지 않고서는 순조롭게 진척될 수 없다. 그러한 분석은 기능적으로 설명할 수 없었던 많은 부분을 밝혀준다. 망막이 뒤집히는 것,[7] 호흡계와 순환계가 한 지점에서 교차하는 것, 요도가 배설 기능과 남성의 번식 기능이라는 두 가지 용도에 쓰이는 것 등은 인체의 조직화에서 쉽게 찾을 수 있는 실수들이다. 이에 대한 기능적 설명은 없으며, 그저 기능적 진화의 한 단면이라고 이해할 수 있다. 역사에 대한 고려는 또한 유기체의 설계에서 언제나 찾아볼 수 있는, 기능적으로 종잡을 수 없는 여러 가지 한계들을 설명하는 데도 필요하다. 왜 인간은 켄타우루스[8]가 되지 못하고 고작 두 다리만 지니는가? 왜 바다거북은 아가미가 없는가? 왜 기린

---

6) 막으로 싸여진 주머니 모양의 세포기관. 식물세포에서 독성물질이나 노폐물을 처리하는 역할을 한다.

7) 연체동물의 눈은 시신경과 실핏줄이 망막의 뒷면에 붙어 있는데 비하여, 척추동물의 눈은 망막에 구멍을 뚫고 시신경과 실핏줄을 동공 안으로 끌어들여 망막의 내벽에 붙여 놓은 형태이다. 망막에서 시신경이 떨어져 나가는 망막 박리 같은 난점을 야기하는 이러한 비합리적인 설계는 척추동물의 조상이 처음부터 '잘못된' 출발을 했다는 역사적 제약 때문이다.

8) 그리스 신화에 나오는 상상의 종족. 상반신은 사람이고 하반신은 말임.

의 목뼈 개수는 쥐의 목뼈 개수와 똑같을까? 마지막으로, 진화적이거나 혹은 적어도 계통비교적인 연구결과는 생물학적 현상의 기능적 의미를 밝힐 수 있는 실마리를 종종 제공해주곤 한다. 피텐드리히(1958)는 두 종의 곤충들이 빛과 수분에 대해 각각 반응하는 양상을 비교함으로써 그 반응의 기능을 더 잘 이해하게 된다는 실례를 논하고 있다.

생태적 환경의 일반적 유형을 명확히 한정해준다면, 이를테면 남위 60도의 대서양 표해수층이라고 못 박아 준다면 우리는 그곳에 거주하는 유기체들의 영양적·형태형성적 적응과 방어 적응이 해결해야 하는 특정한 문제들을 분명하게 파악할 수 있다. 앞에서 든 예처럼 지극히 단순하고 동질적인 환경에서조차도 생존의 문제에 대한 접근 방식은 매우 다양하고 가지각색일 수 있다. 규조류와 고래는 둘 다 똑같은 서식처에 적응했지만 공통적인 문제를 전혀 다른 기구를 통해 해결한다. 적응에 대한 연구에서 진화의 원리가 필수불가결해지는 지점은 바로 이처럼 유기체들 간에 기능적으로는 설명 불가능한 차이가 있을 때이다. 고래와 규조는 각자 고유한 역사적 발달을 거쳤다. 역사는 규조에게 독립영양생물이 되라고 명했다. 생존의 문제에 대한 규조의 접근법은 다음과 같았다. 무기 염분, 이산화탄소, 물, 태양광을 최대한 효율적으로 활용하여 필요한 모든 생화학 물질을 생산하고, 그 생화학 물질들을 최대한 효율적으로 써서 형태형성을 진행했다. 이 역사적 결정 덕분에 규조는 고도로 복잡하고 미세한 효소 활성 기구들의 탄탄한 체계를 구축하게 되었으며, 이 체계를 구성하는 각 요소 하나하나가 생존에 더없이 큰 중요성을 띠게 되었다. 만약 규조가 초식동물에 대한 방어를 수행하는 효율적인 감각 및 운동 체계까지 지녔다면 더욱 유리했을 것이다. 그러나 어떤 식으로든 이 방향으로의 진화가 이루어졌더라면, 여기에 관련된 정보들이 생식질에 추가되는 바람에 결과적으로 효소 활성 기제들을 제어하는 정확성은 감퇴했을 것이다. 즉, 자연선택은 감각 및 운동 체계의 진화적 발달을 지속적으로 제거했다. 규조의 진화 역사를 통틀어, 효소 활성 체계가 조금이라도 손상되면 적합도는 급격히 추락했기 때문이다. 한편 고래의 조상은 아주 다른 선택압에 노출되었다. 고래의 영양 섭취는 동물을 사로잡아 먹는 데 필요한 감각 및 운동 기제가 얼마나 효율적인가에 달려 있다. 생화학적 물질을 만드는 효소 체계가 포식의 효율성을 높여주는 기제에게 자리를 거의 다 내준 결과, 고래는 단백질, 핵산, 공효소를 만드는 데 필요한 생화학적 구성요소를 합성하는 효소들이 없거나 스스로 만들지 못하게 되었다.

고래는 어떤 비타민들을 스스로 합성할 수 없어서 외부에서 섭취해야 한다는 말은 생리학적으로 옳다. 그러나 역사적으로 보면 그 인과 관계의 화살표를 거꾸로 돌려야 한다. 즉, 고래가 보통 때는 비타민들을 계속 잘 섭취했기 때문에 마침내 그들을 외부에서만 구하게끔 변모한 것이다. 어떤 체계라도 그것을 유지하는 선택압이 느슨해지면 그만큼 퇴화하기 마련이다. 비록 나와 해석은 다르지만 에머슨(1960)도 이 원리가 중요함을 역설했으며 코스윅(Kosswig, 1947)은 몇 가지 예로써 이를 설명했다.

적응의 위계 순서를 확립하고자 하는 주요한 목표 중의 하나는 어떤 적응의 발달을 처음 시작시킨 힘과 이렇게 생겨난 적응으로 말미암아 부차적으로 퇴화한 형질을 구별하기 위한 것이다. 이와 깊숙이 관련된 사례로, 숨이고기(*pearlfish*)의 내생(內生)의 기능을 놓고 구술 토론을 벌였던 적이 있다. 이 날씬한 체형의 물고기는 해삼의 호흡기관 안에서 산다. 이들은 밤이 되면 먹이를 찾아 나왔다가, 동이 틀 무렵 숙주에게 되돌아간다. 몇 가지 증거들로 미루어볼 때, 이들은 색소가 거의 없어서 햇빛을 직접 쐬면 상처를 입는다. 이제 질문이 하나 생긴다. 이 물고기들은 빛을 피하려고 해삼 안에 들어가는가, 아니면 포식자를 피하려고 들어가는가? 만약 이 행동이 두 요구를 모두 충족시킨다면, 마땅히 이중 기능을 지닌 것으로 간주해야 한다고 연구자들은 어렴풋이 추측했다. 이는 생리적으로 합당한 결론이지만, 목적학적으로는 너무 순진한 결론이다. 그 두 요구가 역사적으로 상호조응된 것은 아니다. 모든 물고기는 포식자를 피해

야 하는 선택압을 받지만, 그 중 극소수만이 빛에 노출되면 상처를 입는
다. 이것이 숨이고기의 조상이 처했던 환경 조건임이 분명하다. 해삼 무
리 안으로 들어가는 습성은 포식자에 대한 방어로서 발달하였고, 숨이고
기들은 내생으로부터 얻는 이점을 더 잘 누리고자 행동과 생리가 극단적
으로 특수화되었다. 이 때문에 많은 적응이 어쩔 수 없이 퇴화하였거나,
아니면 퇴화하여도 무방하게 되었다. 곧, 꼬리지느러미가 사라졌고, 눈
이 축소되었고, 외피의 색소처럼 빛을 막아주는 방어 기제들의 효율성이
낮아졌다. 이런 식으로 내생은 빛에 의한 생리적 손상을 막는 방어 기제
의 필수불가결한 일부분이 되었다. 그러나 내생이 최초에 생겨난 까닭은
빛을 방어하기 위함이 아니다. 빛을 막는 것은 내생이 충족시키는 부차
적인 요구에 불과하며, 정상적이라면 빛을 막을 이유가 없게 하는 여러
기제가 퇴화함에 따라 생긴 부산물이다.

　모든 부차적인 요구가 다른 적응들이 퇴화함에 따라 생기는 것은 아니
다. 어떤 요구들은 일차적인 적응이 작동하면서 풀어야 하는 특수한 문
제들을 처리하고자 생긴다. 만약 포식자를 피해야 한다는 일차적 요구가
해삼의 호흡계로 피신함으로써 충족된다면, 숙주를 찾는 효과적인 수단
이 당장 있어야 한다. 해삼을 찾는 특수한 감각 기관은 내생에 부속된 적
응이 될 것이다.

　정상적이라면 환경적 스트레스로 간주될 사항이 그것에 대단히 효과적
으로 대처하는 적응이 진화한 덕분에 스트레스는커녕 오히려 유기체에게
꼭 필요한 자원이 될 수도 있다. 신체 조직의 어느점보다 더 낮은 온도의
물에 잠수하는 일은 대다수 온혈 동물들에게 재앙이다. 하지만, 물개 같
은 북극의 대형 기각류들은 영하 2℃의 물속에서도 정상적인 체온을 유지
하게끔 너무나 잘 맞추어진 나머지 사람이라면 차갑게 느낄 공기 중에서
더위를 먹어 탈진 상태에 이를 수 있다. 또한 대다수 포유류에게는 치명
적인 냉해를 입힐 수 있는 환경적 요인이 바다코끼리에게는 축복이 된다.

　더 좋은 예를 항생제에 대한 미생물의 적응에서 찾을 수 있다. 극단적

인 경우에는, 어떤 세균 균주를 완전히 박멸시킬 수 있는 항생제가 다른 균주에게는 살아남는 데 꼭 필요한 요소가 되기도 한다. 항생제에 대한 강한 저항성을 지닌 세균이 그 항생제가 존재하는 상황에 워낙 과도하게 적응하는 바람에, 이 적응들과 상호작용할 항생제가 없으면 오히려 신체 대사가 교란되어 정상적인 성장을 할 수 없게 되었다.

나는 잠도 그러한 부차적인 요구라고 믿는다. 잠을 자야 하는 현재 생물종의 먼 조상 개체군에서는 주기적인 휴면 상태가 하나의 임의적인 적응이었을 것이다. 주기적인 휴면은 먹이를 찾는 등의 중요한 활동들을 가장 효율적이고 안전하게 수행할 수 있는 시간대에만 한정시켜 수행함으로써 에너지를 보전하는 데 도움이 되었을 것이다. 그렇지만, 밤에 잠을 자는 행동이 언제나 유익하다면 잘 적응된 임의적 반응 체계는 밤잠을 생활사의 지속적이고 일관된 특질로 만들게 될 것이다. 반드시 잠을 요구하는 적응들이 그 후의 진화적 발달 과정에서 첨가됨에 따라, 잠은 임의적인 능력에서 필수불가결한 요구사항으로 진화하였을 것이다.

나는 동물들의 다양한 사회적 "욕구"도 부차적인 적응이라고 해석하고 싶다. 앨리(1940, 1951, 등)는 후에 그 타당성이 의문시된 증거들에 입각하여(Lack, 1954a, Slobodkin, 1962) 수많은 쌍이 군락을 이루어 함께 번식하는 새들은 다른 개체들과의 간격이 가까운 덕분에 번식에서 더 큰 성공을 거둔다고 결론을 내렸다. 여기에 다른 관찰들을 종합하여, 앨리는 사회적 접촉에 대한 욕구가 생명의 근본적인 특성이며 그가 연구한 종에서는 이 욕구가 군서성에 의해 충족된다고 주장하였다. 나는 똑같은 관찰을 다르게 해석하고자 한다. 사회적 종들이 동료 개체들의 존재를 항상 필요로 하게끔 외통수로 진화했으며, 이처럼 특정한 사회적 환경을 미리 가정한 다른 적응들도 아울러 진화시켰다. 집단에서 축출됨으로써 사회적 환경이 급격하게 변하면 다른 개체들의 존재를 무조건적으로 가정하고 이루어진 적응들은 정상적으로 작동하지 못할 가능성이 크다. 그게 무엇이든지 간에 어떤 것을 생명의 근본적인 특성이라고 말하는 것은 잘못이라고 나는 생각한다. 한 유기체에서 우리는 오직 물질의 근본적인 특성들, 그리고 변화하는 환경에 수십억 년 간 적응한 결과들만을 만날 뿐이다.

나는 목적학이라는 과학에 우선적으로 포함할 만한 원리를 하나 더 소개하고자 한다. 그 원리는 바로, 어떤 반응을 시작하고 조절하는 자극의 속성은 그 반응의 기능을 알려주는 단서를 전혀 주지 않을 수도 있다는 것이다. 많은 생물학자가 이를 지적하였지만, 특히 피텐드리히가 가장 명쾌하게 정리하였다. 이 원리를 설명하고자 그는, 초파리의 야생 개체 군에서는 낮과 밤의 주기적인 밝기 변화라는 시각적 단서가 조절하는 시기 선택 기제가 초파리의 어떤 특정한 행동을 제어함을 밝혔다. 그러나 이 시기 선택 기제의 기능은 조명의 변화가 아니라 습도의 변화에 맞추어 특정 행동을 제어하는 것이다. 초파리 속(屬)의 감각 자산은 워낙 독특해서 이들은 습도 그 자체가 아니라 조명에 근거해서 미래의 습도 조건을 더 잘 예측할 수 있다. 초파리가 중요하지만 제대로 감지하기 어려운 환경 요인인 습도에 적응할 수 있었던 까닭은 이들이 그 자체로는 중요치 않지만 잘 감지할 수 있는, 그리고 특히 습도와 밀접하게 연관된 환경 요인인 빛에 반응했기 때문이다. 식물이 겨울 휴면을 준비하게 해주는 시기 선택 기제가 낮의 길이에 근거한다는 것은 더 좋은 예가 될 것이다. 며칠 동안 낮의 길이를 정확하게 관찰한 결과가 며칠 동안 온도를 관찰한 것보다 두 달 후의 온도를 알려주는 더 신뢰할 만한 지침이 된다.

적응의 문제를 규명하고자 유전자 선택의 이론을 정해진 절차에 따라 잘 활용하게 된다면, 앞에서 제안했듯이, 이 분야의 발전과 이해가 한 층 더 증진될 것이다. 유전자 선택 이론이 얼마나 올바른 혹은 타당한 설명 인가는 논외로 하더라도 말이다. 한 세대 후의 기준을 적용해본다면 현 시점에서 진화적 적응에 대한 우리의 이해는, 아무리 좋게 말해도, 지나 치게 단순화되었거나 꽤 순진했음이 판명되리라고 나는 확신한다. 그러 나 그러한 불완전함을 찾아내서 교정하는 길은 오직 이론을 엄격하게 적용하는 것뿐이다. 우리는 자연선택의 이론을 가장 단순하고도 가장 정제된 형태, 즉 상호대안적 대립유전자 간의 차별적 생존으로 받아들여야 하며, 적응의 문제가 불거질 때마다 결코 물러서는 일 없이 그 이론을 적용해야 한다. 이론을 이와 같이 활용함으로써 단순하면서 개연성 있는 설명을 얻었다면 그 이론은 자신의 힘을 입증한 셈이다. 그러나 만일 그렇게 나온 설명이 여전히 복잡하고 그다지 개연성이 없다면, 더 좋은 이론을 구축할 필요가 새로이 발생한다고 할 수 있다.

대체로 생물학자들은 자연선택의 원리를 충분히 엄격한 방식으로 사용하지 않고 있다. 자연선택 이론은 고생물학에서 장기간의 형태적 변화 같은 문제에 사용되거나, 아니면 생태형적(ecotypic) 특수화(대개 기후)와 분기진화(分岐進化, cladogenesis)[9]의 문제에 사용된다. 이러한 현상들이 필요로 하는 적응의 이론은 꼭 엄밀하지 않아도 된다. 종분화(種分化)의 패턴에 대해 내려진 결론 대부분은 그것이 라마르크의 학설이나 19세기 다윈의 학설, 혹은 현대적 유전학 개념 중 어디에 근거하든지 간에 별 차이 없을 것이다. 어떤 속에서 이루어지는 종분화에 대한 오늘날의 논문이 돌연변이, 유전자 부동, 그리고 선택 같은 용어들을 포함하고 있다는 사실이 반드시 그것이 라마르크나 다윈이 저술한 논문들보다 개념적으로 훨씬 더 앞서 있음을 함축하지는 않는다. 다윈의 개념, 그리고 심지어 라마르크의 개념조차도 계통분류학의 대다수 현상을 설명할 수 있는 완벽하게 타당한 기초가 될 수 있다.

물론 내가 어떤 과학적 탐구의 영역을 앞으로는 조금 덜 연구해야 한다고 제안하는 것은 결코 아니다. 진화 계통분류학이라는 영역은 매우 중요하다고 단언할 수 있다. 그렇지만, 그런 연구가 진화적 적응에 대한 보편적인 이해를 얻는 데는 그다지 큰 진전을 가져오지 못할 것이라 생각한다. 동일한 결론이 에플링과 캐틀린(Epling & Catlin, 1950)에 의해 설득

---

[9] 하나의 계통(lineage)이 2개 이상의 계통으로 분열하는 현상.

278

력 있게 개진된 바 있다.

중대한 진전은 적응이라는 현상에 대한 정량적인 연구에서 얻어질 것이며, 이때 적응의 연구는 계통분류학에서 강조되는 외관상의 생태형 적응에 대한 연구뿐만 아니라 생명의 게임에서 채택되는 일반적인 전략들의 분포와 그 계통발생적 변이에 대한 연구까지를 포괄한다. 다윈은 그의 저서들에서 그러한 문제들에 대해 상당한 노력과 지면을 할애했다. 종의 기원이 자연사의 "문제 중의 문제"라고 말하면서도, 그는 《종의 기원》에서 분기진화와 기술적(descriptive) 계통발생 외에도 참으로 많은 주제를 다루었다. 《종의 기원》과 또 다른 책들에서 다윈은 성, 지능, 공중비행 같은 적응들을 비롯하여 척추동물의 눈처럼 극도의 완전성을 보이는 적응 기관들, 파리채 모양의 꼬리처럼 별로 중요하지 않은 것 같은 적응들, 사회성 곤충에서 관찰되는 집단 수준의 적응들 등의 기원과 진화를 설명하는 데 많은 지면을 할애했다. 현대의 진화 문헌들이 다루는 주제들이 기후 적응과 분기진화에 편중된 것에 비하면, 다윈의 저작들은 훨씬 더 다양한 주제들을 균형 있게 다루었다.

나는 다윈이 1859년에 논의했던 질문 중의 일부를 다시 이론적으로 연구함으로써 중요한 통찰들을 여전히 이끌어낼 수 있다고 믿는다. 다음과 같은 주제들에 큰 관심을 기울여야 할 것이다. 개체군의 성비, X-Y 성 결정 기제의 함의와 암컷 혹은 수컷 이형 배우자성의 자의적으로 보이는 분포, 염색체 수와 연관 관계의 함의, 번식 생리와 행동의 계통발생적 변이, 생애 주기 일반의 계통발생적 변이와 유성생식(paedogenesis)·단위생식·무수정생식(apomixis) [10]·진정세대교번(metagenesis) [11]·변태·기타 등등의 적응적 함의, 발생 속도의 계통발생적 및 개체발생적 분포,

---

10) 배우자의 합착 없이 일어나는 생식. 보통은 단위생식(처녀생식)을 의미하며, 배우체세포가 수정하지 않고 포자체(胞子體)를 만드는 무배생식(無配生殖, apogamy) 등도 여기에 포함된다.
11) 유성생식과 무성생식이 교체되는 전형적인 세대교번.

특히 조류의 긴 유체 단계가 필요한 이유와 정주성 해양 유기체의 원양 분산 단계의 존재와 지속기간, 인간의 지능이나 곤충 사회처럼 참으로 예외적인 특질의 기원, 한때 어떤 적응을 지녔던 분류군에서 그 적응을 진화적으로 상실하는 현상 등이 그것이다.

나는 성비의 문제는 해결된 것으로 간주하고자 한다(163~171쪽 참조). 물론 위에서 언급된 다른 모든 문제에 대해서도 그 양만 놓고 보면 관련 문헌들이 많이 출간되어 있다. 그러나 이 문제들에 대한 관심은 결코 이보다 더 중요하다고 할 수 없는 분류학상의 문제들에 투자된 노력에 비하면 미미한 수준이다.

오늘날의 자연선택 이론은 두 세기 전의 원자 이론에 적절하게 비유할 수 있을 것이다. 물질이 궁극적으로 입자로서의 성질을 지닌다는 개념은 적어도 데모크리토스 시대 이래로 그리 엄격하지 못한 방식으로 줄곧 사용되었다. 오늘날 자연선택이 자주 그렇듯이, 원자 이론은 그것을 써먹는 게 편리하다고 생각되면 언제나 거론되었지만 그 이론이 실제로 규정하는 요구사항은 아무것도 없었다. 기체의 온도-부피 관계에 대한 예측이나 화학 반응의 산물의 무게 예측 같은 진정한 검증은 만들 수 없었다. 원자 이론이 명시적이고, 정량적이고, 비타협적인 형태로 진술되고 나서야 비로소 그 이론의 논리적인 함축을 도출하거나 이론과 관찰 사이의 정밀한 합치를 요구하는 것이 가능하게 되었다. 핵심적인 진전은 원자의 속성에 대해 여섯 가지 이론적 가정을 내놓은 돌턴(Dalton)에 의해 이루어졌다. 돌턴에게 있어서 원자는 언제나 그러한 속성을 지니는 실체여야 했다. 그의 진술들은 어떤 타협도 허용하지 않았고 애매함이라는 은신처에 안주하지도 않았다. 곧이어 이론과 관찰 데이터의 불일치가 돌출했고, 이천 년이라는 평화롭지만 그다지 생산적이지 않았던 기간이 흐른 후에야 물질적 원자론은 심각하게 의문시되었다. 돌턴의 여섯 가정은 모두 틀렸거나 적어도 부정확한 것으로 판명되긴 했지만, 원자 이론은 수정된 형태로 살아남았다. 돌턴은 위대한 성취를 했다. 그의 이론은 객관적인 증거에 의해 답을 구할 수 있는 여러 질문을 도출하는 기초가 되었기 때문이다. 이런 식으로 그는 화학이라는 근대과학의 문을 여는 역할을 했다.

　삼십 년도 더 전에 피셔, 할데인, 그리고 라이트에 의해 자연선택 이론의 토대가 이미 구축되었긴 하지만 오늘날의 자연선택 이론은 돌턴의 원자 이론과 상당히 유사한 상황이다. 자연선택 이론이 어떤 절대적이거나 영속적인 의미의 진리가 아닐지도 모르지만, 나는 그 이론이 빛이요 길임을 확신한다.

◆

옮긴이 해제

1. 조지 윌리엄스의 생애와 《적응과 자연선택》

조지 윌리엄스는 "20세기의 가장 영향력 있고 예리한 진화생물학자 가
운데 한 사람"(Futuyma & Stearns, 2010)으로, 1926년에 태어났다.
1955년에 로스앤젤레스 소재 캘리포니아대학교(UCLA)에서 어류학 박
사학위를 받았다. 미시간주립대학교에서 잠시 교편을 잡다가 1960년에
스토니 브룩 소재 뉴욕주립대학교(State University of New York) 생태 및
진화학과로 옮기게 된다. 이곳에서 삼십 년간 재직하다 1990년에 퇴임했
다. 1999년, 노벨상이 주어지지 않는 분야에 대해 스웨덴 한림원이 수여
하는 크라푸드상(Crafoord prize)을 에른스트 마이어(Ernst Mayr), 존 메
이나드 스미스(John Maynard Smith)와 함께 수상하였다.

윌리엄스는 1957년에 노화를 진화적으로 설명하여 처음 주목을 받았
다(Williams, 1957). 개체를 죽게 만드는 치사 유전자를 생각해보자. 생
애 초반에 발현되는 치사 유전자보다 생애 후반에 발현되는 치사 유전자
가 더 유리하게 선택될 것이다. 개체에게 이로운 효과를 주는 유전자는
종종 다른 측면에서는 해롭다는 사실이 알려져 있다. 예컨대, 칼슘을 축
적시켜 뼈를 빨리 굳게 해주는 유전자는 과도한 칼슘 축적으로 동맥질환
을 일으키기 쉽다. 그러므로 자연선택은 생애 초반에는 이로운 효과를

주지만 후반부에는 해로운 효과를 주는 유전자를 선택할 것이다. 윌리엄스는 1996년판 머리말에서 노화는 늙고 병든 개체들을 개체군으로부터 솎아내기 위함이라는 집단 선택론 설명에 불만을 품게 된 개인적 경험을 이야기한다. 윌리엄스의 1957년 논문은 노화의 진화에 대한 핵심이론을 제시했을 뿐만 아니라, 집단 선택론에 대한 그의 비판적 관점이 체계화하기 시작했다는 점에서 큰 의미가 있다.

《적응과 자연선택》은 1966년에 출간되었다. 당시에는 자연선택이 어떻게 적응을 만드는가에 대한 철저한 분석이 부재했던 시대였다. '적응'이란 말은 여기저기에서 찾을 수 있었지만, 정작 적응이 "꼭 필요한 경우에만 사용되어야 하는 특별하고 번거로운 개념"(본문 27쪽)이라는 깨달음은 없었다. 적응은 어쨌든 이로우니까 자연선택되었다는 막연한 사후 설명만 난무했다. 개체에게 이로운지, 종에게 이로운지, 혹은 생태계에 이로운지 여부는 굳이 따지려 하지 않았다.

윌리엄스는 그의 다른 책인 《자연선택: 영역, 수준 그리고 도전》 (*Natural Selection: Domains, Levels, and Challenges*, 1992)에서 당시의 진화학 교과서들이 다윈의 자연선택 이론을 다룬 전형적인 방식을 묘사했다. 우선 자연선택이 진화를 일으키는 엔진이라고 서술한다. 그 다음, "정작 그 이론을 명시적으로 활용하는 법 없이 그저 자연선택이 어떤 식으로든 유익한 결과를 만든다고 가정할 뿐이었다. '자연선택은 포식자를 피하려는 동물들이 주변 환경을 빼 닮게 만든다.' '자연선택은 성체들이 사심 없이 번식에 몰두하게 함으로써 종의 유지에 기여한다.' … 집단 선택 과정을 분명하게 보여주는 모델이나, 혹은 다른 어떠한 진화 모델이 구체적으로 제시되는 경우는 거의 없었다."(1992, p. 47)[1] 유전자, 개

---

[1] 윈-에드워즈(1962)가 집단선택을 분명히 보여주는 모델을 처음으로 제시했기 때문에 저자는 그의 모델을 비판하는 데 상당한 분량을 할애했다. 당시의 많은 학자들이 집단 선택론에 경도되어 있었음을 감안하면, 후대의 학자들에게 윈-에드워즈만 큰 실수를 저지른 양 종종 여겨지는 것은 안타까운 일이다.

체, 개체군, 종, 생태계 등 조직화의 여러 단위에 자연선택이 실제로 작
용하는 과정을 명료하게 밝혀냄으로써, 《적응과 자연선택》은 적응의 과
학적 연구에 일대 혁신을 가져 왔다.

저자는 《적응과 자연선택》이 "적응이라는 개념을 부당하게 사용하는
논의들에 대한 반론으로"(본문 34쪽) 대부분 채워진다고 명시한다. 적응
은 물리화학적 불가피함, 발달상의 제약, 또는 역사적 유산과 같은 부산
물 설명으로는 충분하지 않을 때에만 비로소 언급되어야 하는 번거로운
개념이다. 어떤 형질이 유익함을 입증하는 것만으로는 부족하다. 그 이
득은 우연한 효과에 불과할 수도 있기 때문이다. 그 효과를 내는 것이 바
로 그 형질의 기능(function)임을, 즉 그 형질이 진화적 조상의 적합도를
높여주게끔 자연선택에 의해 정교하게 설계되었음을 입증해야만 우리는
그 형질이 적응이라 판정할 수 있다.[2]

이 연장선상에서, 윌리엄스는 집단 선택론을 논파한다. 먼저 윌리엄
스는 개체의 포괄 적합도[3]를 최대화하는 '유기적 적응'과 집단의 생존을
최대화하는 '생물상 적응'을 구분한다. 그리고 선택은 여러 수준에서 일
어날 수 있지만 〔예를 들어, "집단 내의 선택에서 감수하는 불리함은 집단 내
의 선택에서의 유리함으로"(본문 210쪽) 균형이 맞추어진다고 지적함〕, 검약
의 원리에 입각하여 "증거에 의해 뒷받침되는 수준보다 더 높은 조직화의
수준으로부터 적응이 유래했다고 함부로 단정해서는 안 된다(본문 27쪽)"
고 주장한다. 즉, 집단의 성공 — 집단의 크기나 성장률, 혹은 수적 안정
성 등으로 측정되는 — 은 어디까지나 개체들의 유기적 적응에 따라서 부

___

[2] 그럼에도 불구하고, 후에 굴드와 르원틴(Gould & Lewontin, 1979)은 윌리
엄스, 해밀턴, 도킨스 등의 진화생물학자들이 모든 형질이 적응이라 믿는다
고 비판하였다. 이는 전형적인 허수아비 논증이다. 적응을 부산물과 엄격하
게 구별해야 할 필요성을 최초로 역설한 사람은 굴드와 르원틴이 아니라 윌리
엄스다.
[3] 유전자가 개체 당사자에 미치는 직접적 영향뿐만 아니라 상대방 개체에 끼친
간접적 영향까지 포괄하는 새로운 척도.

284

수적으로 얻어진 결과일 뿐이다. 집단의 성공 그 자체를 최대화하게끔
설계된 생물상 적응은 존재하지 않는다.

저자는 1996년 머리말에서 자신이 마치 자연선택은 개체 수준에서만
일어난다고 주장한 것으로 흔히 오해받는 현실에 안타까움을 토로하고
있다. 윌리엄스의 진의는 명백하다. 선택은 여러 수준에서 일어날 수 있
다. 이러한 다수준 선택은 종종 집단을 위해 자신을 희생하는 이타적 행
동을 만들어 낸다. 하지만, 이 이타적 행동은 개체의 포괄 적합도를 최대
화하기 위한, 유전자 수준의 유기적 적응이라는 것이다. 예를 들어, 군
락을 위해 일평생 외적을 방어하는 일에만 종사하는 병정개미는 가까운
혈연의 번식을 도움으로써 자신의 포괄 적합도를 높이고자 한다. 병정개
미의 방어 행동이 자신이 속한 군락의 크기나 성장률 등을 최대화하게끔
설계되었다는 증거는 찾을 수 없다. 생물상 적응을 보여주는 증거가 없
으므로, 검약의 원리에 따라 병정개미의 행동은 유기적 적응으로 결론지
어진다.

유전자의 관점에서 적응을 설명한 윌리엄스(1966)의 적응론은 해밀턴
(1964)의 포괄 적합도 이론과 함께 진화의 새로운 패러다임이 도래했음
을 동시대 생물학자들에게 알렸다. 곧 이어 존 메이나드 스미스, 로버트
트리버스, 제프리 파커 등이 혁신적인 연구를 수행했다. 여러 논문과 학
술서에 어지럽게 흩어져 있던 새로운 흐름은 리처드 도킨스(1976)가 '이
기적 유전자'라는 이름하에 개념적인 종합을 이룩함으로써 행동 생태학
혹은 사회 생물학이라는 신학문으로 자리 잡았다. 4)

1975년에 윌리엄스는 《성과 진화》(*Sex and Evolution*)를 출간했다. 이
전의 생물학자들은 성이 개체가 아니라 개체군에게 이득을 준다고 생각

---

4) 새로운 패러다임을 공고히 하는 데 초점을 맞춘 《이기적 유전자》와 달리, 에
  드워드 윌슨(1975)의 저서 《사회생물학》은 동물의 사회적 행동에 대한 연구
  들을 새로운 관점에서 방대하게 종합한 백과사전적 총서였다. 일반적인 통념
  과 달리, 두 책의 성격은 상당히 다르다(Segerstråle, 2006).

했다. 그러나 일반적으로 수컷이 자식을 기르는 데 암컷보다 자원을 적게 투자함을 감안하면, 무성 자식들만을 생산하는 돌연변이 암컷은 자식 가운데 절반은 별 쓸모없는 아들을 생산하는 유성 암컷보다 유전자를 남기는 데 훨씬 더 유리하다. 윌리엄스는 이처럼 유성 생식이 개체 수준에서 두 배의 비용을 부가함에도 자연계에 널리 퍼진 현실이 진화 이론 전체에 커다란 난제가 됨을 최초로 부각시켰다. 비록 그가 《성과 진화》에서 제안한 해결책은 성공적이지 못했지만, 그는 이 문제의 중대성을 해밀턴 같은 동료 과학자들에게 일깨우는 데 크게 이바지했다.

1992년에는 《적응과 자연선택》 이후 쏟아져 나온 수많은 연구 성과들을 정리하고 미해결된 과제들을 검토하는 《자연선택: 영역, 수준, 그리고 도전》(*Natural Selection: Domains, Levels, and Challenges*)을 냈다. 그는 선택의 영역에는 유전 정보로 구성되는 암호 영역(*codical domain*)과 DNA 분자나 유기체 같은 물리적 실재인 물질 영역(*material domain*) 두 가지가 있다고 주장하였다. 물질 영역보다 훨씬 오랜 세월 동안 안정적으로 보존되는 암호 영역이 자연선택의 진정한 단위라고 그는 논증했다.

생애 후반에는 정신과 의사 랜돌프 네스(Randolph Nesse)와 협력하여 진화적 관점을 의학에 응용하는 작업에 몰두했다. 두 사람이 함께 낸 논문(Williams & Nesse, 1991)과 저서(Nesse & Williams, 1994)는 다윈 의학(Darwinian medicine)이라는 새로운 학문을 정초했다[국내에는 《인간은 왜 병에 걸리는가》(최재천 역, 1999, 사이언스북스)로 번역됨]. 이들은 대단히 훌륭하게 설계된 우리의 몸과 마음이 한편으로는 질병에 몹시 취약한 까닭이 무엇인지 탐구했다. 진화적 관점이 인간의 질병을 줄이는 데 실질적으로 도움이 된다고 주장하는 다윈 의학은 빠른 속도로 발전하고 있다. 다윈 의학에 대한 학술서적뿐만 아니라 일반인을 위한 대중서, 전공 대학생을 위한 교과서까지 활발히 출간되고 있으며(Gluckman, Beedle, & Hanson, 2009; Stearns & Koella, 2008), 이 중 일부는 국내에도 번역되어 있다.[5] 우리나라 의과대학교에서 다윈 의학을 정규 교과

과정에 포함시키는 날이 곧 오기를 기대해 본다.

1997년에 윌리엄스는 진화 이론을 알기 쉽게 대중에게 소개하는 저서 《주둥치의 발광: 자연의 계획과 목적에 대한 단서들》(*The Pony Fish's Glow: and Other Clues to Plan and Purpose in Nature*)[6] 을 펴냈다. 일반 대중들에게 윌리엄스의 진면목을 보여주는 좋은 창구라고 할 수 있다.

윌리엄스는 2010년에 알츠하이머병으로 작고하였다. 얄궂게도, 네스는 윌리엄스와 함께 왜 알츠하이머병처럼 치명적인 질병이 그토록 흔한지를 놓고 장시간 토론하곤 했었다고 술회한다(Nesse, 2010). 자명한 해답은 물론, 자연선택은 나이가 들수록 약하게 작용한다는 것이다. 그러나 다른 대안으로서 알츠하이머병을 일으키는 기제가 한 편으로는 어떤 이득을 제공하리라고 추측할 수 있다. 윌리엄스가 타계하기 몇 달 전, 알츠하이머병의 원인이 되는 베타 아밀로이드(*beta amyloid*) 단백질이 강력한 항균작용을 한다는 것이 밝혀졌다. 환자가 베타 아밀로이드의 형성을 억제하는 약을 복용하면 알츠하이머병이 완화되기는커녕 오히려 더 악화된다는 사실도 보고되었다(Nesse, 2010). 윌리엄스가 이 소식을 들었다면 무척 흥미로워 했겠지만, 그러기엔 그의 병이 너무 진행된 상태였다.

다음 절에서는 자연선택의 단위와 집단선택 논쟁을 간략하게 살펴보고자 한다. 이는 진화생물학에서 가장 중요한 주제라고 해도 과언이 아닐 뿐만 아니라, 《적응과 자연선택》이 가장 크게 기여한 부분이기도 하다. 《적응과 자연선택》이후의 학문적 흐름이 궁금한 독자들에게 도움이 될 것이다.

---

5) 샤론 모알렘(2010), 《아파야 산다》, 김소영 역, 김영사; 데트레프 간텐(2010), 《우리 몸은 석기시대》, 조경수 역, 중앙북스; 폴 이왈드(2005), 《전염병 시대》, 이충 역, 소소.

6) 번역본은 《진화의 미스터리》, 2009, 이명희 역, 사이언스북스

2. 협동의 진화와 선택의 단위 논쟁

1) 다윈의 "특별한 어려움"

자연 다큐멘터리에 자주 나오는 미어캣은 여러 개체들이 한 군락을 이루어 산다. 우위자 한 쌍이 번식하며, 다수의 열위자들은 주로 양육을 담당한다. 예컨대, 열위자가 맛있는 전갈을 포획했다고 하자. 이들은 자기가 먹지 않고 우위자가 낳은 새끼에게 전갈을 건네준다. 이처럼 자신의 손해를 감수하면서 다른 개체에게 이득을 주는 이타적 행동은 다윈의 자연선택에 의한 진화 이론에 중대한 난제가 된다. 자신의 번식 성공도를 최대화하는 유기체가 언제나 자연선택 된다면, 왜 남에게 이득을 주는 행동이 자연계에 흔히 관찰되는가?

다윈은 개미, 벌, 말벌 등의 곤충 사회에 번식을 포기하고 남들을 돕는 일에 형태적, 행동적으로 특화된 불임성 일꾼 계급이 존재한다는 사실을 잘 알고 있었다. 그는 불임성 일꾼들에 대해 "처음엔 해결 불가능한 것처럼 보였으며 내 이론 전체를 무너뜨릴 수 있는 특별한 어려움"(Darwin, 1859, p. 228)이었다고까지 표현했다. 다윈은 《종의 기원》 전체에서 자연선택이 주로 개체의 수준에서 일어남을, 즉 개체의 생존과 번식을 향상시켰던 유전적 변이가 여러 세대에 걸쳐 선택되어 복잡한 적응을 만든다고 누누이 강조했다. 그러나 자기를 희생하는 이타적 행동만큼은 자연선택이 혈연 집단의 수준에서 작용했기 때문이라고 설명함으로써 어려움에서 벗어났다.

자연선택이 작용하는 수준이 개체인가, 아니면 집단인가라는 문제는 다윈 이래로 20세기 중반까지 오랫동안 휴화산 상태였다. 전술했듯이, 적응은 어떤 식으로든 이로웠기 때문에 선택되었다는 느슨한 사고가 대세를 이루었다. 윈-에드워즈(1962)가 집단 선택 과정을 명시적으로 제안하면서 집단 선택 논쟁은 다시 불타오르게 되었다. 이 절에서는 선택의

단위 논쟁을 역사적으로 개관하고 해설함으로써 최근의 흐름을 이해하고
자 하는 독자들에게 개념적 이정표를 제공하고자 한다. 먼저 윈-에드워
즈의 집단 선택 모델을 설명하고 이 모델이 어떻게 기각되었는지 서술하
고 나서, 해밀턴의 포괄 적합도 이론이 남에게 이득을 주는 이타성 같은
사회적 행동의 진화를 어떻게 잘 설명해주는지 살펴본다. 다음으로, 데
이빗 슬로안 윌슨(David Sloan Wilson)과 에드워드 윌슨이 주장하는 새로
운 집단 선택 모델은 해밀턴의 혈연 선택 모델과 실상 다르지 않은 접근
법임을 지적하고자 한다. 7)

2) 윈-에드워즈의 구집단 선택론

나중에 D. S. 윌슨 등이 제안한 새로운 집단 선택 모델과 구별하여,
윈-에드워즈(1962)의 집단 선택 모델은 통상적으로 구(舊) 집단 선택(*old
group selection*) 모델로 일컬어진다. 윈-에드워즈(1962)에 따르면, 이기
적인 개체들로 구성된 집단에서는 자원이 급속도로 고갈되므로 결국 그
집단 전체가 절멸하게 된다. 반면에 협동적인 개체들로 구성된 집단은
자원이 고갈되지 않으므로 집단이 오랫동안 유지된다. 이 같은 집단 간
의 차별적인 생존에 의해 집단의 성공을 최대화하는 생물상 적응(즉, 집
단 수준의 적응)이 진화하였다. 예를 들어, 새들이 매일 무리를 지어 지저
귀는 행동은 전체 개체군의 크기를 대략 짐작함으로써 자원의 남용을 막
고 개체 수 과밀을 방지하기 위한 생물상 적응이다(본문 pp. 241~254).
윈-에드워즈의 구집단 선택론은 1960년대에 들어서 붕괴되었다

---

7) 집단 선택 논쟁에 대해 더 상세한 해설을 원하는 독자는 듀가킨과 리브
(Dugatkin & Reeve, 1994), 오카샤(Okasha, 2006), 웨스트 등(West,
Griffin, & Gardner, 2007; West, Moulden, & Gardner, 2011), 가드너
와 포스터(Gardner & Foster, 2008), 레이 주니어(Leigh Jr., 2010)를 참
고하길 바란다.

(Richard Dawkins, 1976; Maynard Smith, 1964, 1976; Williams, 1966). 행동 생태학자들은 각 개체들이 집단을 위해 번식을 스스로 억제하는 것처럼 보이는 행동이 실은 오해였음을 보였다. 각 개체들은 주어진 제약 조건 하에서 무조건 자식만 많이 낳기보다, 나중에 어른으로 무사히 자라나는 자식들의 수를 늘리게끔 적절히 타협된 수의 자식들을 낳음이 밝혀졌다(Lack, 1996). 이론적으로도, 각 집단들이 증식하고 절멸하는 시간 척도 상에서 일어나는 집단 선택은 개체가 태어나고 죽는 시간 척도 상에서 일어나는 개체 선택에 비해 훨씬 더 느리고 영향력도 미미한 진화 과정임이 지적되었다. 이론 생물학자들은 집단 간의 차별적인 생존과 번식이 집단 수준의 적응을 만들어내기 위한 조건이 지극히 제한적이므로, 구집단 선택은 사실상 불가능하다고 분석하였다(Maynard Smith, 1964, 1976; Williams, 1966). 이를테면 각 집단의 크기가 매우 작아야 하고, 이기적인 개체가 이타적인 집단을 "오염시키지" 않게끔 집단 간의 개체 이동이 거의 차단되어야 하고, 집단 전체의 몰살이 빈번하게 일어나야 하는데 이런 조건은 자연계에서 실제로 충족되기 어렵다는 것이다.

3) 해밀턴의 포괄 적합도 이론

구집단 선택론이 기각되었다고 한다면, 다윈의 '특별한 어려움'은 여전히 미해결 상태로 우리에게 남겨진다. 자연선택은 개체의 번식 성공도를 최대화하는 유전자를 고른다는 다윈의 시각으로 어떻게 자연계에서 흔히 관찰되는 동물들의 이타적 행동을 설명할 것인가?

이 난제를 해결한 사람은 해밀턴(Hamilton, 1964, 1970, 1975)이었다. 두 대립유전자 G와 g가 있다고 하자. 대립유전자 G는 이타적 행동을 일으킨다. 대립유전자 g는 아무 짓도 하지 않은 채 남이 주는 도움만 받는다. 개체 수준으로만 판단하면, 자연선택에 의해 대립유전자 G는 응당 제거되고 g가 선택되어야 할 것이다. 그러나 G가 g를 제치고 후세대에 널리 전파할지 여부를 최종적으로 결정하는 기준은, 그 이타적 행동이 G가 현재 들어 있는 개체에게 도움이 되느냐가 아니라 대립유전자 G 자기 자신에게 도움이 되느냐이다. 따라서 G의 입장에서는 자신이 일으키는 이타적 행동이 지금 자기가 들어 있는 개체에게 미치는 영향뿐만 아니라 이타적 행동의 대상이 되는 다른 개체에게 미치는 영향도 '포괄적으로' 따져 봐야 한다. 수혜자의 몸속에도 G의 복제본이 들어 있을 수 있기 때문이다.

해밀턴(1964)은 이타적 행동을 일으키는 유전자가 자연선택 될지 판정하려면 그 유전자가 들어 있는 행위자의 번식 성공도에 끼친 직접적인 비용뿐만 아니라 그 유전자를 공유할 확률이 있는 이웃의 번식 성공도에 끼친 간접적인 이득까지 고려해야 함을 입증했다. 이타적 행동을 받는 이웃이 거둔 이득(b)에 두 개체가 유전자를 평균 이상으로 공유할 가능성(r)을 곱해서 에누리한 값이 이타적 행위자가 겪는 손실(c)보다 크면, 그러한 이타적 행동은 자연선택된다($r \cdot b > c$). 이를 해밀턴의 규칙(Hamilton's rule)이라 한다.

이타적 행동을 일으키는 유전자의 관점에서, 이웃 개체의 몸속에 자신의 복제본이 들어 있을 확률 — 이를 유전적 근연도(genetic relatedness) r 이라 함—이 0보다 클 경우는 크게 세 가지이다(Dawkins, 1976; Hamilton, 1964). 첫째, 혈연과 비혈연을 구별하여 유전적 혈연에게만 차별적으로 도움을 주는 기제가 진화한다면 r이 0보다 더 크다. 둘째, 개체가 성년이 되어서 다른 곳으로 정착해 나갈 때 대개 출생지와 가까운 곳에 정착하기 쉽다. 이렇게 구조화된 개체군에서는 이타적 행동을 일으키는 유전자를 지닌 개체들끼리 뭉쳐서 살게 되므로, 한 개체가 주변의 이웃을 아무나 돕더라도 그 개체와 상대방이 유전자를 공유할 확률 r은 양수가 된다(Hamilton, 1964). 셋째, 어떤 유전자가 자신이 들어 있는 개체로 하여금 특정한 표지를 겉으로 지니게 하고(예: 녹색 수염), 여기에 더하여 그 표지를 지닌 이웃만 선택적으로 돕게 하는 두 가지 효과를 낸다면 r 값은 양수가 될 수 있다. 이를 '녹색 수염 효과'(*greenbeard effect*) 라고 한다(Dawkins, 1976).

유전적 근연도는 단순히 이타적 행위자와 상대방이 유전적으로 유사한 정도를 가리키는 개념이 아니다. 유전적 근연도는 개체군 내의 모든 개체들 간의 평균적인 유전적 유사성(*genetic similarity*)에 비하여, 행위자와 상대방이 유전적으로 '더' 유사한 정도를 측정하는 통계적인 개념이다. 그러므로 일반적인 통념과 달리, 친족 간의 혈연관계는 근연도를 양수로 만드는 여러 수단 가운데 하나에 불과하다. 전술했듯이 공간적으로 구조화된 개체군이나 녹색 수염 효과에 의해서도 근연도는 클 수 있다.

근연도의 이해를 돕기 위한 예를 하나 들어 보자. 소로 하여금 풀을 적게 뜯게 만들어 결국 다른 소들에게 이득을 주는 유전자를 가정한다. 이타적 행동을 일으키는 이 유전자의 개체군 내 평균 빈도가 이를테면 70% 라고 하자. 이 유전자의 빈도가 다음 세대에 계속 증가하기 위해 필요한 조건은 무엇일까? 먼저, 소들이 개체군 내에 무작위로 골고루 분포하는 경우를 생각해 보자($r = 0$). 이 경우, 풀을 적게 뜯는 이타적 행동의 혜택을 받는 상대방 소는 그저 전체 개체군에서 무작위로 추출한 표본일 뿐이므로, 상대방 몸속에도 이타적 행동을 일으키는 유전자가 들어 있을 확률은 전체 개체군의 평균 빈도인 70%와 같다. 이는 지나가는 소 아무나 붙잡고 도움을 주는 헛수고를 한다는 말이므로 이타적 행동은 선택될 수 없다. 다음으로, 개체군의 공간 구조에 의하여 이타적인 소는 이타적인 소들끼리, 이기적인 소는 이기적인 소들끼리 뭉쳐 있는 경우를 생각해 보자($r > 0$). 이 경우, 이타적인 소가 자기를 둘러싼 이웃들 가운데 아무에게나 도움을 주더라도 그 상대방의 몸속에도 유전자의 복제본이 들어 있을 확률이 개체군의 평균 빈도 70%를 무조건 넘게 된다. 이타적 행위자가 감수하는 손실이 충분히 작고 상대에게 주는 이득이 충분히 크다면, 이 이타적 행동을 통해 유전자는 다음 세대에 자신의 복제본을 더 많이 남길 수 있게 된다.

요약하자. 해밀턴(1964)은 자연선택이 개체 당사자의 번식 성공도(= 적합도)를 최대화한다는 다윈의 고전적인 이론이 사회적 행동의 진화에 관한 한 성립하지 않음에 주목했다. 그는 자연선택이 개체의 고전적 적합도가 아니라 포괄 적합도를 최대화한다는 이론을 제안하였다. 포괄 적합도가 최대화되는 사회적 행동의 진화 과정은 후에 메이나드 스미스(1964)에 의해 '혈연 선택(kin selection) 이론'이라고 명명되었다. 그러나 사회적 행위자가 개체군의 평균 빈도보다 더 높은 확률로 그 유전자의 복제본을 몸 안에 지니고 있을 상대방을 만나게 해주는 기제는 유전적 혈연 관계뿐만이 아님을 주의해야 한다. 유전적 근연도가 양수라는 뜻은 유전적 혈연에 의해서건, 개체군의 공간 구조에 의해서건, 녹색수염 효과에 의해서건 이타적 개체는 이타적 개체끼리 이기적 개체는 이기적 개체끼리 더 만나기 쉽다는 의미이다. 달리 말하면, '혈연 선택'이란 용어는 해밀턴의 이론을 충분히 담아내지 못하는 부적절한 용어이다. 실제로 해밀턴(1975)은 포괄 적합도가 단순히 유전적 혈연에 의한 효과보다 더 포괄적임을 강조한 바 있다. 이 글에서 단순히 유전적 혈연관계만을 내포하지 않는, 더 광범위한 의미에서 '혈연 선택'이라는 용어를 사용한다.

4) 데이빗 슬로안 윌슨의 신집단 선택론

1970년대 후반에 새로운 형태의 집단 선택론이 등장했다. 데이빗 슬로안 윌슨과 그 동료들은 자연선택이 여러 수준에서 일어날 수 있으며, 만약 이타적 행동이 집단 수준에서 발생시키는 이득이 이타적 행동이 개체 수준에서 만드는 손실을 상쇄할 만큼 크다면 이타적 행동이 선택될 수 있음을 입증하는 수리 모델을 제안했다(Wade, 1978; D. S. Wilson, 1975, 1977). 이 새로운 집단 선택은 "형질 집단 선택"(trait group selection), "다수준 선택"(multilevel selection) 혹은 "딤내 선택"(intrademic selection)이라고도 불린다.

A. 구집단 선택

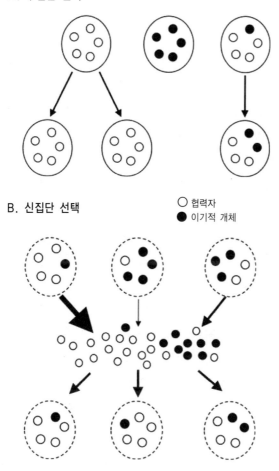

B. 신집단 선택

○ 협력자
● 이기적 개체

그림 1 구집단 선택과 신집단 선택 모델. 검은 원은 이기적인 개체, 흰 원은 협력적인 개체를 나타낸다. A. 구집단 선택 모델에서 경쟁과 그에 따른 차별적 번식은 집단에서만 일어난다. 협력적인 개체가 많은 집단은 증식하고 이기적인 개체가 많은 집단은 제거된다. 집단의 테두리를 실선으로 표시하여 집단 간에 개체의 이주가 거의 허용되지 않음을 나타냈다. B. 신집단 선택 모델에서는 집단 간 선택과 집단 내 선택이 함께 일어난다. 구성원의 조합이 상이한 각 집단이 하나의 동일한 번식 풀에 각기 다른 정도로 기여하고(협력적인 개체가 많은 집단이 더 많이 기여), 이 번식 풀로부터 새로운 집단이 형성된다. 테두리를 점선으로 하여 집단 간에 개체의 이주가 허용됨을 나타냈다. 웨스트 등(West et al., 2007)에서 일부 변형한 그림이다.

구집단 선택론은 집단 수준에서 이루어지는 선택이 사회성 진화의 핵심 동력이라고 보는 반면에, 신집단 선택론은 자연선택이 집단 간 선택 (*between group selection*)과 집단 내 선택(*within group selection*)이라는 여러 수준에서 이루어진다고 본다. 집단 내 선택을 생각해 보자. 비용을 감수하면서 남을 도와주는 협력자는 이득을 취하기만 할 뿐 남을 돕지 않는 이기주의자에 비해 집단 내에서 언제나 불리하므로 집단 내 선택은 협력보다 이기성을 택한다. 한편, 집단 간 선택을 생각해 보자. 협력자가 많은 집단은 협력자가 적은 집단보다 후대에 더 많은 자식들을 남길 것이므로 집단 간 선택은 이기성보다 협력을 택한다. 이처럼 집단 간 선택과 집단 내 선택이 상충되는 상황에서, 각 집단 내의 구성원들 사이의 유전적 유사성이 전체 개체군의 평균적인 유전적 유사성보다 더 높다면[8] 집단 간 선택이 더 강하게 작용하여 결국 남에게 도움을 주는 행동이 진화할 수 있다는 것이 신집단 선택 모델의 결론이다.

구집단 선택론과 신집단 선택론을 명확히 구별하는 것이 중요하다 (〈그림 1〉). 구집단 선택론은 집단 간의 차별적 생존과 번식이 집단의 성공 ─ 집단의 크기나 성장률, 혹은 수적 안정성 ─ 을 최대화하게끔 설계된 집단 수준의 적응(본문의 "생물상 적응")을 만든다고 주장한다. 반면에 신집단 선택론은 집단 간 선택과 집단 내 선택이 동시에 작용하여 개체의 포괄 적합도 ─ 유전자가 다음 세대에 남기는 복제본의 상대적 수 ─ 를 최대화하게끔 설계된 개체 수준의 적응(본문의 "유기적 적응")을 만든다고 주장한다. 예를 들어, 자신은 번식을 하지 않은 채 평생 동안 가까운 혈연을 돕는 일개미의 양육 행동은 일개미 자신의 포괄 적합도를 높이기 위한 개체 수준의 적응이라고 이해할 수 있다. 만일 자신과 유전자를 공유하지 않은 비친족을 잘 돕게끔 형태적으로 특화된 일꾼 계급이 사회성 곤충에서 발견된다면, 이는 포괄 적합도를 높이기 위한 적응이 아

---

8) 나중에 언급하겠지만, 물론 이 조건은 유전적 근연도가 0보다 커야 함을 의미한다.

니라 집단의 성공을 높이기 위한 적응이라고 할 수 있다.

5) 신집단 선택과 혈연 선택의 수학적 동등성

1970년대에 신집단 선택론이 등장한 이래, 신집단 선택과 혈연 선택은 사회적 행동을 일으키는 유전자의 선택과정이라는 동일한 진화현상을 분석하는 두 가지 다른 방안이라는 점이 꾸준히 제기되었다. 즉, D. S. 윌슨의 신집단 선택과 해밀턴의 혈연 선택은 수학적으로 완전히 동등하며, 따라서 둘 다 옳다는 것이다(Bourke & Franks, 1995; Frank, 1998; Hamilton, 1975; Queller, 1992; Wade, 1985). 남을 도와주는 행동을 일으키는 유전자는 정의상 집단 내에서는 그 빈도가 항상 감소한다. 그러므로 이 유전자가 전파될 수 있는 유일한 길은 협력자가 많은 집단이 그렇지 않은 집단보다 더 높은 생산성을 보이는 것이다. 이를 엄밀하게 표현하면, 집단 간 선택에 따른 양(+)의 요소가 집단 내 선택에 따른 음(-)의 요소를 상쇄할 만큼 커야 한다는 것이 된다. 이 요건이 충족된다면 혈연 선택에 의하지 않고서도 이타적 행동을 일으키는 유전자가 선택될 수 있다고 신집단 선택론자들은 주장한다. 그러나 집단 간 선택이 집단 내 선택보다 강해야 한다는 조건으로부터 해밀턴의 법칙을 쉽게 이끌어낼 수 있다. 요컨대, 신집단 선택 모델은 혈연 선택 모델과 수학적으로 동등하다. 두 모델 모두 이타적 행동이 진화하려면 유전적 근연도가 0보다 커야 함을 명시한다(Queller, 1992).[9]

소버와 윌슨(Sober & Wilson, 2000)이 제안한 다수준 선택의 단순한 모델로써 예증해 보자. 개체군 내에 남에게 도움을 받기만 하는 이기주의자 S와 비용 c를 감수하면서 상대에게 이득 b를 주는 이타주의자 A라는

---

9) 조지 프라이스(George Price)가 발견한 프라이스 등식(*Price equation*)을 활용하여 선택의 수준 문제를 설명하는 편이 가장 낫겠지만, 일반인 독자를 위해 수식 사용을 피했음을 밝혀둔다.

두 종류의 개체가 있다고 가정한다($b > c > 0$). 편의상 이들이 이루는 집단의 크기가 항상 2라고 가정한다. 두 개체가 상호작용할 때, 기본적인 적합도가 1이라고 하자. 이타주의자 A가 A를 만났을 때 얻는 적합도는 $1 + b - c$, A가 S를 만났을 때 얻는 적합도는 $1 - c$, 이기주의자 S가 A를 만났을 때 얻는 적합도는 $1 + b$, S가 S를 만났을 때 얻는 적합도는 1이 된다. 한 편, 이타주의자들로만 구성된 집단의 평균 적합도는 $1 + b - c$, 이타주의자와 이기주의자로 집단의 평균 적합도는 $1 + [(b - c)/2]$, 이기주의자들로만 집단의 평균 적합도는 1이다. 집단 간 선택으로 보면 이타주의자들로만 구성된 집단의 생산성이 다른 집단보다 더 높으므로 집단 간 선택은 이타성을 선호함을 알 수 있다. 반면에 이타주의자 A와 이기주의자 S로 구성된 집단에서 A의 적합도는 $1 - c$, S의 적합도는 $1 + b$이므로 집단 내 선택은 이기성을 선호함을 알 수 있다.

이타주의자 A의 개체군 전체의 평균 적합도가 이기주의자 S의 평균 적합도보다 크면 이타성이 최종적으로 선택된다. A가 A와 짝지어질 확률이 p라고 하자(A가 S와 짝지어질 확률은 $1 - p$). S가 A와 짝지어질 확률은 q라고 하자(S가 S와 짝지어질 확률은 $1 - q$). A의 평균 적합도는 $p(1 + b - c) + (1 - p)(1 - c) = pb + 1 - c$가 된다. S의 평균 적합도는 $q(1 + b) + (1 - q) = qb + 1$이 된다. 그러므로, $pb + 1 - c > qb + 1$일 때, 곧 $(p - q)b > c$일 때만 이타성이 자연선택 된다(Sober & Wilson, 2000). 여기서 $(p - q)$는 한 이타주의자가 다른 이타주의자와 상호작용할 확률에서 한 이기주의자가 다른 이타주의자와 상호작용할 확률을 뺀 값이다. 즉, 이 값이 양수라면 이타주의자는 이타주의자끼리 이기주의자는 이기주의자끼리 더 만나기 쉽다는 의미이다. 이 값이 0이면 내가 협력자건 배신자건 협력자를 만날 확률이 같으므로 개체들이 무작위로 상호작용한다는 말이 된다. $(p - q)$는 같은 개체들이 끼리끼리 만나는 유전적 유사성의 정도이므로 곧 유전적 근연도 r과 같다. 즉, 신집단 모델에서 이타성이 선택될 조건 $(p - q)b > c$는 해밀턴의 법칙 $r \cdot b > c$와 수학적으로 동등하다.

요약하자면, 남을 도와주는 행동은 혈연 선택을 통해서 진화한다고 할
수도 있고, 혹은 집단 간 선택과 집단 내 선택 간의 갈등을 통해서 진화한
다고 할 수도 있다. 신집단 선택 모델과 혈연 선택 모델은 같은 현상을 바
라보는 두 가지 다른 방법일 뿐이다. 남을 돕는 행동을 일으키는 유전자
의 빈도가 어떤 조건하에서 증가할 것인가? 이 질문에 답하기 위해, 해밀
턴의 포괄 적합도 이론은 도움 행동을 일으키는 유전자의 눈 관점에서 문
제를 분석한다. 이 유전자가 남을 돕는 행동을 하는 당사자에게 끼친 영
향(직접 적합도)과 상대방에게 끼친 영향(간접 적합도)을 함께 고려하여
포괄 적합도가 증가할지 여부를 따진다. 한편, D. S. 윌슨의 신집단 선
택론은 집단 간 선택이 집단 내 선택을 압도한다면 남을 돕는 행동이 자
연선택 된다고 본다. 두 모델 모두 남을 돕는 행동의 비용은 적고 이득은
높을수록(b/c 증가), 끼리끼리 집단을 형성하는 경향이 강할수록(r 증가)
남을 돕는 행동이 선택되기 쉽다는 동일한 결론을 내놓는다. 예를 들어,
사회성 곤충에서 불임성 일꾼 계급이 어떻게 진화했는지 설명하는 상황
을 생각해보자. 혈연 선택론자는 불임성 일꾼은 자신의 어미인 여왕개미
가 번식하는 것을 도움으로써 자신의 포괄 적합도를 증가시킨다고 설명
한다. 신집단 선택론자는 불임성 일꾼은 군락 전체에 이득을 주어 다른
군락과의 경쟁에서 승리하게 해준다고 설명한다. 이 두 설명은 초점이
다를 뿐 본질적으로 동일한 설명이다.

6) 선택의 단위 논쟁

D. S. 윌슨을 위시한 신집단 선택론자들은 자연선택이 개체 혹은 집단
이라는 여러 수준에서 동시에 작용할 수 있다고 본다. 이는 자연선택의
근본적인 단위가 유전자라고 주장하는 유전자 선택론과 정면으로 배치되
는 것처럼 보인다(Dawkins, 1976). 유기체 자신은 번식 과정에서 결코
복제되지 않는다. 유기체는 사멸하며, 오직 유전자만이 후세로 전해진다

298

〔"표현형 간의 자연선택은 그 자체로서는 누적적인 변화를 만들어내지 못하는데, 이는 표현형이 지극히 일시적인 발현양상이기 때문이다. … 궁극적으로 분리불가능한 단편이 있다면, 그것이 바로, 정의상, 개체군 유전학의 추상적 논의에서 다루어지는 '유전자'이다."(본문 pp. 46~47)〕. 윌리엄스와 해밀턴의 선행연구를 토대로 도킨스(1976, p. 12)는 "선택의 근본 단위는, 즉 이기성의 근본 단위는 종도 아니고 집단도 아니고 엄격히 말하면 심지어 개체도 아니다. 그것은 유전자, 곧 유전의 단위다"라고 선언하였다. 국내에도 비교적 잘 알려져 있듯이 유전자 선택론은 자연선택이 유전자에 곧바로 작용하는 것은 아니라는 비판을 받았다. 자연선택은 유전자를 직접 골라낼 수는 없다. 어디까지나 유전자를 포함하는 개체나 집단 같은 묶음들을 간접적으로 골라낼 뿐이다(Gould, 1984).

많은 생물학자들은 선택의 단위 논쟁이 도킨스(Dawkins, 1982)가 제안한 복제자(replicator)와 운반자(vehicle)의 구별을 통해서 이미 상당 부분 해결되었다고 본다(Bourke & Franks, 1995; Reeve & Keller, 1999). 도킨스 같은 유전자 선택론자들은 자연선택이 개체나 집단에 직접 작용함을 부인하지 않는다. 다만, 개체나 집단은 유전자 같은 복제자들이 자기 자신을 퍼뜨리기 위해 만들어낸 운반자라는 것이다. 신집단 선택론자나 유전자 선택론자나 모두 자연선택에 의한 진화는 궁극적으로 유전자 빈도의 변화임에 동의한다. 즉, 유전자, 개체, 집단, 종 등 생명의 여러 계층 수준 가운데 유전자는 자신의 유전 정보를 수많은 세대에 걸쳐 전달할 수 있는 자기 복제자인 반면에 개체나 집단, 종은 모두 자기를 구성하는 유전자들을 퍼뜨리는 운반자의 역할을 수행한다는 결정적인 차이가 존재한다는 것에 양 진영 모두 암묵적으로 동의하고 있다. 논쟁은 해결되었다. 유전자는 유전 정보의 복제를 수행하는 자연선택의 단위이다. 개체와 집단, 그리고 종은 자연선택이 작용할 수 있는 운반자이다.

7) 맺음말

이상에서 협동의 진화와 관련하여 자연선택의 단위와 집단 선택 논쟁을 역사적으로 간략히 개관하였다. 옮긴이 머리말에서 밝혔듯이, 최근들어 사회생물학을 창시한 에드워드 윌슨까지 논쟁에 합류하여 집단 선택이야말로 사회성의 진화를 이끈 원동력이라고 주장하는 등 집단 선택을 둘러싸고 치열한 공방이 전개되고 있다. 이러한 상황에 당혹해 할 독자들을 위하여 《적응과 자연선택》 이후로 학문적 흐름이 어떻게 진행되었는지 정리하고자 했다. D. S. 윌슨, 에드워드 윌슨, 마틴 노박 등의 오해와 달리, 신집단 선택과 혈연 선택은 사회적 행동을 일으키는 유전자의 선택 과정이라는 하나의 진화 현상을 바라보는 두 가지 다른 시각일 뿐이다. 달리 말하면, 해밀턴의 혈연 선택론으로는 설명할 수 없는 어떤 이타적 행동을 설명하고자 할 때 신집단 선택론이 유용하게 쓰일 수 있다고 기대하는 것은 완전히 잘못된 생각이다. 윌리엄스가 강조하듯이, "우리는 자연선택의 이론을 그것의 가장 단순하고도 가장 정제된 형태, 즉 상호대안적 대립유전자 간의 차별적 생존으로 받아들여야 하며, 적응의 문제가 불거질 때마다 결코 물러서는 일 없이 그 이론을 적용해야 한다" (본문 p. 277).

참고문헌

Bourke, A. F. G. & Franks, N. R. (1995). *Social Evolution in Ants*, Princeton, New Jersey: Princeton University Press.

Darwin, C. (1859). *The Origin of Species*, New York: Literary Classics.

Dawkins, R. (1976). *The Selfish Gene*, Oxford, Oxford University Press.

_____ (1982). *The Extended Phenotype*, Oxford, W. H. Freeman.

Dugatkin, L. A. & Reeve, H. K. (1994). "Behavioral Ecology and Levels of Selection: Dissolving the Group Selection Controversy", *Advances in the Study of Behavior*, 23, 101~133.

Frank, S. A. (1998). *Foundations of Social Evolution*, Princeton, Princeton University Press.

Futuyma, D. J., & Stearns, S. C. (2010). "In Memoriam: George C. Williams", *Evolution*, 64(12), 3339~3343.

Gardner, A., & Foster, K. R. (2008). "The Evolution and Ecology of Cooperation - History and concepts", In J. Korb & J. Heinze (Eds.), *Ecology of Social Evolution* (1~36), Berlin: Springer Verlag.

Gluckman, P., Beedle, A. & Hanson, M. (2009). *Principles of Evolutionary Medicine*, Oxford, Oxford University Press.

Gould, S. J. (1984). "Caring Groups and Selfish Genes", In E. Sober (Ed.), *Conceptual Issues in Evolutionary Biology: an Anthology* (119~124), Cambridge, MIT Press.

Gould, S. J., & Lewontin, R. C. (1979). "The Spandrels of San Marco and the Panglossian Paradigm: a Critique of the Adaptationist Programme", *Proceedings of the Royal Society of London*, Series B, 205(1161), 581~598.

Hamilton, W. D. (1964). "The Genetical Theory of Social Behavior", I & II, *Journal of Theoretical Biology*, 7, 1~52.

_____ (1970). "Selfish and Spiteful Behaviour in an Evolutionary Model", *Nature*, 228, 1218~1220.

_____ (1975). "Innate Social Aptitudes of Man: an Approach from Evolutionary Genetics", In R. Fox (Ed.), *Biosocial Anthropology* (133~153), London: Malaby Press.

Lack, D. (1996). *Population Studies of Birds*, Oxford, Clarendon Press.

Leigh Jr., E. G. (2010). "The Group Selection Controversy", *Journal of Evolutionary Biology*, 23, 6~19.

Maynard Smith, J. (1964). "Group Selection and Kin Selection", *Nature*, 201, 1145~1147.

_____ (1976). "Group Selection", *Quarterly Review of Biology*, 51, 277~283.

Nesse, R. (2010). George Williams, 1926-2010. Retrieved 01.11, 2011, from http://skepticaladaptionist.com/2010/09/george-williams-1926-2010

. html

Nesse, R. , & Williams, G. C. (1994). *Why We Get Sick: the New Science of Darwinian Medicine*, New York: Random House.

Okasha, S. (2006). *Evolution and the Levels of Selection*. Oxford, Oxford University Press.

Queller, D. C. (1992). "Quantitative Genetics, Inclusive Fitness, and Group Selection", *American Naturalist*, 139, 540~558.

Reeve, H. K. , & Keller, L. (1999). "Levels of Selection: Burying the Units of Selection Debate and Unearthing the Crucial New Issues", In L. Keller (Ed.), *Levels of Selection in Evolution*, Princeton, Princeton University Press.

Segerstråle, U. (2006). "An Eye on the Core: Dawkins and Sociobiology", In A. Grafen & M. Ridley (Eds.), *Richard Dawkins: How a Scientist Changed the Way We Think* (75~97), Oxford, Oxford University Press.

Sober, E. , & Wilson, D. S. (2000). "Summary of: 'Unto Others: The Evolution and Psychology of Unselfish Behavior'", *Journal of Consciousness Studies*, 7(1~2), 185~206.

Stearns, S. C. , & Koella, J. C. (Eds.) (2008). *Evolution in Health and Disease*(2nd ed.). Oxford: Oxford University Press.

Wade, M. J. (1978). "A Critical Review of the Models of Group Selection", *Quarterly Review of Biology*, 53, 101~114.

_____(1985). "Soft Selection, Hard Selection, Kin Selection, and Group Selection", *American Naturalist*, 125, 61~73.

West, S. A. , Griffin, A. S. , & Gardner, A. (2007). "Social Semantics: Altruism, Cooperation, Mutualism, Strong Reciprocity and Group Selection", *Journal of Evolutionary Biology*, 20, 415~432.

West, S. A. , Moulden, C. E. , & Gardner, A. (2011). "Sixteen Common Misconceptions about the Evolution of Cooperation in Humans", *Evolution and Human Behavior*, 32, 231~262.

Williams, G. C. (1957). "Pleiotropy, Natural Selection, and the Evolution of Senescence", *Evolution*, 11, 398~411.

_____(1966). *Adaptation and Natural Selection*. Princeton, Princeton

302

University Press.

_____(1992). *Natural Selection: domains, levels, and challenges*. Oxford, Oxford University Press.

_____& Nesse, R. (1991). "The Dawn of Darwinian Medicine", *Quarterly Review of Biology*, 66, 1~22.

Wilson, D. S. (1975). "A Theory of Group Selection", *Proceedings of the National Academy of Sciences of the United States of America*, 72, 143 ~146.

_____(1977). "Structured Demes and the Evolution of Group Advantageous Traits", *American Naturalist*, 111, 157~185.

Wilson, E. O. (1975). *Sociobiology*. Cambridge, Mass. : Belknap Press of Harvard University Press.

참
고
문
헌

Allee, W. C. (1931). *Animal Aggregations: A Study in General Sociology*, University of Chicago Press, ix, 431pp.

_____(1940). Concerning the origin of sociality in animals, *Scientia* 1940: 154~160.

_____(1943). Where angels fear to tread: A contribution from general sociology to human ethics, *Science* 97: 517~525.

_____(1951). *Cooperation among Animals*, New York, Henry Schuman, 233pp.

Allee, W. C., Alfred, E. E., Oelando, P., Thomas, P. & Karl, P. S. (1949). *Principles of Animal Ecology*, Philadelphia, W. B. Saunders Co., xii, p. 837.

Allison, A. C. (1955). Aspects of polymorphism in man, *Cold Spring Harbor Symp. Quant. Biol.* 20: 239~255.

Altman, S. A. (1962). A field study of the sociobiology of rhesus monkeys, *Macaca mulatta, Ann. N. Y. Acad. Sci.* 102: 338~435.

Amadon, D. (1959). The significance of sexual differences in size among birds, *Proc. Am. Phil. Soc.* 103: 531~536.

_____(1964). The evolution of low reproductive rates in birds, *Evolution* 18: 105~110.

Andersen, F. S. (1961). Effect of density on animal sex ratio, *Oikos* 12: 1~16.

Anderson, E. (1953). Introgressive hybridization, *Biol. Rev. Cambridge Phil. Soc.* 28: 280~307.

Auerbach, C. (1956). *Genetics in the Atomic Age*, Edinburgh, Oliver &

304

5555555555555Boyd, 106pp.

Barker, J. S. F. (1963). The estimation of relative fitness of *Drosophila* populations, II, Experimental evaluation of factors affecting fitness, *Evolution* 17: 56~71.

Barnes, H. (1962). So-called anecdysis in *Balanus balanoides* and the effect of breeding upon the growth of calcareous shell of some common barnacles, *Limnol. Oceanog.* 7: 462~473.

Barney, R. L. & Anson, B. J. (1920). Life history and ecology of the pygmy sunfish, *Elassoma zonatum*, *Ecology* 1: 241~256.

Bateman, A. J. (1949). Analysis of data on sexual selection, *Evolution* 3: 174~177.

Bergerard, J. (1962). Parthenogenesis in the Phasmidae, *Endeavor* 21: 137~143.

BIRCH, L. C. (1957). The meanings of competition, *Am. Naturalist* 91: 5~18.

_____(1960). The genetic factor in population ecology, *Am. Naturalist* 94: 5~24.

Blood, D. A. (1963). Some aspects of behavior in a bighorn herd, *Can. Field Naturalist* 77: 77~94.

Blum, H. F. (1961). Does the melanin pigment of human skin have adaptive value? An essay in human ecology and the evolution of the race, *Quart. Rev. Biol.* 36: 50~63.

_____(1963). On the origin and evolution of human culture, *Am. Scientist* 51: 32~37.

Bodmer, W. F. & Edwards, A. W. F. (1960). Natural selection and the sex ratio, *Ann. Human Genet.* 24: 239~244.

Bonner, J. T. (1957). A theory of the control of differentiation in the cellular slime molds, *Quart. Rev. Biol.* 32: 232~246.

_____(1958). *The Evolution of Development*, Cambridge University Press, 102pp.

Bormann, F. H. (1962). Root grafting and non-competitive relationships between trees, p. 237~246 in: *Tree Growth*, Kozlowski, T. T. (Ed.), New York, Ronald Press, xi, 442pp.

Borradaile, L. A., Potts, F. A., Eastham, L. E. S., Saunders, J. T. & Kerkut, G. A. (1961). *The Invertebrata*, Cambridge University Press, xviii, p. 820.

Boyden, A. A. (1953). Comparative evolution with special reference to primitive mechanisms, *Evolution* 7: 21~30.

———(1954). The significance of asexual reproduction, *Syst. Zool.* 3: 26~37, 47.

Braestrup, F. W. (1963). The function of communal displays, *Dansk Ornithol. Foren. Tidsskr.* 57: 133~142.

Breder, C. M. (1936). The reproductive habits of North American sunfishes (family Centrarchidae), *Zoologica* 21: 1~48.

———(1952). On the utility of the saw of the sawfish, *Copeia* 1952: 90~91.

———(1959). Studies on social groupings in fishes, *Bull. Am. Mus. Nat. Hist.* 117: 395~481, pls. 70~80.

Brereton, J. L. G. (1962A). Evolved regulatory mechanisms of population control, p. 81~93 in: *The Evolution of Living Organisms*, G. W. Leeper (Ed.), Melbourne University Press, xi, p. 459.

———(1962B). A laboratory study of population regulation in *Tribolium confusum*, *Ecology* 43: 63~69.

Brock, V. E. & Riffenburgh, R. H. (1960). Fish schooling: A possible factor in reducing predation, *J. Conseil, Conseil Perm. Intern. Exploration Mer* 25: 307~317.

Brown, W. L. Jr. (1958). General adaptation and evolution, *Syst. Zool.* 7: 157~168.

Budd, G. M. (1962). Population studies in rookeries of the emperor penguin *Aptenodytes forsteri*, *Proc. Zool. Soc.* London 139: 365~388, 1 pl.

Bullis, H. R. & Jr. (1960). Observations on the feeding behavior of white-tip sharks on schooling fishes, *Ecology* 42: 194~195.

Burkholder, P. R. (1952). Cooperation and conflict among primitive organisms, *Am. Scientist* 40: 601~631.

Burnet, F. M. (1961). Immunological recognition of self, *Science* 133: 307~311.

———(1962). *The Integrity of the Body*, Harvard University Press, p. 189.

Burtt, E. A. (1955). *The Teachings of the Compassionate Buddha*, New York, Mentor, MD 131, p. 247.

Buzzati-Traverso, A. A. (1954). On the role of mutation rate in evolution, *Caryologia* 6 (suppl.) : 450~462.

Cagle, F. R. (1955). Courtship behavior in juvenile turtles, *Copeia* 1955: 307.

Carlisle, D. B. (1962). On the venom of the lesser weeverfish *Trachinus vipera*, *J. Marine Biol. Assoc. U. K.* 42: 155~162.

Carson, H. L. (1961). Heterosis and fitness in experimental populations of *Drosophila melanogaster*, *Evolution* 15: 496~509.

Catcheside, D. G. (1951). *The Genetics of Micro-organisms*, London, Pitman, vii, p. 223.

Clarke, C. A., Dickson, C. G. C. & Sheppard, P. M. (1963). Larval color pattern in *Papilio demodocus*, *Evolution* 17: 130~137.

Clarke, G. L. (1954). *Elements of Ecology*, New York, Wiley, xiv, p. 534.

Cole, L. C. (1954). The population consequences of life history phenomena, *Quart. Rev. Biol.* 29: 103~137.

———— (1958). Sketches of general and comparative demography, *Cold Spring Harbor Symp. Quant. Biol.* 22: 1~15.

Comfort, A. (1956). *The Biology of Senescence*, New York, Rinehart & Co., xiii, p. 257.

Correns, C. (1927). Der Unterschied in der Keimungsgeschwindigkeit der männchensamen und weibchensamen bei *Melandrium*, *Hereditas* 9: 33~44.

Cott, H. B. (1954). Allaesthetic selection and its evolutionary aspects, p. 4 7~70 in: *Evolution as a Process*, J. S. Huxley, A. C. Hardy, E. B. Ford (Ed.), London, Allen & Unwin, p. 367.

Crisp, D. J. & Patel, B. (1961). The interaction between breeding and growth rate in the barnacle *Elminius modestus* Darwin, *Limnol. Oceanog.* 6: 105~115.

Crosby, J. L. (1963). The evolution and nature of dominance, *J. Theoret. Biol.* 5: 35~51.

Cullen, E. (1957). Adaptations in the kittiwake to cliffnesting, *Ibis* 99: 275~302.

Darling, F. F. (1938). *Bird Flocks and the Breeding Cycle*, Cambridge University Press, x, p. 124.

Darlington, C. D. (1958). *The Evolution of Genetic Systems*, New York, Basic Books, xi, p. 265.

Darlington, C. D. & Mather, K. (1949). *The Elements of Genetics*, London, Allen & Unwin, p. 446.

Darwin, C. R. (1882). *The Variation of Animals and Plants under Domestication*, London, John Murray, vol. I, xiv, p. 472., vol. II, x, p. 495.

_____(1896). *The Descent of Man and Selection in Relation to Sex*, New York, D. Appleton & Co., xvi, p. 688.

Dijkgraaf, V. S. (1952). Bau und Funktionen der Seitenorgane und des Ohrlabyrinthes bei Fischen, *Experientia* 8: 205~216.

_____(1963). The functioning and significance of the lateral-line organs, *Biol. Rev. Cambridge Phil.* Soc. 38: 51~105.

Dobzhansky, T. (1951). *Genetics and the Origin of Species*, Columbia University Press, xiv, p. 364.

_____(1959). Evolution of genes and genes in evolution, *Cold Spring Harbor Symp. Quant. Biol.* 24: 15~30.

_____(1963). Genetics of natural populations, XXXIII, A progress report on genetic changes in populations of *Drosophila pseudoobscura and Drosophila persimilis* in a locality in California, *Evolution* 17: 333~339.

Dobzhansky, T., Montagu, M. F. A. (1947). Natural selection and the mental capacities of mankind, *Science* 106: 587~590.

Dougherty, E. C. (1955). Comparative evolution and the origin of sexuality, *Syst. Zool.* 4: 145~169.

Dunbar, M. J. (1960). The evolution of stability in marine environments; natural selection at the level of the ecosystem, *Am. Naturalist* 94: 129~136.

Edwards, A. W. F. (1960). Natural selection and the sex ratio, *Nature* 188: 960~961.

Ehrensvärd, G. (1962). *Life: Its Origin and Development*, Minneapolis,

Burgess, p. 204.

Ehrman, L. (1963). Hybrid sterility as an isolating mechanism in the genus *Drosophila*, *Quart. Rev. Biol.* 37: 279~302.

Elton, C. (1942). *Voles, Mice and Lemmings. Problems in Population Dynamics*, Oxford, Clarendon Press, p. 496.

Emerson, A. E. (1960). The evolution of adaptation in population systems, p. 307~348 in: *Evolution after Darwin*, vol. 1, Sol Tax (Ed.), University of Chicago Press, viii, p. 629.

_____ (1961). Vestigial characters of termites and processes of regressive evolution, *Evolution* 15: 115~131.

Epling, C. W. C. (1950). The relation of taxonomic method to an explanation of evolution, *Heredity* 4: 313~325.

Essig, E. O. (1942). *College Entomology*, New York, Macmillan, vii, p. 900.

Evans, L. T. (Ed.) (1962) *Environmental Control of Plant Growth*, New York, Academic Press, p. 467.

Felin, F. E. (1951). Growth characteristics of the Poeciliid fish, *Platypoecilus maculatus*, *Copeia* 1951: 15~28.

Fiedler, K. (1954). Vergleichende Verhaltensstudien an Seenadeln, Schlangennadeln und Seepferdchen (Syngnathidae), *Z. Tierpsychol.* 11: 358 ~416.

Filosa, M. F. (1962). Heterocytosis in cellular slime molds, *Am. Naturalist* 96: 79~92.

Fink, B. D. (1959). Observation of porpoise predation on a school of Pacific sardines, *Calif. Fish. Game* 45: 216~217.

Fisher, J. (1954). Evolution and bird sociality, p. 71~83 in: *Evolution as a Process*, J. S. Huxley, A. C. Hardy, E. B. Ford (Eds.), London, Allen & Unwin, p. 367.

Fisher, R. A. (1930). *The Genetical Theory of Natural Selection*, Oxford, Clarendon Press: reprinted 1958, New York, Dover, xiv, p. 291.

_____ (1954). Retrospect of the criticisms of the theory of natural selection, p. 84~98 in: *Evolution as a Process*, J. S. Huxley, A. C. Hardy, E. B. Ford (Eds.), London, Allen & Unwin, p. 367.

Fosher, R. A. & Ford, E. B. (1947). The spread of a gene in natural conditions in a colony of the moth, *Panaxia dominula* (L), *Heredity* 1: 143~174.

Ford, E. B. (1956). Rapid evolution and the conditions which make it possible, *Cold Spring Harbor Symp. Quant. Biol.* 20: 230~238.

Fowler, J. A. (1961). Anatomy and development of racial hybrids of Rana pipiens, *J. Morphol.* 109: 251~268.

Fraenkel, G. S. (1959). The *raison d'être* of secondary plant substances, *Science* 129: 1466~1470.

Frank, F. (1957). The causality of microtine cycles in Germany, *J. Wildlife Management* 21: 113~121.

Freedman, L. Z. & Roe, A. (1958). Evolution and human behavior, p. 455~479 in: *Behavior and Evolution*, A. Roe, G. G. Simpson (Eds.), Yale University Press, viii, p. 557.

Gotto, R. V. (1962)., Egg number and ecology in commensal and parasitic copepods, *Ann. Mag. Nat. Hist.* 13S, 5: 97~107.

Guhl, A. M. & Allee, C. (1944). Some measurable effects of social organization in flocks of hens, Physiol. Zool. 17:320~347.

Haartman, L. VON. (1957). Adaptation in hole-nesting birds, *Evolution* 11: 339~347.

Hagan, H. R. (1951). *Embryology of the Viviparous Insects*, New York, Ronald Press, xiv, p. 472.

Haldane, J. B. S. (1931). A mathematical theory of natural and artificial selection, Part VII, Selection intensity as a function of mortality rate, *Proc. Cambridge Phil. Soc.* 27: 131~142.

_____ (1932). *The Causes of Evolution*, London, Longmans, vii, p. 235.

Hall, E. R. & Kelson, K. R. (1959). *The Mammals of North America*, New York, Ronald Press, vol. 1, p. xxx, 1-546, 1-79; vol. 2, p. viii, 547 ~1083, 1-79.

Hall, K. R. L. (1960). Social vigilance behavior of the chacma baboon, *Papio ursinus*, *Behavior* 16: 261~294.

Halstead, B. W. (1959). *Dangerous Marine Animals*, Cambridge, Md., Cornell Maritime Press, ix, p. 146.

Halstead, B. W. & MODGLIN, F. R. (1950). A preliminary report on the venom apparatus of the bat-ray, *Holorhinus californicus*, *Copeia* 1950: 165~175.

Hamilton, W. D. (1964a). The genetical evolution of social behaviour, I, *J. Theoret. Biol.* 7: 1~16.

———(1964b). The genetical evolution of social behaviour, II, *J. Theoret, Biol.* 7:17~52.

Harper, J. L. (1960). Factors controlling plant numbers, p. 119~132 in: *The Biology of Weeds*, John L. Harper (Ed.), Oxford, Blackwell, xv, p. 256.

Harrington, R. W. (1948). The life cycle and fertility of the bridled shiner, *Notropis bifrenatus* (Cope), *Am. Midland Naturalist* 39: 83~92.

Hiraizumi, Y., SANDLER, L. & Crow, J. F. (1960). Meiotic drive in natural populations of *Drosophila melanogaster*, III, Populational implications of the segregation-distorter locus, *Evolution* 14: 433~444.

Hochman, B. (1961). Isoallelic competition in populations of *Drosophila melanogaster* containing a genetically heterogeneous background, *Evolution* 15: 239~246.

Hodder, V. M. (1963). Fecundity of Grand Bank haddock, *J. Fisheries Res. Board Can.* 20: 1465~1487.

Hubbs, C. L. (1955). Hybridization between fish species in nature, *Syst. Zool.* 4: 1~20.

Hubbs, C. (1958). Geographic variations in egg complement of *Percina caprodes and Etheostoma spectabile*, *Copeia* 1958: 102~105.

Huxley, J. S. (1942). *Evolution, the Modern Synthesis*, New York, Harper, p. 645.

———(1953). *Evolution in Action*, New York, Harper, x, p. 182.

———(1954). The evolutionary process, p. 1~23 in: *Evolution as a Process*, J. Huxley, A. C. Hardy, E. B. Ford (Eds.), London, Allen & Unwin, p. 367.

———(1958). Cultural process and evolution, Chap. 20 in: *Behavior and Evolution*, A. Roe, G. G. Simpson (Eds.), Yale University Press, viii, p. 557.

Ives, P. T. (1950). The importance of mutation rate genes in evolution,

Evolution 4: 236~252.

Jones, J. W. & Hynes, H. B. N. (1950). The age and growth of *Gasterosteus aculeatus*, *Pygosteus pungitius* and *Spinachia vulgaris*, as shown by their otoliths, *J. Animal Ecol.* 19: 59.

Kendeigh, S. C. (1952). Parental care and its evolution in birds, *Illinois Biol. Monog.* 22: 1~356.

Kimura, M. (1956). A model of a genetic system which leads to closer linkage by natural selection, *Evolution* 10: 278~287.

_____(1958). On the change of population fitness by natural selection, *Heredity* 12: 145~167.

_____(1960). Optimum mutation rate and degree of dominance as determined by the principle of minimum genetic load, *J. Genet.* 57: 21~34.

_____(1961). Natural selection as the process of accumulating genetic information in adaptive evolution, *Genet. Res.* 2: 127~140.

Klauber, L. M. (1956). *Rattlesnakes: Their Habits, Life Histories, and Influence on Mankind*, University of California Press, vol. 1, p. xxix, 1~708; vol. 2, p. xvii, 709~1476.

Knight-Jones, E. W. & MOYSE, J. (1961). Intraspecific competition in sedentary marine animals, *Symp. Soc. Exp. Biol.* 15: 72~95.

Koford, C. B. (1957). The vicuna and the Puna, *Ecol. Monog.* 27: 153~219.

Kosswig, C. (1946). Bemerkungen zur degenerativen Evolution, *Compt. Rend. Ann. Arch. Soc. Turq. Sci. Phys. Nat.* 12: 135~162.

Lack, D. (1954a). *The Natural Regulation of Animal Numbers*, Oxford University Press, viii, p. 343.

_____(1954b). The evolution of reproductive rates, p. 143~156 in: *Evolution as a Process*, J. S. Huxley, A. C. Hardy, E. B. Ford (Eds.), London, Allen & Unwin, p. 367.

Lagler, L. F., Bardach, J. E. & Robert R. M. (1962). *Ichthyology*, New York, Wiley, xiii, p. 545.

Leopold, A. C. (1961). Senescence in plant development, *Science* 134: 1727~1732.

Lerner, I. M. (1953). *Genetic Homeostasis*, New York, Wiley, vii, p. 134.

Levene, H. O. P. & Dobzhansky, T. (1958). Dependence of the adaptive values of certain genotypes in *Drosophila pseudoobscura* on the composition of the gene pool, *Evolution* 12: 18~23.

Levitan, M. (1961). Proof of an adaptive linkage association, *Science* 134: 1617~1619.

Lewis, D. (1942). The evolution of sex in flowering plants, *Biol. Rev. Cambridge Phil. Soc.* 17: 46~67.

Lewis, D. & Crowe, L. K. (1956). The genetics and evolution of gynodioecy, *Evolution* 10: 115~125.

Lewontin, R. C. (1958a). Studies on heterozygosity and homeostasis, II, Loss of heterosis in a constant environment, *Evolution* 12: 494~503.

_____(1958b). The adaptations of populations to varying environments, *Cold Spring Harbor Symp. Quant. Biol.* 22: 395~408.

_____(1961). Evolution and the theory of games, *J. Theoret. Biol.* 1: 382~403.

_____(1962). Interdeme selection controlling a polymorphism in the house mouse, *Am. Naturalist* 96: 65~78.

Lewontin, R. C. & Dunn, L. C. (1960). The evolutionary dynamics of a polymorphism in the house mouse, *Genetics* 45: 705~722.

Lewontin, R. C. & Ken-ichi, K. (1960). The evolutionary dynamics of complex polymorphisms, *Evolution* 14: 458~472.

LI, C. C. (1955). *Population Genetics*, University of Chicago Press, xi, p. 366.

Lidicker, W. Z. (1962). Emigration as a possible mechanism permitting the regulation of population density below carrying capacity, *Am. Naturalist* 96: 29~33.

Lydeckker, R. (1898). *Wild Oxen, Sheep, and Goats of All Lands*, London, Rowland Ward, xiv, p. 318.

Mcclintock, B. (1951). Chromosome organization and genic expression, *Cold Spring Harbor Symp. Quant. Biol.* 16: 13~46.

Makino, S. (1951). *An Atlas of the Chromosome Numbers in Animals*, Iowa State University Press, xxviii, p. 290.

Mather, K. (1953). The genetical structure of populations, *Symp. Soc. Exp. Biol.* 7: 66~95.

_____ (1961). Competition and cooperation, *Symp. Soc. Exp. Biol.* 15: 264 ~281.

Mayr, E. (1954). Change of genetic environment and evolution, p. 157~180 in: *Evolution as a Process*, J. S. Huxley, A. C. Hardy, E. B. Ford (Eds.), London, Allen & Unwin, p. 367.

_____ (1963). *Animal Species and Their Evolution*, Harvard University Press, p. 813.

Medawar, P. B. (1952). *An Unsolved Problem in Biology*, London, H. K. Lewis, p. 24.

_____ (1960). *The Future of Man*, New York, Basic Books, p. 128.

_____ (1961). Immunological tolerance, *Science* 133: 303~306.

Michie, D. (1958). The third stage in genetics, p. 56~84 in: *A Century of Darwin*, S. A. Barnett (Ed.), London, Heinemann, xvi, p. 376.

Milne, A. (1961). Definition of competition among animals, *Symp. Soc. Exp. Biol.* 15: 40~61.

Mirsky, A. E. & Ris, H. (1951). The desoxyribonucleic acid content of animal cells and its evolutionary significance, *J. Gen. Physiol.* 34: 451 ~462.

Montagu, M. F. A. (1952). *Darwin, Competition and Cooperation*, New York, Henry Schuman, p. 148.

Morris, D. (1955). The causation of pseudofemale and pseudomale behavior: a further comment, *Behavior* 8: 46~56.

Mottram, J. C. (1915). The distribution of secondary sexual characters amongst birds, with relation to their liability to the attack of enemies, *Proc. Zool. Soc.* London 7: 663~678.

Muller, H. J. (1948). Evidence of the precision of genetic adaptation, *Harvey Lectures* 43: 165~229.

Murie, O. J. (1935). Alaska-Yukon Caribou, *U. S. Bur. Biol. Surv. North American Fauna* 55: 1~93.

Murphy, R. C. (1936). *Oceanic Birds of South America*, American Museum of Natural History, 2 vols., xx, p. 1245.

Myers, G. S. (1952). Annual fishes, *Aquarium J.* 23: 125~141.

Needham, A. E. (1952). *Regeneration and Wound Healing*, New York,

314

Wiley, viii, p. 152.

Nicholson, J. A. (1956). Density governed reaction, the counterpart of selection in evolution, *Cold Spring Harbor Symp. Quant. Biol.* 20: 288~293.

_____ (1960). The role of population dynamics in natural selection, p. 477~ 521 in: *Evolution after Darwin*, vol. I, Sol Tax (Ed.), University of Chicago Press, viii, p. 629.

Nikolsky, G. V. (1962). *The Ecology of Fishes*, New York, Academic Press, xv, p. 352.

Noble, G. K. (1931). *The Biology of the Amphibia*, New York, Dover Reprint (1954), p. 577.

Norman, J. R. (1949). *A History of Fishes*, New York, A. A. Wyn, xv, p. 463.

O'Donald, P. (1962). The theory of sexual selection, *Heredity* 17: 541~552.

Odum, H. T. & Allee, W. C. (1956). A note on the stable point of populations showing both interspecific cooperation and disoperation, *Ecology* 35: 95~97.

Ogle, K. N. (1962). The visual space sense, *Science* 135: 763~771.

Paley, W. (1836). *Natural Theology*, vol. 1, London, Charles Knight, xv, p. 456.

Park, T. & Lloyd, M. (1955). Natural selection and the outcome of competition, *Am. Naturalist* 89: 235~240.

Penny, R. L. (1962). Voices of the adélie, *Nat. Hist.* 71: 16~26.

Pimentel, D. (1961). Animal population regulation by the genetic feedback mechanism, *Am. Naturalist* 95: 65~79.

Pittendrigh, C. S. (1958). Adaptation, natural selection, and behavior, Chap. 18 (p. 390~416) in: *Behavior and Evolution*, A. Roe, G. G. Simpson (Eds.), Yale University Press, viii, p. 557.

Rand, A. L.. (1954). Social feeding behavior of birds, *Fieldiana Zool.* 36: 1~71.

Rattenbury, J. A. (1962). Cyclic hybridization as a survival mechanism in the New Zealand forest flora, *Evolution* 16: 348~363.

Reed, T. E. (1959). The definition of relative fitness of individuals with specific genetic traits, *Am. J. Human Genet* 11: 137~155.

Rich, W. H. (1947). The swordfish and swordfishery of New England, *Proc. Portland Soc. Nat. Hist.* 4: 5~102.

Richdale, L. E. (1951). *Sexual Behavior in Penguins*, University of Kansas Press, xi, p. 316.

_____(1957). *A Population Study of Penguins*, Oxford, Clarendon Press, p. 195, 2 pls.

Ritter, W. E. (1938). *The California Woodpecker and I*, University of California Press, xiii, p. 340.

Ross, H. H. (1962). *A Synthesis of Evolutionary Theory*, Englewood Cliffs, Prentice Hall, ix, p. 387.

Russell, E. S. (1945). *The Directiveness of Organic Activities*, Cambridge University Press, viii, p. 196.

Salt, G. (1961). Competition among insect parasitoids, *Symp. Soc. Exp. Biol.* 15: 96~119.

Sandler, L. E. N. (1957). Meiotic drive as an evolutionary force, *Am. Naturalist* 91: 105~110.

Schmidt, K. P. & Inger, R. F. (1957). *Living Reptiles of the World*, New York, Doubleday, p. 287.

Shaw, R. F. (1958). The theoretical genetics of the sex ratio, *Genetics* 47: 149~163.

Sheppard, P. M. (1954). Evolution in bisexually reproducing organisms, p. 201~218 in: *Evolution as a Process*, J. S. Huxley, A. C. Hardy, E. B. Ford(Eds.), London, Allen & Unwin, p. 367.

_____(1958). *Natural Selection and Heredity*, London, Hutchinson, p. 212.

Simpson, G. G. (1944). *Tempo and Mode in Evolution*, Columbia University Press, xiii, p. 237.

_____(1953). *The Major Features of Evolution*, Columbia University Press, xx, p. 434.

_____(1962). Biology and the nature of life, *Science* 139: 81~88.

Singer, R. (1962). Emerging man in Africa, *Nat. Hist.* 71: 11~21.

Skutch, A. F. (1961). Helpers among birds, *Condor* 63: 198~226.

Slijper, E. J. & Pomerans, A. J. (transl.) (1962). *Whales*, New York, Basic

Books, p. 475.

Slobodkin, L. B. (1953). An algebra of population growth, *Ecology* 34: 513~ 519.

_____ (1954). Population dynamics of *Daphnia obtusa Kurz*, *Ecol. Monog.* 24: 69~88.

_____ (1959). A laboratory study of the effect of removal of newborn animals from a population, *Proc. Natl. Acad. Sci. U. S.* 43: 780~782.

_____ (1962). *Growth and Regulation of Animal Populations*, New York, Holt, Reinhart, & Winston, vii, p. 184.

Slobodkin, L. B. & Richman, S. (1956). The effect of removal of fixed percentages of newborn on size and variability in populations of *Daphnia pulicaria* (Forbes), *Limnol. Oceanog.* 1: 209~237.

Smith, J. L. B. (1951). A case of poisoning by the stonefish. *Synanceja verrucosa*, *Copeia* 1951: 207~210.

Smith, J. M. (1958). Sexual selection, p. 231~244 in: *A Century of Darwin*, S. A. Barnett (Ed.), London, Heinemann, xvi, p. 376.

Snyder, R. L. (1961). Evolution and integration of mechanisms that regulate population growth, *Proc. Natl. Acad. Sci. U. S.* 47: 449~455.

Sommerhoff, G. (1950). *Analytical Biology*, Oxford University Press, viii, p. 207.

Spieth, H. T. (1958). Behavior and isolating mechanisms, Chap. 17 (p. 363 ~389) in: *Behavior and Evolution*, A. Roe, G. G. Simpson (Eds.), Yale University Press, viii, p. 557.

Stalker, H. D. (1956), On the evolution of parthenogenesis in Lonchoptera (Diptera), *Evolution* 10: 345~359.

Stebbins, G. L. (1960). The comparative evolution of genetic systems, p. 197 ~226 in: *Evolution after Darwin*, vol. 1, Sol Tax (Ed.), University of Chicago Press, viii, p. 629.

Suomalainen, E. (1953). Parthenogenesis in animals, *Advan. Genetics* 3: 193 ~253.

Svärdson, G. (1949). Natural selection and egg number in fish, *Rept. Inst. Freshwater Res.*, Drottningholm 29: 115~122.

Thoday, J. M. (1953). Components of fitness, *Symp. Soc. Exp. Biol.* 1: 96

~113.

_____(1958). Natural selection and biological progress, p. 313~333 in: *A Century of Darwin*, S. A. Barnett (Ed.), London, Heinemann, xvi, p. 376.

Thompson, D. Q. (1955). The 1953 lemming emigration at Point Barrow, Alaska, *Arctic* 8: 37~45.

Tinbergen, N. (1951). *The Study of Instinct*, Oxford University Press, p. 228.

_____(1957). The functions of territory, *Bird Study* 4: 14~27.

Underwood, G. (1954). Categories of adaptation, *Evolution* 8: 365~377.

Vendrely, R. (1955). The desoxyribonucleic acid content of the nucleus, p. 155~180 in: *The Nucleic Acids*, vol. 2, E. Chargaff, J. N. Davidson (Eds.), New York, Academic Press, xi, p. 576.

Vorontsova, M. A. & Liosner, L. D. (1960). *Asexual Propagation and Regeneration*, New York, Pergamon Press, p. 489.

Waddington, C. H. (1956). Genetic assimilation of the *Bithorax* phenotype, *Evolution* 10 : 1~13.

_____(1957). *The Strategy of the Genes*, London, Allen & Unwin, ix, p. 262.

_____(1958). Theories of evolution, p. 1~18 in: *A Century of Darwin*, S. A. Barnett (Ed.), London, Heinemann, xvi, p. 376.

_____(1959). Evolutionary adaptation, *Perspectives Biol. Med.* 2: 379~401.

_____(1961). *The Nature of Life*, London, Allen & Unwin, p. 131.

_____(1962). *New Patterns in Genetics and Development*, Columbia University Press, xiv, p. 271.

Warburton, F. E. (1955). Feedback in development and its evolutionary significance, *Am. Naturalist* 89: 129~140.

Wardlaw, C. W. (1955). *Embryogenesis in Plants*, London, Methuen, ix, p. 381.

Weismann, A. (1882). The duration of life, Chap. 1 (vol. 1) in: *Essays upon Heredity and Kindred Biological Problems*, Oxford University Press, xv, p. 471.

_____(1904). *The Evolution Theory*, London, Arnold, vol. 1, xvi, p. 416; vol. 2, iii, p. 405.

Wellensiek, U. (1953). Die Allometrieverhältnisse und Konstruktionsänderung bei dem kleinsten Fisch im Vergleich mit etwas grösseren verwandten Formen, *Jahrb. Abt. Anat. Ontog. Tiere* 73: 187~228.

White, M. J. D. & Andrew, L. E. (1962). Effects of chromosomal inversions on size and relative viability in the grasshopper Moraba scurra, p. 94~101 in: *The Evolution of Living Organisms*, G. W. Leeper(Ed.), Melbourne University Press, 11, p. 459.

Williams, G. C. (1957). Pleiotropy, natural selection, and the evolution of senescence, *Evolution* 11: 398~411.

_____(1959). Ovary weights of darters: a test of the alleged association of parental care with reduced fecundity in fishes, *Copeia* 1959: 18~24.

_____(1964). Measurement of consociation among fishes and comments on the evolution of schooling, *Michigan State Univ. Mus. Pulb.*, *Biol. Ser.* 2: 351~383.

Willams, G. C. & Williams, D. C. (1957). Natural selection of individually harmful social adaptations among sibs with special reference to social insects, *Evolution* 11: 32~39.

Wilson, E. O. (1963). Social modifications related to rareness in ant species, *Evolution* 17: 249~253.

Wright, S. (1931). Evolution in Mendelian populations, *Genetics* 16: 97~159.

_____(1945). Tempo and mode in evolution: a critical review, *Ecology* 26: 415~419.

_____(1949). Adaptation and selection, p. 365~386 in: *Genetics, Paleontology, and Evolution*, G. L. Jepson, E. Mayr, G. G. Simpson(Eds.), Princeton University Press, xiv, p. 474.

_____(1960). Physiological genetics, ecology of populations, and natural selection, 429~475 in: *Evolution after Darwin*, vol. 1, Sol Tax(Ed.), University of Chicago Press, viii, p. 629.

Wynne-Edwards, V. C. (1962). *Animal Dispersion in Relation to Social Behaviour*, Edinburgh & London, Oliver & Boyd, xi, p. 653

324

· 인명 ·

ㄱ ㄴ ㄷ ㄹ

ㅁㅂ

ㅅㅇㅈ

330

조지 C. 윌리엄스 (George C. Williams, 1926~2010)

1956년 UCLA에서 어류학 박사학위를 받고, 1960년 뉴욕주립대 생태 및 진화학과에서 30년간 교직 생활을 했다. 1999년, 노벨상이 주어지지 않는 분야에 대해 스웨덴 한림원이 수여하는 크라푸드상 (Crafoord prize) 을 수상했다. "20세기의 가장 영향력 있고 예리한 진화생물학자 가운데 한 사람" (Futuyma&Stearns, 2010) 으로 꼽히며, 그중에서도 그의 대표작 《적응과 자연선택》은 출간 이후 현대 진화생물학에 새로운 패러다임을 제시한 명저로 널리 읽힌다. 저서로는 《성과 진화》(Sex and Evolution), 《적응과 자연선택》(Adaptation and National Selection), 《자연선택: 영역, 수준, 그리고 도전》(Natural Selection: Domeins, Levels, and Challenge), 《인간은 왜 병에 걸리는가》(Why We Get Sick: the New Science of Darwinian Medicine) (공저), 《진화의 미스터리》(The Pony Fish' Glow: and Other Clues to Plan and Purpose in Nature) 가 있다.

전 중 환

서울대 생물학과를 졸업하고 동 대학원에서 행동생태학 석사학위를, 미국 텍사스대 (오스틴) 에서 진화심리학 박사학위를 받았다. 현재 경희대학교 후마니타스 칼리지 (국제캠퍼스) 교수로 재직하면서 진화적 관점에서 들여다본 인간 본성을 강의하고 있다. 저서로 《오래된 연장통》(사이언스북스), 역서로 《욕망의 진화》(데이비드 버스 저, 사이언스북스) 가 있다.

변증법적 이성비판 ①②③

2010년
대한민국학술원
우수학술도서

장 폴 사르트르 지음

박정자(前 상명대) · **변광배**(시지프 대표) · **윤정임** · **장근상**(중앙대) 역

"실존주의 사상가 사르트르가 확립한 역사적 인간학!"

역사형성의 주체인 인간과 집단. 이들 주체들에 의해 형성된 역사의 의미. 사르트르는 이처럼 하나의 구조를 갖는 입체를 구축하고, 이 입체를 역사적 운동 속으로 밀어넣어 그 동적 관계를 탐구한다.

720면 내외 | 각권 38,000원

기억의 장소 ①②③④⑤

2011년
대한민국학술원
우수학술도서

피에르 노라 외 · 김인중 · 유희수 역

"역사학의 혁명"

특별한 장소를 통해 보는 프랑스 민족사

세계 역사학계를 주도한 프랑스가 다시 한 번 역사학계를 강타하게 한 저작. 프랑스 역사학자 120여명이 10년 동안 만들어낸 '역사학의 혁명'.

424~568면 내외 | 각권 25,000원

형식논리학과 선험논리학

논리적 이성비판 시론

2011년
대한민국학술원
우수학술도서

에드문트 후설 지음 | **이종훈**(춘천교대) · **하병학**(가톨릭대) 역

"참된 세계에 관한 논리학"

이론과 실천의 단절, 학문의 위기를 어떻게 극복할 것인가

저자는 논리학이 개별학문으로 전락하고, 형식논리학은 인식행위가 실천행위 및 가치설정행위와 관련됨을 문제 삼지 않아 학문의 위기가 발생했다고 비판한다. 형식논리학을 선험논리학으로 정초함으로써 이를 해결하고자 한다.   536면 | 32,000원

폭력에 대한 성찰

조르주 소렐 지음 | 이용재(전북대) 역

"모든 억압들을 전복하라!"
20세기 혁명적 생디칼리즘의 성서
이 책에서 조르주 소렐은 제도화된 개량 사회주의에 반기를 들고 프랑스 특유의 노동운동노선인 혁명적 생디칼리즘을 제시한다.
446면 | 18,000원

도덕과 입법의 원리서설

제러미 벤담 지음 | 고정식(연세대) 역

"벤담 공리주의 사상의 원천"
최대 다수의 최대 행복은 삶의 궁극적 목적이다
저자는 다양한 사례와 사상의 논거를 통해 공리주의의 개념과 합당성을 제시한다. 인류의 철학사, 사상사 속 공리주의의 의미를 돌아보게 하는 역작.   528면 | 30,000원

리바이어던 ①②
교회국가 및 시민국가의 재료와 형태 및 권력
토머스 홉스 지음 | 진석용(대전대) 역

"만인의 만인에 대한 투쟁에서 어떻게 벗어날 것인가"
현 세계질서에서도 시의성을 잃지 않는 불멸의 고전
이 책은 어떻게 정치질서와 평화를 구축할 것인가를 체계적으로 이론화한 고전 중의 고전이다. 또한 근대 정치 '과학'의 출발점이기도 하다.
480~520면 내외 | 각권 28,000원

충족이유율의 네 겹의 뿌리에 관하여

아르투어 쇼펜하우어 지음 | 김미영(홍익대) 역

2011년
대한민국학술원
우수학술도서

"쇼펜하우어 철학의 핵심!"

인식 주체의 선천적 능력에 대한 쇼펜하우어 철학의 핵심작품

저자는 '원인'과 '인식 이유'를 구별하지 않아 생긴 철학적 혼란을 비판하고, 칸트를 비판적으로 계승하여 생성, 인식, 존재, 행위라는 충족이유율의 네 겹의 뿌리를 치밀하게 논증한다.   224면 | 15,000원

향연

단테 지음 | 김운찬(대구가톨릭대) 역

"단테 저술의 시작!"

단테를 이해하기 위한 첫번째 작품

단테 불후의 명작인 《신곡》, 《속어론》, 《제정론》의 원전.
단테의 저술에서 이론적 논의를 띤 최초의 작품이자, 정치활동과 철학연구에 대한 성찰을 고스란히 담고 있다.   432면 | 25,000원

형이상학①②

아리스토텔레스 지음 | 조대호(연세대) 역

"존재에 관한 여러 각도의 사색"

"왜"라는 물음에서 인간과 전체 세계가 보인다.

전문화되고 파편화된 연구와 정보취득에 몰두하는 우리에게 인간, 자연, 세계를 아우르는 통합적 사유의 길을 제시하는 아리스토텔레스의 역작.   각권 464면 | 각권 28,000원

라오콘 – 미술과 문학의 경계에 관하여

고트홀드 에프라임 레싱 지음 | 윤도중(숭실대) 역

2009년
대한민국학술원
우수학술도서

"미술과 문학은 저마다의 길이 있다"
근대 미학 담론을 연 기념비적 예술론

라오콘과 그 아들들을 소재로 하는 고대 조각상을 놓고 '미술과 문학의
경계'를 논한 저서. 근대 미학 담론의 시작으로 간주되며 또한 문학이
미술보다 가능성이 더 많은 예술임을 밝힌 근대 문학비평의 고전.

280면 | 14,000원

추의 미학

카를 로젠크란츠 지음 | 조경식(한남대 강사) 역

2009년
대한민국학술원
우수학술도서

"추는 미를, 미는 추를 필요로 한다"
추를 미학의 영역에 포함시킨 획기적 미학서

낭만적 헤겔주의자인 저자는 미학에 추를 포함시켜 "미학의 완성"을 추
구한다. 이 책은 추의 개념을 미로부터 끌어내고, 그것이 어떻게 코믹으
로 전이되어 다시 미로 회귀하는지를 실제의 사례를 통해 보여준다.

464면 | 28,000원

발견을 예견하는 과학

우주의 신비, 생명의 기원, 인간의 미래에 대한 예지

존 매독스 지음 | 최돈찬(용인대) 역

"무엇이 발견될 것인가?"
저자와 독자가 수수께끼로 풀어보는 과학의 미래

천체 및 물질의 출발에서 생명체의 탄생, 그리고 진화를 연결시키면서
생겨나는 의문점들을 담았다. 이를 통해 이 책은 여전히 과학에서 새로
운 발견이 이루어질 수 있다는 희망을 준다. 518면 | 35,000원